教育部人文社会科学研究规划基金项目(16YJAZH047)研究成果

中国古代涉海叙事与海洋人文思想研究

倪浓水——著

浙江大学出版社
ZHEJIANG UNIVERSITY PRESS

目录

绪论　古代涉海叙事文献和海洋人文思想

仔细想来，可供人们游目骋怀、寄情其间的海洋，一直以来都是存在于我们过往生活的最大的资料宝库。

这是法国历史学家费尔南·布罗代尔在他的海洋人文历史研究名著《菲利普二世时代的地中海与地中海世界》1949年初版时所写“序言”中的开头语。日本学者川胜平太在他的《文明的海洋史观》一书中郑重予以引述，并指出：“毋庸赘言，当今世界，各国间的相互依存日益增强。日本自不待言，美国、英国、印度、中国，无一国可孤立而自存，世界各国各自独立又互相依存。也就是说，各国正在成为类似岛屿的存在物。……世界各国不再故步自封，而是各自作为多岛海洋中的一个岛屿，以海洋为媒介展开交流。”[①]

站在海洋的角度来审视国际关系和历史，这就是海洋人文意识问题。川胜平太说，1450年至1640年（大约就是中国的明朝时代），对于日本具有划时代的意义。这个时期，欧洲进入了大航海时代，而日本人也纷纷去海外寻求发展。也就是说，日本是从这个时期开始才有自己清晰的海洋意识的。

那么中国的海洋人文意识和思想呢？

东汉时期的刘熙，在他的著作《释名》中说：“海，晦也。主承秽浊水，黑如晦也。”在整个中国古代的历史框架中，东汉时代相当于历史的早中期，早已经走出了先秦时期对于海洋的初步认识和秦汉时期对于海洋神仙岛的想

① ［日］川胜平太：《文明的海洋史观》，刘军等译，上海文艺出版社，2014年，第89—90页。

象这样的阶段。可是刘熙对于海洋本义的这个定义或解释，却告诉我们：他们还处于对于海洋的"观望"阶段：站在海边，看到辽阔无垠的大海，感觉是昏暗一片。因为"晦"的基本意思就是"昏暗"。这里的"昏暗"，既反映了面对大海浩渺无垠而产生的渺茫感，也折射出对于海上航行和捕捞等海洋活动的恐惧心理。另一方面，刘熙似乎又赋予海洋某种人文的喻义。"主承秽浊水"，暗示大海有容纳一切、承载苦难的品德。再者，刘熙说"海洋为晦"，似乎还可以作进一步的理解，那就是大海是深邃的象征，因为"晦"的另外一层意思就是指义理深微、隐晦、含蓄。

如果这样的理解可以成立的话，那么刘熙《释名》"海，晦也"的定义和描述，反映的恰恰就是古代早中期时候古人有关海洋的一种人文意识和思想：海洋的本来形象是深不可测的；海洋的引申形象具有人的品质；海洋的转折形象具有哲学一般的玄妙和可供阐释的无限空间。

海洋历来是中华国土的一部分。无论中国的版图在古代有过如何的变动，华夏东面是海洋是永远的事实。海洋人文从来就是中华文化的有机构成。"海洋人文是中国文化中最古老的基层文化，它发生和成长于海洋区域。事实上，中国人很早就投入海洋，有自己的海洋发展人文传统。"①

那么古人对于海洋究竟是怎样认识的呢？在中国历史的各个阶段、在中国沿海各区域中，都存在过什么样的海洋人文生态和海洋人文思想呢？

本课题研究的基本思路是依据古代涉海叙事文献，来研究古代中国的海洋人文思想。这一方面是适应当下中国"经略海洋"的发展趋势，另一方面也是希望借此为拓展中国古代文学研究空间做出一些微薄的贡献。因为无论如何，古代涉海叙事至少也是一种类型文学，它也属于文学的范畴。当然本课题更偏向于文学研究中的文化研究。由于海洋人文思想涉及海洋政治、海洋经济、海洋生物、海洋交通、海洋社会等各个方面，所以本课题还是一种跨学科的综合性研究。

一、古代涉海叙事文献的属性和范围

人类对于海洋的历史记忆，有多种方式。据说古代毛利人将如何航海

① 蓝达居：《喧闹的海市：闽东南港市兴衰与海洋人文》，江西高校出版社，1999年，第4—5页。

到新西兰的实践记载在一根手杖上，这根手杖的每一条刻痕都有独特的排列模式。中国是文明古国，有强烈的"历史叙述"的意识，但是对于海洋活动，无论是正史还是野史，或者是地方志书，都记载很少，甚至还发生过把郑和下西洋的所有档案资料销毁的惨痛事件。但是作为历史记载的另外一种方式，文学叙事性叙述的方式，却以各种形式将"海洋"描述和保存了下来。

这就是古代涉海叙事文献。这些文献虽然总量不是很多，但是仍然相对丰富。

与海洋有关的文学书写现象有多种名称，一般人都用"海洋文学"来表达，也有一些人使用"海洋书写"这样的概念。本课题研究使用"涉海叙事"这样的术语，并非故意显得与众不同，而是想明确一点：本课题涉及的海洋文学或海洋书写，仅仅是指"叙事"部分，并不包括海洋诗歌。而且前面还有一个"古代"的限定，所以比较完整的说法是，本课题所说的"涉海叙事"，主要针对的是先秦至晚清的与海洋有关的叙事现象。

那么它的范围是不是只指涉海小说呢？与海洋有关的古代散文等其他叙述和记载性文献，算不算叙事呢？它们在不在本课题研究的范围之内呢？

说实话，课题组为此困惑许久，也考虑许多。从课题组多年所搜集的古代涉海文献来看，古代中国从未有过纯粹文学意义上的海洋书写。像《海底两万里》《大白鲸》这样的海洋小说，在古代中国是看不到的。古代中国有一些类似"鲁宾逊漂流记"这样的海洋流浪叙事，但是里面的重点不是流浪中的海洋和海岛体验，而是几乎为天方夜谭式的想象或"白日梦"一般的奇遇。所以如果以西方海洋小说作为标准来衡量中国古代涉海叙事，那将几乎选无可选。这是我在2006年就遇到的问题。当时我们编辑出版了一本《中国古代海洋小说选》，我对其中的一些选文就深表疑惑。

但是如果不从纯文学的角度来搜集古代涉海叙事文献，那又该怎么办呢？

有一种观点引起了我们的注意。

张平在《从边缘到活力——中国古代海洋文学研究的拓新之路》一文中指出："中国古代海洋文学作品并非不够丰富，但这一题材委实不曾在历史上占据核心地带。……中华文化对蓝色国土的态度与王朝的政治动荡、与异域的文化碰撞反复纠缠，这确实在民族心理上形成了对海洋文明相当程度的旁观性，并由此导致了中国古代海洋文学在题材上的独特性。"他把古代海洋文学分为"内陆海洋文学，即陆居者从内陆心态出发对海洋的直接抒写”,“滨海文学,即内陆海洋文学向深海文学的过渡”,“深海文学,包括远离陆域的航海、海战、海上纪行等深海活动、图景与心态”。据此,他认为:“除了历代总集、别集、正史、杂史等文献之外,还应特别注意全面普查散落在滨海地区的方志、碑铭、谱牒、新发掘地下文物、民间性神话传说、渔歌民谣等载体中的海洋文学资源,从而实现对士人海洋文学文献与民间海洋文学文献的全面整合与集成。”①

张平把古代海洋文学分成“内陆海洋文学”“滨海文学”和“深海文学”这样三类,比较有新意。但是他分类的依据有点不统一:“内陆海洋文学”的划分依据是“陆居者”的书写,是一种根据作者成分的划分;“深海文学”的划分依据是“航海、海战、海上纪行等深海活动”,是一种根据题材的划分;而介于两者之间的“滨海文学”的划分依据,则干脆没有任何说明。由于依据的不统一,导致他对古代海洋文学的划分,虽然比较新颖,但比较容易引起争论。然而这个问题不在本书的论述范围之内,所以不想展开。我们感兴趣的是他对古代海洋文学范围的框定。他把古代海洋文学的范围,从历代总集、别集(大多为笔记小说形式)中的文学类作品,拓展到正史、杂史中的涉海记载以及滨海地区的方志、碑铭、谱牒、地下文物甚至各类海洋性民间文学。对此我们是比较赞同的。

多年的海洋文学资料的搜集和研究经历让我们觉得,对于中国海洋文学,尤其是古代中国海洋文学,如果用纯文学的角度去考量,那么真正能够归到文学中的作品,是不多的。因为它很多都是笔记性文本,甚至还有好多是碎片化的涉海片段。而且根据我们这几年的初步稽寻,这种笔记性和碎片化的涉海叙事文本多达数百条,几乎占了现在搜集到的古代海洋小说全部篇目的90%左右。②

所以必须拓展中国海洋文学的形态空间。正是在这样的意义上,我们赞同张平提出的把散落在历代总集、别集、正史、杂史和滨海地区的方志、碑铭、谱牒等载体中的海洋叙事资源,都归到海洋文学的类型中去,从而实现对士人海洋文学文献与民间海洋文学文献的全面整合与集成的观点。

---

① 张平:《从边缘到活力——中国古代海洋文学研究的拓新之路》,《广东海洋大学学报(社会科学版)》2017年第2期。

② 倪浓水:《中国古代海洋小说的发展轨迹及其审美特征》,《广东海洋大学学报(社会科学版)》2008年第5期。

当然在具体的文献处理上，还需要严格甄别。因为本课题话语体系中的涉海叙事，首先是一种“叙事”性文本。这就不但需要把诗歌这样的抒情文本排除在外，而且还要慎重处理总集、别集、正史、杂史和滨海地区的方志、碑铭、谱牒等载体中的与“叙事”关系不是很密切的“账本式”记录文本。当然这方面的情况比较复杂。如果从海洋文学史的角度来看，这些“账本式”记录文本不应被当作叙述的资料，但是如果是从“海洋人文思想”这样的角度来看，这些资料又都极具价值。

本课题不是纯粹的文学研究，而是通过古代涉海叙事文献，来研究古代海洋人文思想，所以本课题研究的取材范围就比较广泛：既有比较文学化的涉海叙事文本，又有非文学的纪实、奏章、报告等涉海文献，而且还从滨海方志等材料中吸收了许多信息。总之，本课题研究的文献范围，主要包括虚构性古代海洋叙事文献、纪实性古代海洋叙事文献和古代滨海地区方志等中保存的海洋叙事文献这样三个方面。

其搜集内容主要有以下七个方面。

一是古本小说。如冯梦龙《情史》、蒲松龄《聊斋志异》、王韬《遁窟谰言》《淞滨琐话》《淞隐漫录》等中的涉海小说，以及《西游记》《三宝太监西洋记》《镜花缘》等中的涉海部分叙写。

二是历代笔记。古人笔记中有大量的海洋叙事文本存在，根据课题组目前所初步掌握的资料，计有 87 种 300 余篇。

三是子书。如《列子》《庄子》和《山海经》等中的涉海叙事。

四是类书。如《太平广记》《太平御览》《古今图书集成》等中的涉海叙事。

五是正史。如《史记》中有关徐福入海寻找仙药、《元史》中的“海运”、《明史》中有关郑和下西洋的记载等。

六是作者亲身体验和考察的古代海洋纪事和与职业有关的涉海叙述及相关记录文献。如徐兢《宣和奉使高丽图经》、周达观《真腊风土记》、马欢《瀛涯胜览》、费信《星槎胜览》、黄省曾《西洋朝贡典录》、吴莱《甬东山水古迹记》、张岱《海志》、郁永河《裨海纪游》、薛福成《白雷登海口避暑记》等。

七是滨海地区的古代地方志等地方文献。如《越绝书》这样的地方性史书、宋《宝庆四明志》等沿海地区古代方志及周去非《岭外代答》、黄衷《海语》和陈瑞赞《东瓯逸事汇录》等地方性文献。

二、本课题研究的基础和意义

中华文明包含有丰富的海洋文明因素。灿烂的东夷文化和古越文化等构成的中华海洋文明，自古以来就是中华文化的有机组成。古代的“九州”“四海”概念，表达的始终就是海陆统一的观念。

无论是国土概念，还是文化概念，“海洋”始终与我们在一起。作为一种类型文学的涉海叙事，也始终没有离开过中国文学史的书写范畴。

英国学者约翰·迈克（John Mack）在其著作《大海——一部文化史》（*The Sea—A Cultural History*）中曾经指出：“就其构造而言，大海是空洞的，是一个不是地方的地方。大海没有历史，至少没有记载的历史。海上没有留下任何足迹，那些不幸来其表面之上以及那些驾船驶过的人们，它一概把他们吞噬，将他们变成未解之谜。没有人为大海树碑立传。文学作品和赞美诗充满了这样的情怀：使大海变身成为具有象征意义和隐喻性的叙事符号而非一个真实的地方。”[①]古代涉海叙事里的“海洋”，在很多方面正是这样一个“具有象征意义和隐喻性的叙事符号而非一个真实的地方”。这种文学化的施为恰恰就是古人海洋人文意识的体现。因此通过这些涉海叙事文献来考察古人的海洋人文意识，就成了本课题的目标和追求。

本课题以中国古代涉海叙事文献的搜集、整理和研究为基础，通过对古文献所包含的各种古代海洋人文思想信息的挖掘、分析和论述，探讨古人对于海洋的基本认识，展示古代海洋人文信息的存在形态和发展历史。

（一）本课题研究的基础

1. 本课题研究的海洋历史文化基础

中华文明是一种多源头的文明，中华文化的历史结构是由多种不同性质的文化形态共同组成的。早在20世纪30年代，中国现代著名的史学家徐旭生先生在《中国古史的传说时代》中就指出，华夏、东夷和苗蛮是中国文化的三大主干。[②] 东夷和东夷人所创造的东夷文化是中华文明起源中重要

---

① 陈橙、齐珮主编：《海洋文化经典译介》，中央编译出版社，2016年，第56页。

② 转引自田兆元为上海古籍出版社2009年出版的闻一多《伏羲考》而写的“出版说明”。

的一元。这已经没有任何人会表示怀疑，可是东夷文化不仅体现为北辛文化、大汶口文化、龙山文化和岳石文化，更体现在其所包含的厚重的海洋文化。东夷文化又被称为海岱文化，并不仅就其地理位置沿海靠岱而言，更应该是指这一文化散发着浓重的海味。

“海岱”是山东沿海一带的古称。“海岱”一词始见于《尚书·禹贡》：“海、岱惟青州。”又云：“海、岱及淮惟徐州。”“海岱”指自黄海西岸至泰山南北的广大地区，也就是齐国的主要区域。

齐国曾经有过繁荣。《战国策·齐策》这样记载齐国首都临淄：“甚富而实，其民无不吹竽、鼓瑟、击筑、弹琴、斗鸡、走犬、六博、蹋鞠者。临淄之途，车毂击，人肩摩，连衽成帷，举袂成幕，挥汗成雨。家敦而富，志高而扬。”

有意思的是，这段文字出自洛阳人苏秦之口。此人是著名的策士，纵横家的代表人物，是见过大世面的，但齐都临淄经济之富庶、文化之繁荣仍让他惊叹不已。

这种繁荣，或许可以理解为海洋文明的繁荣。因为齐国的前身正是东夷（东莱）。而众所周知东夷与海洋的关系极其密切。《山海经·大荒东经》云：“东海之外大壑，少昊之国。”而少昊族是东夷族落的重要族系。东夷人后来建立的国家为齐。齐国的创始人为吕尚，而《史记·齐太公世家》里说“太公望吕尚者，东海上人”，《集解》注明即为“东夷之士”。东夷人创造了以靠海用海的物质生活，开拓性的海上活动，以及人面鸟身的海神信仰和鸟与太阳通体崇拜的习俗等为主要内容的海洋文化。①

其实，华夏、苗蛮和东夷三大文化源流中的苗蛮文化，也有浓郁的海洋文明的因素。苗族主要生活于长江沿岸，而“现在长江流域，是中国海洋文明发源地，青莲岗文化是海洋文明的代表。……海洋文明由于海浸到来，淹埋在汪洋大海之中，就成了中国失落了的文明”②。东夷中也有一支逐渐南移，生活在江淮一带，史称淮夷，后来逐步和苗蛮相融合，更增加了苗蛮文化中的海洋文化因素。

华夏、苗蛮和东夷三大文化源流中，海洋文化因素占其二，可见在中国文明的早期阶段，海洋文明其实拥有很高的地位。

---

① 朱健君：《东夷海洋文化及其走向》，《中国海洋大学学报（社会科学版）》2004年第2期。

② 雷安平、龙炳文：《论苗族生成哲学与海洋文明》，《湖北民族学院学报（哲学社会科学版）》2005年第6期。

除了华夏、苗蛮和东夷三大文化源流合成说，学界还有一种“四源说”，那就是古越族是与华夏、东夷、苗族并列的构成中华文化的四大有机部分之一。[1]

古越文化，其本质乃是海洋文化。它与东夷文化一样，是中国海洋文明的核心文化区域。一方面，吴越本身就处于东海海滨，与海洋有千丝万缕的联系。另一方面，它也深受东夷海洋文明的影响。从文化接受史角度来看，吴越接受的是海洋文化。《越绝书·吴内传》记载说：“越人谓船为‘须虑’。……习之于夷。夷，海也。”

无论是中华文化构成的“三源说”还是“四源说”，海洋文明都在历史上占有非常重要的地位。因此我们也就能明白，为什么古人在祭祀时要将内河、海洋联系在一起进行祭祀。据《礼记》，周朝的三王“之祭川也，皆先江而后海”。江河为海之源，海为江河之终，可见在古代的早期，古人是将山河江湖与海洋纳入同一个文化视野的。因此本课题的研究，也就有了深厚的历史文化基础。

2. 本课题研究的文献基础

总的来看，中国古代海洋叙事文献的整理和研究尚处于起步阶段。一方面，现有的古代海洋叙事文献成果存在着数量和质量的不足。《中国古代海洋小说选》仅仅选入31部古小说资料，《中国古代海洋散文选》收文未及百篇，不但远远没有穷尽古代海洋叙事文献，而且被辑录的文献中还存在着诸多舛错。另一方面，古代海洋叙事文献的整理和研究比较零散，尚未有系统、全面的文献集成出现。正如有学者所指出，这“足证在中国古代海洋文学的文献搜集与考证这一领域尚有广阔空间”[2]。但是对于古代涉海叙事文献的搜集和整理，学界一直在做努力。目前整理出版的《我国南海诸岛史料汇编》(1988)、《海疆文献初编：沿海形势及海防》(2011)、《中国古代海洋文献导读》(2012)、《中国海疆文献续编》(2012)、《中国古代海岛文献地图史料汇编》(2013)和《中国沿海疆域历史图录》(2017)等，都属于古代海洋文献的整理和研究成果。其中《中国古代海洋文献导读》一书涉及古代海洋文献127种，包含比较丰富的古代海洋信息。可惜它只作一般性介绍，并没有辑

---

① 叶文宪：《论古越族》，《民族研究》1990年第4期。

② 张平：《从边缘到活力——中国古代海洋文学研究的拓新之路》，《广东海洋大学学报(社会科学版)》2017年第2期。

录文献内容本身。

作为本课题的负责人，我多年来一直在做这方面的基础工作。上文提到的《中国古代海洋小说选》，就是我于 2008 年出版的早期成果。这项文献成果还曾经引起学界的注意。2013 年 10 月 15 日，在由《文学遗产》编辑部与暨南大学中国古代小说研究中心联合主办的“古代小说研究前沿问题学术研讨会”的会议上，有学者指出，中国不仅是内陆大国，也是海洋大国，海洋文化的发展源远流长，要关注海洋文学的研究。会议提到了这本《中国古代海洋小说选》。会议还希望能在此基础上进一步梳理历代有关古代海洋小说的文献资料。

我虽然没有参加这次会议，但是我得知会议提到了这本书。受此鼓励，我更加注重这方面的工作。经过多年的努力，目前我已经搜集到数百篇古代涉海叙事文献，并还在进一步扩大和充实之。

3.本课题研究的学术基础

有关中国海洋人文思想的研究，目前已经具有相当的成果积累。

早在 1998 年，蓝达居等学者就提出了“中国海洋人文”这个概念。“海洋人文是一定区域的人们在长期的历史实践过程中，以海洋为活动空间，在海洋事务及以海洋资源为对象的生产、交换、分配和消费的海洋经济活动中形成和不断发展的社会人文形式，包括海洋经济、海洋社会以及海洋观念诸因素的综合。”他们指出：“中国人文多元史观和海洋性概念的提出，促成了中国海洋人文的发现，丰富、深化了对中国本土人文的认识。对中国海洋人文的研究，需要历史学与人类学的联姻。”他们深刻地认识到了中国海洋人文与中国人文多元史观之间的内在和历史的联系。只有从这个角度出发，才能准确把握中国古代海洋人文思想的实质。

对于中国海洋人文思想分布的情况，蓝达居等学者坚持“全面论”观点。他们认为：“作为亚传统的中国海洋区域，主要是从长江三角洲到海南岛的沿海区域，也包括澎湖列岛和台湾岛等近海岛屿及相关海域。”这种观点是正确的。虽然古代各海洋区域海洋文明的形成和发展呈现出不平衡性和相对的特殊性，例如时间上，北海（现今的渤海和黄海区域）的海洋文明主要形成于先秦和两汉时期，东海和南海海洋文明主要形成于唐宋，到了明清时期，海洋人文思想已经非常丰富而多彩。而在特质上，北海主要体现为神仙岛等虚构性历史文化，东海主要体现为海洋人居文化，南海主要体现为海洋经济文化。但是中国古代海洋文明的“全域”发展和体现，则是不争的事实。

在海洋文明与农耕文明等的区别上，蓝达居等学者认为："与中原陆地比较，海洋区域由于处于边疆，与农业文化占主导地位的中心腹地有着明显的差异。"正是海洋空间的特殊性，决定了海洋人文的特殊性。"中国海洋区域人文特征，首先由海洋的特殊性质决定。在贸易事业方面，海洋提供的经济报偿远远高于陆地。海洋鼓励了冒险事业和开拓精神。考古学研究表明，中国海洋人文的出现与中国农耕人文同样古老。人文多元史观和海洋性概念的提出，表明中国海洋人文的发现。而海洋人文的发现在学术活动中经历过逐渐展开的过程。最早受到重视的是南海交通史地，以后发展为海外交通史的研究以及各种专题研究，包括航海、港口、海洋贸易、华侨华人史、海洋科技与船舶工艺的研究。"①

海洋人文思想是一种跨学科的综合性研究，这种观点得到了学界的普遍认同。在这个基础上，2007 年，著名学者杨国桢进而提出了建设"海洋人文学科"的建议，认为"建设中国的海洋人文社会学科，是对复合型海洋人才缺乏的必然反应，也是中国重返海洋的大国责任"。②

从那以后，对于闽海地区、东海地区海洋人文思想的研究开始进入许多学者的视野，而成果丰富的有关东夷文化的研究，本质上也属于中国海洋人文传统研究范围。

> 我们应该强调，海洋社会人文概念的提出，其目在于重新思考"海洋人文"与"陆地人文"的关系。或者说，重新评估"海洋人文"在中国人文中的地位。当我们赋予"海洋"以丰富的社会人文内涵时，那么我们所做的，将不仅仅是对"海洋"本身的重新认识，而是重新评估一系列的社会人文关系。为此，我们也需要新的学科理论，需要新的学科研究范式。③

有关海洋人文思想研究的学术积累，不能不提《中国古代海洋文献导读》一书。虽然这是一部带有普及性质的专著，却是真正具有海洋人文意识

---

① 蓝达居、吕淑梅：《中国海洋人文的发现与研究评介》，《厦门大学学报（哲学社会科学版）》1998 第 1 期。

② 杨国桢：《论海洋人文社会科学的兴起与学科建设》，《中国经济史研究》2007 年第 3 期。

③ 蓝达居、吕淑梅：《中国海洋人文的发现与研究评介》，《厦门大学学报（哲学社会科学版）》1998 第 1 期。

的研究。作者在“望洋兴叹三千年”的“导言”中说，早在甲骨文时代，中国人在写下“河”的同时，也写下了“海”。《释名》说：“海，晦也。”这是古代中国人对于海洋的最早感觉：海洋，是一个黑暗而恐怖的地方。孔子说“道不行，乘桴浮于海”，把海比喻成人生的尽头。[①] 秦始皇则错误地理解了海。他听信术士之言，相信海中仙山有长生不老之药，对海的崇敬演变为劳民伤财的祭海活动。汉代开始重视海洋的经济价值，汉代开拓了两条古代最重要的商路，即“陆上丝绸之路”与“海上丝绸之路”。尤其是海上远洋贸易，远及南洋与印度洋，形成了直接沟通东西方的万余海里的远洋贸易航线。唐代建立了市舶制度，中国开始有了比较完善的海上贸易管理体系。宋朝承继唐朝建立的市舶管理制度，开放了广州、泉州、明州、杭州、密州等从南到北的系列通商口岸，令沿海出现一批闻名天下的港口城市。到了元朝，海上贸易更是突飞猛进，不仅朝廷派出使节前往海外进行招诱贸易活动，还设计出一种“官本商办”的海外贸易“官本船”制度，与120多个国家或地区建立了海上贸易往来关系。中国进入了“大航海时代”。后来虽然有过海禁等曲折的发展历程，但是中国海洋人文意识的逐步提高是不争的事实。作者还引用梁启超《地理与文明之关系》中的观点，唱出了中国人的海洋赞歌：“海也者，能发人进取之雄心也。陆居者以怀土之故，而种种之系累生焉。试一观海，忽觉超然万累之表，而行为思想，皆得无限自由……故久居于海上者，能使其精神日以勇猛，日以高尚，此古来濒海之民，所以比于大陆者活气较胜，进取较锐……”[②]《中国古代海洋文献导读》“导言”里的这部分表述和它所引述的梁启超这段话，就是海洋人文意识和思想的清晰表达。而且还需要指出的是，梁启超的海洋观还具有现代西方的海洋文明视野。黑格尔说：“大海给了我们茫茫无定、浩浩无际和渺渺无限的观念；人类在大海的无限里感到他自己底无限的时候，他们就被激起了勇气，要去超越那有限的一切。……大海所引起的活动，是一种很特殊的活动。”[③]勇敢地探求未知的世界、竞争性地扩张和掠夺、通过海洋贸易获取滚滚财富，这些海洋精神和海洋实践活动构成了西方海洋文明的基本特征。梁启超认为海洋人具有“进取之雄

---

① 对此，笔者有不同看法。笔者认为，孔子的意思是海洋是干净纯洁的地方，如果他的理想和理论在内陆没有可以实现的地方，他就到海里去隐居。

② 梁二平、郭湘玮：《中国古代海洋文献导读》，海洋出版社，2012年，《导言》。

③ ［德］黑格尔：《历史哲学》，王造时译，上海书店出版社，2006年，第84页。

心”，要比大陆人“进取较锐”，与黑格尔的观点是比较一致的。

有关古代海洋人文思想的研究，更不能不提由曲金良主编的五卷本《中国海洋文化史长编》。它分“先秦秦汉卷”“魏晋南北朝隋唐卷”“宋元卷”“明清卷”和“近代卷”五部分，可以说，它既是中国古代海洋文明发展脉络和面貌的呈现，同时也是古人海洋人文意识和思想的集中体现，遗憾的是由于它是一种研究资料的汇编，并未形成清晰有力的海洋人文思想论述。

2016年，杨国桢先生主编的《中国海洋文明专题研究》(1—10卷)，由人民出版社隆重推出。这可以说是中国目前对于古代海洋文明研究的辉煌成就。第一卷《海洋文明论与海洋中国》是总论。第二卷《16—18世纪的中国历史海图》、第三卷《厦门港的崛起》、第四卷《郑成功与东亚海权竞逐》、第五卷《香药贸易与明清中国社会》、第六卷《清代郊商与海洋文化》、第七卷《明清海洋灾害与社会应对》、第八卷《清代嘉庆年间的海盗与水师》、第九卷《台湾传统海洋文化与大陆》、第十卷《清前期的岛民管理》，从不同的角度研究了中国古代海洋文明的存在形态。该丛书的出版，被学界誉为“中国海洋文明研究的里程碑式著述”，认为“全书富有学理，既内容宏富，较为全面地展示了中国海洋社会经济史特别是明清海洋社会的丰富内容，又突出重点，较为深入探讨论述了明清海洋文化的诸多问题，每一部专论，或者提出了宏论，或者提出了新见，或者提供了新资料，并以新资料的解读获得了新认识，无论关于海洋人文学科建立和发展的荦荦大端，还是明清海洋史实的具体考述，充满真知灼见，发覆发明之处不少，从而极大地推进了中国海洋文明和海洋社会史的研究”。①

(二)本课题研究的意义

1. 经略海洋的现实意义

中国自古以来就是内陆文明和海洋文明并存的伟大国家，只是后来由于种种原因，内陆文明越来越强势，而海洋文明则逐渐边缘化。但是这种边缘化并非灭绝，海洋文明的伟大火种始终存在。在当今国家海洋战略的时代背景下，这个火种正在被重新点燃和激发，中国也正从传统的内陆文明为主的国家，走向海陆共同发展的综合性国家。由于海洋文明是世界性的强

① 范金民：《中国海洋文明研究的里程碑式著述——杨国桢主编的〈中国海洋文明专题研究〉评介》，《海洋史研究》2017年第1期。

势文明，因此未来中国的“蓝色成分”必将越来越浓厚。甚至可以毫不犹豫地预言：未来的中国不但是海陆并重的，而且很有可能是“蓝色”占主导地位的“半岛性海洋大国”！

经略海洋需要深刻地认识海洋。习近平指出：“要进一步关心海洋、认识海洋、经略海洋，推动我国海洋强国建设不断取得新成就。”[①]认识海洋有多种途径和方法。从方法论而言，认识海洋有自然科学的途径和人文社会科学的途径。从文化史而言，认识海洋有认识古代海洋和认识现代海洋的不同论域。本课题研究属于对于古代海洋人文思想研究，基本的方法是以涉海叙事古文献为基础，通过分析这些古文献所包含的各种海洋信息，来分析和探究古代中国的海洋人文思想。因此本课题的意义，除了顺应时代需要这个政治思想意义外，还体现在对于涉海叙事古文献的搜集整理和古代海洋人文思想的存在体现这样两个方面。

2.对于中国古代文学研究的意义

本课题的研究属于跨学科研究，但是其基础是文学研究，因为从根本上来说，古代涉海叙事属于文学文本，它属于古典文学的研究范畴。

古典文学研究是中国文学研究的传统强项，但是学界已经注意到古典文学研究论域的拓展趋势。有学者指出，文学史的研究正在越来越走向深入，以往许多不为人所知晓的文学家和文学现象陆续得到关注，各种文学场域、文学事件也被描述和挖掘。[②]古代海洋文学的研究就是需要拓展的论域之一。目前学术界虽然已经对于古代海洋文学有较多的研究，但无论是深度还是广度，与中国这样一个具有悠久海洋传统的伟大国家相比，都还显得不够。本课题可以从一个新的角度，提供一些意见。所以从这个方面而言，本课题的研究还有一个价值，那就是可以为拓展古典文学研究提供一种思路和文献支持。

三、本课题研究的方法和主要内容

本研究由两个核心内容组成。一是尽可能完整地搜集所有古代涉海叙

① 习近平：《在中共中央政治局第八次集体学习时的讲话》，《人民日报》2013年8月1日，第1版。

② 廖可斌：《文学史研究新维度：徽商与明清文学》，《中华读书报》2015年7月1日，第19版。

事的文献资料。二是对这些涉海叙事文本进行多角度、跨学科研究，从中概括总结中国古代海洋意识和海洋人文思想传统。

而从古代各类记事性作品(以各种笔记作品为主)中寻找有关的历史学、社会学、经济学、民俗学等资料，正在成为研究海洋人文思想的普遍方式。

杨国桢在海洋社会经济史、海洋社会文化史研究中，就经常从古代涉海笔记里寻找资料，并取得了比较丰硕的成果。如杨国桢研究“十六世纪东南中国与东亚贸易网络”，就不但从《明世宗实录》这样的正史和张增信《明季东南中国的海上活动》等专业书籍中辑录资料，还引用了许多笔记记载，诸如明末清初浙江海宁人谈迁所撰《谈氏笔乘》。[①]

张莉研究“南海地区古代的海洋经济活动”，也以晋代裴渊的《广州记》、清代屈大均的《广东新语》等笔记中的例子举证。[②] 有关古代浙江文化、经济活动的研究，也多采用此种办法，如王万盛研究明清时期的浙江海洋社会，也大量从宋代张先词集《安陆集》、元代苏天爵《杂著》等笔记和文学作品集中寻找相关材料[③]。

所以从学术研究的经验来看，以涉海叙事古文献为基础，考察和研究古代海洋人文思想，是可行的。古代涉海叙事文本的存在呈现为碎片化和不成规模，是显而易见的。它们大量散见于古代各种类书、别集、子书、杂记、正史等典籍中，需要悉心的钩稽，这是本课题研究的基础。在这个基础上，将围绕以下多个方面进行研究，借以考察古代的海洋人文思想。

海洋人文思想是多纬度存在的。英国学者约翰·迈克认为，大海的历史是多样性的。“如果说历史要努力在人类与大海交往的描述中，把波利尼西亚族谱细节匹配起来的话，还是历史学家和历史地理学家有能力收集最丰富的资源。通过这些资源，可以把大海当成社会、文化，尤其是一个商业空间来考虑。”[④]

杨国桢先生也有类似的观点：“海洋文明是以自然海洋为活动基点的物质生产方式、社会生活及交往方式、精神生活方式有机综合的文化共同体。海洋文化是海洋文明的内涵，海洋文明是海洋文化的载体，广义的海洋文化

---

① 杨国桢：《十六世纪东南中国与东亚贸易网络》，《江海学刊》2002年第4期。

② 张莉：《南海地区古代的海洋经济活动》，《海洋开发与管理》2001年第3期。

③ 魏亭：《明清浙江海洋社会研究》，硕士学位论文，宁波大学，2011年。

④ 陈橙、齐珮主编：《海洋文化经典译介》，中央编译出版社，2016年，第58页。

(物质文化、制度文化、精神文化)以流动为基本特征:流动的家(舟船)、流动的生计(捕鱼、贸易、劫掠)、流动的文化(海洋渔业文化、海洋商业文化、海洋移民文化、海盗文化),流动的疆界(超越地理、国家和地方政区的边界),在流动中与不同海上文明和陆地文明接触、冲突、融合,形成不同海域、不同民族各具特色的海洋文明。在海洋文明史上,不同的海上群体和陆上涉海群体塑造了不同的海洋社会模式,如海洋渔民社会、船员社会、海商社会、海盗社会、舟师社会,海岸带港口社会、渔村社会、盐民社会、贸易口岸社会等。各种群体成员具有共同的生计、身份、生活目标和利益,通过直接或间接的交往互动结合在一起,形成各具特色的群体意识和群体规范。环中国海周边海洋文化共同体的活动,此起彼伏,生生不息,为当代的研究所肯定。就中华民族的海洋发展而言,海洋文化共同体的表现丰富多彩,在开发利用海域、岛屿,发展中华民族的海洋权利,做出了重大贡献。"①

中国古代的海洋人文思想,的确体现在社会、文化、商业等各个方面。本课题研究的主要内容如下。

其一,古代涉海叙事的历史考察。

从先秦典籍到晚清涉海小说,古代涉海叙事历史长达数千年。本部分将对辑录的成百条叙事文献进行梳理,使本课题的有关论述具有清晰的文献基础。

其二,古代海洋文明生态分布。

以涉海叙事古文献为基础,从人文地理学角度考察古代海洋文明的分布情况。

其三,《山海经》中的海洋人文思想。

这是从渊源的角度考察中国古代海洋人文思想的流变。《山海经》有"小说之祖"的美誉,其实它更是中国海洋叙事的起点。

其四,涉海叙事中的古代东海和南海人文思想。

东海文化圈是海洋文化比较发达的地区之一。其代表性区域是浙江、江苏和福建。

古代一些涉海叙事对浙江多有涉及,如晋干宝《搜神记》中的"蚁中之王"、唐牛僧孺写的《卢公焕》、宋洪迈《夷坚志》中的"海山异竹"、宋秦再思《洛中纪异》中的"归皓溺水"、明都穆《都公谭纂》中的"定珠盘"、清袁枚《续

① 杨国桢:《中华海洋文明论发凡》,《中国高校社会科学》2013年第4期。

子不语》中的“浮海”和清末陈天华的《狮子吼》等。这些包含有浙江因素的涉海叙事文本，分别涉及海洋国际贸易、海洋政治想象和海洋文学想象等主题，将之进行认真研究，对于完善浙江经济史、政治史、文化史和文学史，都将会有一定的价值。

江苏也是东海文化圈的重要区域。古代涉海叙事中，有多篇涉及江苏沿海地区，从中也可以考察古代该地区海洋人文思想的存在和表现形态。

闽地沿海地区，是古代重要的海上活动地区，尤其在海商活动历史中，占有相当的地位。这从一些古代海洋笔记材料中可见一斑。这些涉海记载和描述，有的涉及闽商形象，有的涉及闽商活动，有的与闽地的风俗有关。

其五，涉海叙事中的古代海洋经济思想。

重点研究记载“海客”、海商等从事海洋贸易活动的信息资料。虽然古代中国以内陆商业贸易为主，而且明清两代有过长达数百年的“海禁”，但是古代的海洋贸易始终存在，这从一些涉海叙事作品中可见一斑。如唐段成式《酉阳杂俎》“海岛匙箸木”条中所说“海客”，唐李肇的《唐国史补》中出现的“南海舶”，宋洪迈《夷坚志》“海山异竹”条中记载“温州巨商张愿，世为海贾，往来数十年，未尝失时”，明冯梦龙《情史》“鬼母国”所记“数贩南海”，清袁枚《续子不语》“浮海”条“王谦光习见从洋者……获利数十倍”，等等。我们可以从中研究海洋贸易的范围（国际、国内、海域）、人员组成、经营方式、经济效益等。

其六，涉海叙事中的古代海洋民俗思想。

这是涉海叙事中的海洋社会民俗研究。民俗是一种历时性文化积累。海洋社会是一个悠久的存在，民俗资源丰富。如五代王仁裕《开元天宝遗事》中“馋灯”记载：“南中有鱼，肉少而脂多，彼中人取鱼脂炼为油，或将照纺辑机杼，则暗而不明；或使照筵宴、造饮食，则分外光明。时人号为馋灯。”再如晚清王韬《遁窟谰言》中的“岛俗”等。

海洋民俗中的一项重要内容就是海洋民间信仰习俗。涉海叙事中的古代海洋民间信仰思想和文化信息非常丰富，这在古代涉海叙事中有大量体现。如《山海经》等记载的各种海神就是海洋信仰的早期形态，又如五代南唐尉迟偓《中朝故事》所记“神卜者”等。

其七，涉海叙事中的古代海洋生物书写。

梳理涉海叙事中出现的大量海洋生物，分析古人对于海洋世界的认识水平。在古人的涉海叙事中，有大量关于海洋生物的纪实性和想象性记载。

如唐段成式《酉阳杂俎》中的井鱼、异鱼、乌贼、鲛鱼、印鱼，宋《太平广记》中的东海大鱼、鼍鱼、南海大鱼、鲸鱼、人鱼、南海大蟹、海鳍以及从《山海经》到《海语》记载的各种大鱼、异鱼等。对于海洋生物的正确认识和想象性认识，都是海洋认识水平的体现。

其八，《西游记》《聊斋志异》等文学经典中的海洋人文思想。

《聊斋志异》等短篇小说集，有很多涉海叙事篇章，其中多从各个方面反映了古人对于海洋的迷惘、恐惧、想象、象征、体验、利用、开发等种种海洋人文意识、思想和行为。

以上几个方面，其实并未囊括古代海洋人文思想的全部。中国古代海洋人文思想博大精深，这里展示的仅仅是其中一部分而已。

四、本课题研究的特色和价值

从广义的海洋研究而言，中国已经有近百年的海洋人文研究历史，并且形成了三大特色。一是中国海洋人文的海洋本质研究。这方面的研究，目前已经逐步摆脱传统的陆地化视角的藩篱，发展出回归海洋本质，具有自身特色的理论和体系，建立出自己的研究平台和学术规范。二是中国海洋人文的历史学研究，逐步从专门史的研究发展为历史学各分支学科的共同研究和综合研究，从中国海洋扩展到世界海洋的区域研究和比较研究，打开海洋中国与海洋世界历史研究的新天地，在世界海洋史学中占有一席之地。三是中国和世界海洋人文的历史研究深化，促进各种人文类型发展史的磨合，最终融为一体，产生全新的中国史和世界史叙述文本。[①]

本课题的研究，虽然在很多方面，远未达到上述三个方面的要求，但也有自己的追求，显示出一定的特色和价值，主要有三点。

其一，有比较扎实的文献支持。杨国桢先生曾经批评过中国海洋文明研究中的两种倾向。一种是完全认同"海洋文明是西方资本主义或工业时代的产物，东方文明和中华文明是农业时代的产物，所以东方和中国没有海洋文明；西方的海洋文化是海洋商业文化，中国的海洋文化是海洋农业文

① 杨国桢：《海洋人文类型：21世纪中国史学的新视野》，《史学月刊》2001年第5期。

化，所以中国的海洋文化是陆地文化特别是农业文化的延伸”[①]。这种认识以西方海洋文明的概念为判断依据，将中国海洋文明的丰富内容排斥在外。另外一种是认为“中国的文明起源和发展于海洋文明”，并且还膨胀地认为，“中华民族的海洋文明从史前的开拓到近代西方的崛起前一直引领世界，可以说，近代以前的人类海洋史，基本上说就是中华海洋史”，[②]“也就是用中国中心论取代西方中心论”。这两种观点的共同错误都是，“用自己的观点，有选择地选取前人和当代学者已有的研究成果，包括一些尚无确切证据的论述，加以串联，不加证实地袭用放大，拼凑出系统和结论的，与历史本相难合符节，不能说是掌握全面史料基础上的理论创新和学术创新”[③]。也就是没有下苦功夫去搜集古代海洋文献资料并加以研究，所以才导致了上述两方面偏差的出现。对于古代海洋人文思想的研究同样如此。如果没有扎实深厚的文献支持，要全面而科学地深入研究古代海洋人文思想，是不可能的。

聊可欣慰的是，最近十多年来，我们课题组成员一直在埋头做这方面的工作。目前搜集整理了数百篇古代涉海叙事文献，并且已经进行了初步的整理和分析。因此本课题的论述，或许有许多不够透彻不够完整的地方，但基本上都是以文献为依据的，尽可能做到言之有据。

其二，本课题的研究不是企图去“证明”什么，而是力求去“发现”什么。“证明”往往是一种先入之见，就像杨国桢先生所批评的先存一种“海洋文明中国中心论”，然后四处找根据去证明它。而“发现”则是在仔细研判文献后产生的一种观点和看法。本书挖掘分析的《山海经》中的海洋人文思想萌芽元素和古代海洋人文生态信息的地理分布等章节，都是这种“发现”的结果。另外，本课题经过研究还“发现”，古人的海洋意识有现实海洋、经济海洋、诗意（想象）海洋、象征海洋、政治寄寓海洋，甚至科幻性海洋等区别。并且这些海洋意识，并不是随着对于海洋的逐步了解而变得越来越现实化。恰恰相反，一直到了晚清时期，想象、象征、寓言性海洋叙事仍然占了很大比重，而争夺、扩张等海洋叙事非常罕见。这可以充分证明，中国古代海洋人文思想的核心，是和平的，是诗意的，而不是扩张的，更不是侵略性的。这样的

---

① 杨国桢：《中华海洋文明论发凡》，《中国高校社会科学》2013 年第 4 期。

② 流波：《源：人类文明中华源流考》，湖南人民出版社，2007 年，第 149—150 页。

③ 杨国桢：《中华海洋文明论发凡》，《中国高校社会科学》2013 年第 7 期。

“发现”是很有价值的，说明中国古代的海洋人文观念与西方的海洋观完全不一样。西方的海洋观可以德国哲学家黑格尔为代表。他“在《历史哲学》中把人类文明的地理基础分为三种形态：高地、平原流域和海岸区域。在第一、二类地区，‘平凡的土地、平凡的平原流域把人类束缚在土壤上，把他卷入无穷的依赖性里边’，而在第三类区域，‘大海却挟着人类以超越了那些思想和行动的有限的圈子’，产出一种以船为工具，‘从一片巩固的陆地上，移到一片不稳的海面上’的海洋文明。海水的流动性，决定了海洋文明超越大地限制的自由性、开放性，‘大海给我们茫茫无定、浩浩无际和渺渺无限的观念；人类在大海的无限里感到他自己底无限的时候，人类就被激起了勇气，要去超越那有限的一切。大海邀请人类从事征服，从事掠夺，但是同时也鼓励人类追求利润、从事商业。’海水喜怒多变的性格，决定了海洋文明打破常规、冒险进取的勇敢精神，航海家冒着生命财产之险求利，‘从事贸易必须要有勇气，智慧必须与勇敢结合在一起。因为勇敢的人们到了海上，就不得不应付那奸诈的、最不可靠的、最诡谲的元素，所以他们同时必须具有权谋——机警’”[①]。总之，西方的海洋文明，是一种扩展、冒险的观念和实践，而古代中国的海洋人文思想，则是美丽海洋、和平海洋、共享海洋的观念和实践。

其三，本课题研究，是以文学中的文化研究为基础的跨学科探索。本课题依据的文献资料，是古代涉海叙事文献，而叙事文献，根本上来说是一种文学文本。所以本课题的基础是古代海洋叙事文学研究。但是这种文学研究，关注的并不是文学文本的美学特质，而是其文化内涵，而且还是一种跨学科的文化研究。本课题涉及古代海洋文学思想、古代海洋经济思想、古代海洋社会意识、古代海洋习俗形态等，所以它又是一个综合性的海洋人文思想研究。

① 杨国桢：《中华海洋文明论发凡》，《中国高校社会科学》2013年第4期。

第一章 中国古代海洋人文思想的千年书写

有海洋文明历史的存在，就有海洋文学的观照和反映。作为文学叙写的重要空间对象，“海洋”一直以来就是一种文学存在，因此作为一种类型文学形态的涉海叙事文学，也从未缺席过完整意义上的中国文学史。当然，不可否认的是，与博大精深的主流中国古典文学的大河相比，与海洋有关的叙事几乎就如一条涓涓细流，显得非常单薄，也似乎从未进入过文学主流的范围。

然而必须指出的是，虽然只有涓涓细流，但是“海洋之叙”从未断绝过。这是一种无法否定的文学存在。先秦诸贤开辟了海洋人文书写的道路，秦汉海洋想象极大地拓展了涉海叙事的格局。唐宋元明清的海洋书写，与古人对于海洋活动的实践密切相连。清末的政治海洋叙事，则又是当时的政治文化和外来文化影响的一种折射。中国古代对于海洋的千年书写，既是一部海洋文学史，实际上也是一部海洋人文思想的发展史。或者说，古代涉海叙事，其主要价值，也许不仅体现在文学史方面，而且更主要地体现在海洋人文史方面。

一、先秦大音：中国海洋人文的瑰丽起笔

作为一个历史性的时间概念，“先秦”指的是公元前 221 年，也就是秦朝成立之前的三皇五帝到春秋战国这一时期。那个时候，虽然作为人类一员的华夏子民“离开”海洋这个生命母体的时间已经非常久远，但是“海洋”并

未离开先秦人的视线。从海洋人文史角度而言，有人把这个时期称为“蒙昧期”。其依据是《禹贡》《山海经》《穆天子传》《逸周书》和班固《汉书·地理志》、刘熙《释名》、袁康《越绝书》以及杨孚《异物志》等的相关记载。他们认为：“先秦时期的海洋著述尽管不成熟，存在缺陷，但其意义和价值仍是巨大的。先秦海洋文献记录了古代地理知识积累和渐渐形成一门学科的情况。《易经·系辞》中‘仰以观之天文，俯以察于地理’中的‘地理’一词，表明至迟在战国时期，地学知识已被纳入到学科视野之内。《禹贡》《职方》《山海经》超脱诸侯割据、列国相争的局面，以全局的眼光描写天下地理，促成中国政治从来就是统一的、疆域从来就是广大的、各族从来就有共同祖先的文化传统及信念，对统一的多民族的国家形成，意义极为重大。”[①]

这里所指的“文化传统及信念”，就包括了先秦人的海洋文化传统及观念。虽然从海洋史的维度来看，这个时期的海洋观的确处于“蒙昧期”，但是从文学书写的角度而言，先秦时期的涉海叙事，却是一种充满瑰丽想象的海洋书写。因为后世海洋书写的许多叙事母题，基本上都是在这个时候出现的。

先秦涉海叙事文献主要体现在《山海经》《列子》和《庄子》等典籍中，尤其是《山海经》中的海洋人文思想因素非常丰富。

虽然《山海经》的部分内容有西汉时期的痕迹，但是其主要部分，都完成于先秦时期，所以也属于先秦典籍。《山海经》是古代涉海叙事的真正源头，它构建了一个具有多方面文化和文学价值的“海洋世界”。

在《山海经》所构建的海洋世界里，海洋有了自己的主宰者，即海神。《山海经》的海神谱系是非常完整的，后世的四海海神观念就源于此。除了四海海神，《山海经》还营构了多层次多系统的海洋神灵世界。在《山海经》里，海洋是神圣、怪异、神秘的结合体。那是日出月升的地方，是神人居住的地方，是“大人之堂”和“君子国”所在地。连其他生物也是充满奇异的：“有五彩之鸟”；有神兽，其状如牛，可是其“出入水则必风雨，其光如日月，其声如雷”；还有一只鸟更厉害，太阳月亮的升沉都是由它背载的；另一种鸟则可以将人吞进肚子而飞翔千里。连海洋里的水族也让我们人类感到惊奇害怕。有“大蟹”，有“人鱼”(后世极大地发展了这种海洋生物书写：有一条大鱼重逾万斤，有一种鱼还能化为女人勾引异性)，……海洋就这样成了神话

① 梁二平、郭湘玮：《中国古代海洋文献导读》，海洋出版社，2012年，第2—3页。

的一部分。《山海经》是一部“山海齐观”的大书，它的海洋书写对于后世具有巨大的启迪意义。[①]

本课题对于《山海经》所隐含的丰富的海洋人文思想，将有专章进行探讨，这里暂不作展开。

《山海经》之后，为中国早期的海洋人文书写注入强劲活力的，还有《列子》。虽然关于列子其人和《列子》一书的真伪，到目前为止学界的讨论尚未形成一致意见。但是对于海洋人文思想的书写而言，究竟有没有“列子”这样一个人物和《列子》一书是不是伪托，其实并不是最重要的。因为本课题考察的重点是《列子》中的涉海叙事以及它所包含的先秦时期的海洋人文思想，而不是对列子其人其书本身的考证。

我们认为，《列子》有丰富的海洋元素的涉海叙事，具有多方面的海洋人文思想价值。

首先，《列子》塑造的海洋神人形象，丰富了“神圣海洋”的内涵。所谓“神圣海洋”是《山海经》里所包含的一个概念，指的是海洋具有神圣、超脱、纯洁、美好的象征属性。《山海经》里的“君子国”，体现的就是这一个思想。后世有人选择海洋作为隐居之地，也是基于这种思想。《列子》的“神圣海洋”思想是通过“海洋神人”这个形象来体现的。

> 列姑射山在海河洲中，山上有神人焉，吸风饮露，不食五谷，心如渊泉，形如处女。[②]

列姑射山原是《山海经》所勾勒的海洋空间。《山海经·海内北经》：“列姑射在海河州中。”《列子》继承了《山海经》的列姑射海洋空间概念，但有新的美质注入。在《山海经》中，“列姑射”是一个普通的海岛或列岛，但是在《列子》中，它却是神人栖居的美丽海域。正是这个海洋神人形象，大大丰富了《山海经》所营构的“神圣海洋”的内涵。《山海经》描述了“其人衣冠带剑”的“君子国”，《列子》的“海上神人”更多的是从形象审美的角度予以描述和塑造。这个神人超凡脱俗，形象高洁，品德宏达，具有无与伦比的文化影响

---

① 倪浓水：《中国古代海洋小说的逻辑起点和原型意义——对〈山海经〉海洋叙事的综合考察》，《中国海洋大学学报(社会科学版)》2009年第1期。

② 《列子》，中华书局，1985年，第16页。

力。这样的“完人”和“圣人”，诞生在海洋之中，所以实际上是将“神圣海洋”向“美丽海洋”的拓展。还需要指出的是，这样的海洋神人，又不同于《山海经》及之后秦汉时期所塑造的海洋神仙，它是人格和神格的完美结合，所以其美学价值更为巨大。

其次，《列子》继承和发展了“海洋神仙岛”的思想。《列子·汤问第五》描述了岱舆等五座“海洋神仙岛”。《山海经·大荒东经》的“少昊之国”等已经具有神仙岛的雏形，《列子》发展为五座神岛，在它们上面住的是神仙，到处都是奇珍异宝。从此海洋神仙岛的理念一直流传后世，直到晚清时期的王韬，还以《仙人岛》为题进行过叙写。

再次，《列子》开始有了比较完整的海洋故事书写文本，这就有了海洋文学史的价值。《列子·黄帝第二》：“海上之人有好沤(鸥)鸟者，每旦之海上，从沤(鸥)鸟游，沤(鸥)鸟之至者百数而不止。其父曰：‘吾闻沤(鸥)鸟皆从汝游，汝取来，吾玩之。’明日之海上，沤(鸥)鸟舞而不下也。”[①]这篇海洋叙事想象奇特，画面感极强，人鸥共舞化为一体的画面极为美丽。而这个人的父亲对海鸥起了亵渎不敬之心，海鸥们就丝毫不与他接近。这样的敬畏海洋、敬畏海洋生物的思想主题，是异常深刻的。还有难能可贵的是，这是一篇“在场”的小说。纵观中国海洋文学史，绝大部分都是“观海”的视角，或者是“岛屿故事”，像这种发生于“海上”的叙事相当少见。

《山海经》和《列子》之后，对于中国海洋人文的叙写，同样做出杰出贡献的，还有《庄子》。庄子是宋国蒙人。蒙地的现代地理位置有河南商丘、安徽蒙城、山东东明等多种说法。这些地方都不临海，现今的史料也无法证实庄子是否到过海边，但《庄子》一书确有大量的海洋人文信息，乃是不争的事实。

《庄子》是古代思想哲学的经典之作，也是杰出的散文经典。其实它还包含了许多文学叙事意义上的“小说因素”，对此学界早就有所研究。有人甚至说《庄子》是“中国小说之祖”。[②] 这不仅是由于《庄子》第一个提出了“小说”这个概念(虽然这个“小说”与现代意义上的小说，内涵上有很大的不同)，而且还在于《庄子》中的许多寓言故事本身就是精彩的叙事文本。所以

---

① 《列子》，中华书局，1985 年，第 24 页。

② 陆永品：《庄子是中国小说之祖》，《河北大学学报(哲学社会科学版)》1993 年第 3 期；刘生良：《〈庄子〉——中国小说创作之祖》，《陕西师范大学学报(哲学社会科学版)》1998 年第 1 期。

将《庄子》中有关海洋的元素，纳入“涉海叙事”的角度予以分析，也是比较合理的。

在《庄子·逍遥游》中，大海的壮观和宏伟的气势扑面而来。大海之子鲲鹏成为自由精神的象征。在《庄子·秋水》里，河伯对着大海的惊奇、赞叹和思考，具有巨大的意义。“天下之水，莫大于海。万川归之，不知何时止而不盈；尾闾泄之，不知何时已而不虚。春秋不变，水旱不知。”[①]在庄子的笔下，海洋是一种深刻的哲学存在，包含着异常广博的宇宙意识。

《庄子·外物》中的海钓故事，也是一种哲学化的叙事表述：“任公子为大钩巨缁，五十犗以为饵，蹲乎会稽，投竿东海，旦旦而钓，期年不得鱼。已而大鱼食之，牵巨钩，陷没而下骛，扬而奋鬐，白波若山，海水震荡，声侔鬼神，惮赫千里。”[②]在《庄子》的话语体系里，“钓者”是一个具有深刻含义的形象，所以这“任公子海钓”是一种寓言化描述。气派宏达，意境高远，极富美学价值。另外还需指出的是，垂钓的地点是“会稽”。汉东方朔《海内十洲记》也说：“瀛洲在东海中……大抵是对会稽。”可见这个“会稽”，也就是现在的浙江绍兴一带，在中国早期的海洋文献中，具有特殊的文化所指。

二、汉魏峰浪：海洋人文书写的美丽传承

《山海经》等所开创的海洋神灵等涉海叙事，是中国古代海洋文学叙事非常重要的传统和基础。在相当长一段时期内，有关海洋神灵的叙写显得相当热闹。这种文学现象产生和发展的心理背景是人类对海洋这个审视对象的陌生、恐惧、敬畏和向往。其形态美学则是变异、想象和一定程度写实的融合，因此艺术风格非常瑰丽、奇幻。

进入汉魏时期，古人对于海洋的认识有了很大发展。虽然梁二平和郭湘玮合著的《中国古代海洋文献导读》把汉划入中国海洋文明的“蒙昧期”，但是他们也清醒地看到，汉朝时期与先秦时代的海洋观相比已经有了巨大的变化。他们认为，汉王朝建立后，中央集权统治逐渐巩固，对于海洋也日渐重视，这反映在海洋文献的编著上，就是出现了更多的材料。

---

① 《庄子》，中华书局，2010年，第259页。

② 《庄子》，中华书局，2010年，第458—459页。

班固《汉书·地理志》概述了先秦至汉代的地理沿革，在论述州郡四至时，突出记载了中央王朝的海洋疆界意识：东北至日本海，西至南海的万里海疆。此外，东汉初年的《越绝书》，也为后世保存了许多关于海洋文化的历史信息。古代吴、越是以擅长舟楫而著称海内的。它们的国都附近都设有舟室、船宫，船有舟师、大船军、习流等。越王勾践曾自称其民是"水行而山处，以船为车，以楫为马，往若飘风"。而吴国也被称为"不能一日废舟楫之用"的国家。再则，汉朝的海洋文化描绘的区域已经很大，在东汉杨孚撰写的《异物志》中，可以看到当时东南亚古国的情况。书中记述扶南国和南海航道的情况，这对研究汉代海外交通贸易有重要价值。[①] 这同时也表明，早在汉朝时期，中国已经有了海上丝绸之路的初步实践，显示了汉朝人对外开放和交流的全球视野。

但是总的来看，汉魏时期的涉海叙事传承的仍然是先秦的海洋神灵为主的文化传统。敬畏海洋的心理普遍存在，因此海洋神话叙事在继续发酵。西汉时期的东方朔，就是一个善于创造海洋神话的人。他的《神异经》模仿《山海经》而作，里面有许多涉海书写。从海洋文学的角度而言，它的重大价值，主要体现在《西荒经》和《西北荒经》三则故事中所塑造的三个"海洋人物形象"上。

第一个海洋人物形象出现在《西荒经》中："西海水上有人，乘白马朱鬣，白衣玄冠，从十二童子，驰马西海水上，如飞如风，名曰河伯使者。或时上岸，马迹所及，水至其处。所之之国，雨水滂沱，暮则还河。"[②]这里的"河伯使者"，白衣白马，驰马海上，如飞如风，极具美感。

第二个海洋人物形象仍然出现在《西荒经》中，它所描述的"鹄国人"形象，充满了神奇："西海之外有鹄国焉，男女皆长七寸。为人自然有礼，好经纶拜跪。其人皆寿三百岁。其行如飞，日行千里。百物不敢犯之，唯畏海鹄，过辄吞之，亦寿三百岁。此人在鹄腹中不死，而鹄一举千里。"[③]这里出现的海洋人物，不但是第一个海洋"矮人国"形象，也是一个罕见的"海洋飞者"形象。他们虽然矮小袖珍，但本事极高，也极长寿，这样的人物，产生于海洋，说明西汉时期，人们仍然觉得海洋非常神奇。

---

① 梁二平、郭湘玮：《中国古代海洋文献导读》，海洋出版社，2012年，第3页。

② （汉）东方朔：《神异经》，《汉魏六朝笔记小说大观》，上海古籍出版社，1999年，第55页。

③ （汉）东方朔：《神异经》，《汉魏六朝笔记小说大观》，上海古籍出版社，1999年，第55页。

第三个海洋人物形象，出现在《西北荒经》中。它是一个与海洋矮人形成显著对照的“海上大人”形象：“西北海外有人，长二千里，两脚中间相去千里，腹围一千六百里。但日饮天酒五斗，不食五谷鱼肉，唯饮天酒。忽有饥时，向天仍饮。好游山海间，不犯百姓，不干万物，与天地同生，名曰无路之人，一名仁，一名信，一名神。”[①]《山海经》里已经有“大人之堂”“大人之国”，其内涵之一指的便是体型巨大之人，但是东方朔的《神异经》所塑造的“海洋大人”，品行高洁，超然世外，成了“仁”“信”“神”的具象化显示，所以东方朔的书写已经超越了《山海经》的“大人”形体这样的简单元素。这样的高洁人物，东方朔却为他取了一个“无路之人”的名号，说明东方朔描述海洋世界，并非为了“奇谈”，而是赋予了“海洋人物”深刻的哲学含义。

《神异经》外，东方朔还另有《海内十洲记》。鲁迅曾经指出：“现在所有的所谓汉代小说，有称东方朔所做的两种：一、《神异经》；二、《十洲记》。”[②]可见鲁迅是把《神异经》和《海内十洲记》都当作小说看待的。如此说来，它们都是真正的海洋叙事作品了。

《海内十洲记》主要构建了海洋神仙岛思想。它对汉及以后的海洋神仙文化影响非常巨大。海上神仙岛概念，在《山海经》中就已经出现，在《列子》中正式确立，《海内十洲记》则在这样的基础上进行了大规模的拓展书写，不但神仙岛数量大为增加，神仙岛的具体内涵也大为拓展，形成了洋洋大观的“十洲”系列。

所谓的“十洲”，指的是祖洲、瀛洲、玄洲、炎洲、长洲、元洲、流洲、生洲、凤麟洲和聚窟洲。东方朔托借王母之口，说这十洲都在“八方巨海之中”。这样“十洲”意象就被框定在海洋神话的话语体系之中。这“十洲”的共同点是：其一，都在远离大陆的“人迹所稀绝处”，这样就有了距离感和陌生感；其二，岛上都有不死之草、神芝草、金芝玉草、甘液玉英等仙草灵药，这样就在风行长寿理想的西汉时人中产生了极其强大的诱惑力；其三，岛上还有大量的神兽，上面住的都是“仙家”，这就迎合了西汉时候处于主流地位的道家思想。所以“十洲”隐隐然就成了道家的宫观所在地。

十洲之外，东方朔还想象出众多海洋道家圣地。譬如有沧海岛，上面住着九老仙和其他数万仙官；有方丈岛，它既是群龙所聚，又是“不欲升天”的

① （汉）东方朔：《神异经》，《汉魏六朝笔记小说大观》，上海古籍出版社，1999年，第56页。

② 鲁迅：《中国小说的历史的变迁》，《鲁迅全集》（第九卷），人民文学出版社，1981年，第304页。

群仙所停留之处，有仙家数十万；还有扶桑岛，上有太帝宫，太真东王父所治处；还有蓬莱山，处于唯飞仙才能到达的“冥海”中，上有九老丈人九天真玉宫，盖太上真人所居。最后东方朔得出结论：“是以仙都宅于海岛。”[①]

晋时张华撰写的《博物志》，也很好地传承了秦汉时期的海洋人文书写。该书涉海叙事故事多达 16 则，包含了多方面的海洋人文思想。

其一，《博物志》有清醒的“海疆”意识，这与《汉书》所显示的海疆意识是一致的。“中国之城，左滨海，右通流沙，方而言之，万五千里。东至蓬莱，西至陇右，右跨京北，前及衡岳，尧舜土万里，时七千里。”这是整个海陆空间概念。接着《博物志》特别突出了东海和南海的“海疆”界限：“南越之国，与楚为邻。五岭已前至于南海，负海之邦，交趾之土，谓之南裔。”“东越通海，处南北尾闾之间。三江流入南海，通东治，山高海深，险绝之国也。”[②]这说明到了魏晋时代，东海和南海都日益为世人所重视。

其二，《博物志》提供了珍贵的海洋对外交流的信息。卷一就有这样的记载：“南海短狄，未及西南夷以穷断。今渡南海至交趾者，不绝也。”[③]卷二还专门列有“外国”条，其中记载说：“毌丘俭遣王颀追高句丽王宫，尽沃沮东界，问其耆老，言国人常乘船捕鱼，遭风吹，数十日，东得一岛，上有人，言语不相晓。”[④]这更可以证明，魏晋时代南海的海洋活动已经非常活跃，海洋经济已经相当发达。

其三，《博物志》传承了《山海经》等涉海经典诸多方面的海洋人文思想精华。其中包括“海洋圣洁”思想：“君子国，人衣冠带剑，使两虎，民衣野丝，好礼让，不争……故为君子国。”[⑤]海上神仙岛思想：“有蓬莱、方丈、瀛州三神山，神人所集。……其鸟兽皆白，金银为宫阙，悉在渤海中。”[⑥]神奇海洋思想：“东海有牛体鱼，其形状如牛，剥其皮悬之，潮水至则毛起，潮去则毛伏。”“东海有物，状如凝血，从广数尺，方员，名曰鲊鱼。”“海上有草焉，名蒒。

① (汉)东方朔：《海内十洲记》，《汉魏六朝笔记小说大观》，上海古籍出版社，1999 年，第 64—71 页。

② (晋)张华：《博物志》，《汉魏六朝笔记小说大观》，上海古籍出版社，1999 年，第 185 页。

③ (晋)张华：《博物志》，《汉魏六朝笔记小说大观》，上海古籍出版社，1999 年，第 187 页。

④ (晋)张华：《博物志》，《汉魏六朝笔记小说大观》，上海古籍出版社，1999 年，第 192 页。

⑤ (晋)张华：《博物志》，《汉魏六朝笔记小说大观》，上海古籍出版社，1999 年，第 190 页。

⑥ (晋)张华：《博物志》，《汉魏六朝笔记小说大观》，上海古籍出版社，1999 年，第 187 页。

其实食之如大麦，七月稔熟，名曰自然谷，或曰禹余粮。”[①]这些思想虽然都在其他著作中早已经存在，但是《博物志》加以强调和突出，这是一种显著的海洋人文思想传承意识。

其四，《博物志》提供了奇异的海洋女儿国的信息。“有一国亦在海中，纯女无男。……其地皆在沃沮东大海中。”[②]这种海洋女儿国观念在《山海经》等中还不曾出现过，所以极有价值，并得到了后世海洋小说的继承。

其五，记录了许多海洋民俗文化。“东南之人食水产，西北之人食陆畜。食水产者，龟蛤螺蚌以为珍味，不觉其腥臊也；食陆畜者，狸兔鼠雀以为珍味，不觉其膻也。”“（其岛）其俗常以七夕取童女沈（沉）海。”[③]古代涉海作品中描述普通海洋、海岛人生活习俗的作品不是很多，所以它也很有价值。

其六，创造了对后世影响很大的“八月仙槎”故事。“旧说云天河与海通。近世有人居海渚者，年年八月有浮槎去来，不失期。人有奇志，立飞阁于查（槎）上，多赍粮，乘槎而去。十余日中，犹观星月日辰，自后茫茫忽忽，亦不觉昼夜。去十余日，奄至一处，有城郭状，屋舍甚严。遥望宫中多织妇，见一丈夫牵牛渚次饮之。牵牛人乃惊问曰：‘何由至此？’此人具说来意，并问此是何处。答曰：‘君还至蜀郡访严君平则知之。’竟不上岸，因还如期。后至蜀，问君平，曰：‘某年月日有客犯牵牛宿。’计年月，正是此人到天河时也。”[④]这个叙事文化意义非常巨大。“浮槎海上”是孔子曾经设想或向往的一种价值选择。这个故事丰富了“槎”的文化内涵。从此以后“浮槎”“仙槎”就成了一种想象空间极大的海洋人文概念。

可见张华的涉海叙事，已经达到了很高的成就。与张华同时代的其他作家，也有一些涉海叙事作品产生。如崔豹《古今注》重在解释自然现象、典章制度和社会习俗，却也涉及海洋。“乌贼鱼，一名河伯度事小吏。《本草》作由事小吏。”“鲸鱼者，海鱼也。大者长千里，小者数十丈。一生数万子，常以五月六月就岸边生子。至七八月，导从其子还大海中，鼓浪成雷，喷沫成雨，水族惊畏，皆逃匿莫敢当者。其雌曰鲵，大者亦长千里，眼为明月珠。”[⑤]这则简单的涉海叙事，以社会人文视野解释乌贼和鲸鱼这两种海洋生物，成了

---

① （晋）张华：《博物志》，《汉魏六朝笔记小说大观》，上海古籍出版社，1999年，第197—198页。

② （晋）张华：《博物志》，《汉魏六朝笔记小说大观》，上海古籍出版社，1999年，第191—192页。

③ （晋）张华：《博物志》，《汉魏六朝笔记小说大观》，上海古籍出版社，1999年，第188、192页。

④ （晋）张华：《博物志》，《汉魏六朝笔记小说大观》，上海古籍出版社，1999年，第225页。

⑤ （晋）崔豹：《古今注》，《汉魏六朝笔记小说大观》，上海古籍出版社，1999年，第242—243页。

以后常用的一种海洋书写模式。

干宝的《搜神记》是中国小说诞生的标志性作品，他的涉海故事也具有小说的美质。《东海君》："陈节访诸神，东海君以织成青襦一领遗之。"[①]东海君是海神，却以青襦这样凡俗世界物件作为礼品送人，人情味很浓。《雨鱼》："成帝鸿嘉四年秋，雨鱼于信都，长五寸以下。至永始元年春，北海出大鱼，长六丈，高一丈，四枚。哀帝建平三年，东莱平度出大鱼，长八丈，高一丈一尺，七枚，皆死。灵帝熹平二年，东莱海出大鱼二枚，长八九丈，高二丈余。京房《易传》曰：'海数见巨鱼，邪人进，贤人疏。'"把大海鱼出现与"邪人进，贤人疏"这样的政治形态放在一起叙述，反映了海洋现象是人类社会预兆这样的思维。《鲛人》："南海之外有鲛人，水居如鱼，不废织绩。其眼泣则能出珠。"[②]这是对"鲛人"想象的正面继承。

进入南北朝时期，涉海叙述继续发扬。前秦王嘉《拾遗记》有大量的涉海叙述。"贯月槎"故事是对"八月仙槎"故事的创造性传承。"尧登位三十年，有巨查（槎）浮于西海，查上有光，夜明昼灭。海人望其光，乍大乍小，若星月之出入矣。查常浮绕四海，十二年一周天，周而复始，名曰贯月查，亦谓挂星查，羽人栖息其上。群仙含露以漱，日月之光则如暝矣。"[③]

王嘉还创造了一个非常具有科幻意味的"潜水艇"的故事："始皇好神仙之事，有宛渠之民，乘螺舟而至。舟形似螺，沉行海底，而水不浸入，一名'沦波舟'。"[④]另外他的蓬莱山等海洋神仙岛故事，对于秦汉的神仙岛叙事，也有多方面的补充和发挥。

魏晋南北朝时期的涉海叙事，甚至在北魏郦道元的《水经注》中也有体现。其"濡水"条描述说："始皇于海中作石桥，海神为之竖柱。始皇求与相见。神曰：'我形丑，莫图我形，当与帝相见。'乃入海四十里，见海神，左右莫动手，工人潜以脚画其状。神怒曰：'帝负约，速去！'始皇转马还，前脚犹立，后脚随崩，仅得登岸，画者溺死于海。"[⑤]这个人类欺骗海神的故事非常富有创造性。

这个故事在南朝梁殷芸《殷芸小说》中也有过叙述："始皇作石桥，欲过

---

① （晋）干宝：《搜神记》，《汉魏六朝笔记小说大观》，上海古籍出版社，1999年，第290页。

② （晋）干宝：《搜神记》，《汉魏六朝笔记小说大观》，上海古籍出版社，1999年，第324、374页。

③ （前秦）王嘉：《拾遗记》，《汉魏六朝笔记小说大观》，上海古籍出版社，1999年，第498—499页。

④ （前秦）王嘉：《拾遗记》，《汉魏六朝笔记小说大观》，上海古籍出版社，1999年，第520页。

⑤ （北魏）郦道元：《水经注》，浙江古籍出版社，2001年，第231页。

海观日出处。时有神人能驱石下海，石去不速，神人辄鞭之，皆流血，至今悉赤。阳城十一山石尽起东倾，如相随状，至今犹尔。秦皇于海中作石桥，或云：非人功所建，海神为之竖柱。始皇感其惠，乃通敬于神，求与相见。神云：'我形丑，约莫图我形，当与帝会。'始皇乃从石桥入海三十里，与神人相见。左右巧者潜以脚画神形。神怒曰：'速去。'即转马，前脚犹立，后脚随崩，仅得登岸。"①

总而言之，汉魏时期涉海叙事，继承了先秦海洋神话叙事的精华，以极为丰富的海洋想象力，描述和构建了各种海洋人文意象，无论是主题的深刻性、想象的瑰丽性、故事的奇异性，还是海洋形象的丰满性，都达到了很高的成就。这个时期，可以说是中国古代海洋人文书写的一个高峰时期。

三、唐宋气象：海洋人文思想的多方面拓展

唐宋时期，中国海运发达，海洋贸易活动十分频繁，海洋书写也非常繁荣。甚至还有如韩愈等许多赫赫有名的大家，也撰写了与海洋有关的文章。这些书写，多方面地反映了唐宋时期古人的海洋人文思想，显示出新的海洋叙事气象。

（一）海神信仰的多方面存在

《全唐文》录有陈子昂《祟海文》，里面的"今旌甲云屯，楼船雾集，且欲浮碣石，凌方壶，袭朔裔，即幽都"等句，透露出通过海路北征鲜卑的信息；而"惟尔有神，肃恭令典，导鬣首，骑鲸鱼，呵风伯，遏天吴，使苍兕不惊，皇师允济，攘慝剿虐，安人定灾，苍苍群生，非神何赖"的描述，则说明早在初唐时期，海神信仰就已经相当普遍。

《全唐文》还录有韩愈的《南海神庙碑》，透露出更加丰富的海洋信仰思想。"海于天地间为物最巨。自三代圣王，莫不祀事"，说明祭海历来是中国海洋人文的传统，而且属于朝廷礼制。到了唐朝，唐玄宗天宝十年，四海并封王，封南海神为"广利王"。韩愈说，"南海神次最贵"，其标志之一，便是在广州东南建有专门用于祭祀的"南海神庙"，朝廷派出大员，千里迢迢来此祭

① （梁）殷芸：《殷芸小说》，《汉魏六朝笔记小说大观》，上海古籍出版社，1999年，第1016页。

祀海神。这是唐朝开发南海的显著表征。

唐人苏鹗《杜阳杂编》的《神蛤》，反映的也是海洋信仰的信息。“上（指唐文宗）好食蛤蜊。一日，左右方盈盘而进，中有擘之不裂者。上疑其异，乃焚香祝之。俄顷自开，中有二人，形眉端秀，体质悉备，螺髻璎珞，足履菡萏，谓之菩萨。”[①]这是众多观音感应故事之一，说明那时候海神信仰已经和观音信仰结合在一起。

唐人李肇《唐国史补》的《舟人言》则说明海神信仰已经向海洋民间禁忌演变了：“舟人言鼠也有灵。舟中群鼠散走，旬日必有覆溺之患。”[②]

唐人段成式《酉阳杂俎》有《系臂》：“如龟，入海捕之，人必先祭。又陈所取之数，则自出，因取之。若不信，则风波覆船。”[③]这是渔民祭海信仰习俗的反映。

五代杜光庭《录异记》有《海龙王宅》记载：“海龙王宅在苏州东，入海五六日程。小岛之前，阔百余里，四面海水粘浊，此水清，无风而浪高数丈，舟船不敢辙近。每大潮水没其上，不见此浪，船则得过。夜中远望，见此水上红光如日，方百余里，上与天连。船人相传，龙王宫在其下矣。”[④]这说明五代时期，海龙王信仰已经十分普及了。

宋人郭彖《睽车志》卷四记载南宋时期四明（宁波）巨商在海上运输时意外得到“紫竹”，被告知乃是“普陀落伽（迦）山……观音坐后旃檀林紫竹”[⑤]，证明那个时候普陀山已经是观音道场，也可以证明，观音一直是海洋保护神。

宋人徐铉《稽神录》卷四《姚氏》：“东州静海军姚氏，率其徒捕海鱼，以充岁贡。时已将晚，而得鱼殊少。方忧之，忽网中获一人，黑色，举身长毛，拱手而立，问之不应。……姚曰：‘此神物也，杀之不祥。’乃释而祝之曰：‘尔能为我致群鱼，以免阙职之罪，信为神矣。’毛人却行水上数十步而没。明日，鱼乃大获，倍于常岁矣。”[⑥]这是渔神形象的最早记载。

---

① （唐）苏鹗：《杜阳杂编》，中华书局，1985年，第18—19页。

② （唐）李肇：《唐国史补》，明津逮秘书本。

③ （唐）段成式：《酉阳杂俎》，中华书局，1981年，第165页。

④ （唐）杜光庭：《录异记》，《杜光庭记传十种辑校》，中华书局，2013年。

⑤ （宋）郭彖：《睽车志》，《宋元笔记小说大观》，上海古籍出版社，2001年，第4105—4106页。

⑥ （宋）徐铉：《稽神录》，《宋元笔记小说大观》，上海古籍出版社，2001年，第184—185页。

(二)海洋贸易和对外交流方面的频繁记载

《全唐文》有柳宗元《招海贾文》。“海贾”就是“海商”。“招”是“招魂”。柳宗元不赞赏商人,对海商更有看法。“贾尚不可为,而又海是图。死为险魄兮,生为贪夫。亦独何乐哉?”但他这篇《招海贾文》,透露出当时海商活动非常活跃。

宋人郭彖《睽车志》卷四记载说:“(南宋)绍兴辛未岁,四明有巨商泛海行。”[①]四明即现在的宁波,说明南宋时期,宁波一带已经有依靠海洋贸易致富的大商人出现。

宋人洪迈《夷坚志》之《王彦大家》:“临安人王彦大,家甚富,有华室,颐指如意。忽议航南海营舶货。”既反映了巨商从事海洋贸易的信息,而且还表明“南海”是海洋贸易活动的重心区域。《夷坚志》中另有《海山异竹》一文,说“温州巨商张愿,世为海贾,往来数十年,未尝失时”[②],反映出海商活动能带来巨大的利润,宋代温州已经有海商世家,而且那个时期,海洋经营活动还是比较安全可靠的。

唐宋时期的海洋贸易,很多是对外贸易,所以这个时期的涉海叙事,有很丰富的“外贸”资讯。唐人戴孚《广异记》之《径寸珠》出现了“波斯胡人”[③],唐人段成式《酉阳杂俎》的《海岛匙箸木》有“近有海客往新罗,吹至一岛上”的记载。唐人李肇《唐国史补》有《南海舶》故事:“南海舶者,外国船也。每岁至安南、广州。师子国舶最大,梯而上下数丈,皆积宝货。”师子国即今斯里兰卡一带。唐人张读《宣室志》中的《陆颙》故事,也出现了众多“南越胡人”。五代孙光宪《北梦琐言》的《高骈开海路》记载说:“安南高骈奏开本州海路。初,交趾以北距南海,有水路,多覆巨舟。骈往视之,乃有横石隐隐然在水中,因奏请开凿以通南海之利。”[④]这里的“交趾”即今越南一带。宋人钱易《南部新书》也有这方面记载:“大历八年,吴明国进奉。其国去东海数万里,经挹娄、沃沮等国。其土五谷,多珍玉,礼乐仁义,无剽劫。人寿二百岁,俗尚神仙。”[⑤]宋人朱彧《萍洲可谈》详细记载了有关“市舶司”和“海

---

① (宋)郭彖:《睽车志》,《宋元笔记小说大观》,上海古籍出版社,2000年,第4105页。

② (宋)洪迈:《夷坚志》,重庆出版社,1996年,第37、107页。

③ (唐)戴孚:《广异记》,远方出版社,2005年,第150页。

④ (五代)孙光宪:《北梦琐言》,中华书局,1960年,第9页。

⑤ (宋)钱易:《南部新书》,《宋元笔记小说大观》,上海古籍出版社,2001年,第371页。

外诸国人”的情况。[①] 宋人岳珂《桯史》有“番禺海獠”故事。[②] 他们“本占城之贵人”，后长留中国。占城即占婆补罗，今越南南部一带。

（三）“海洋财富”思想的普遍存在

自《山海经》和秦汉神仙岛叙事以来，海洋中拥有无数珠宝等宝物的思想一直深刻地影响着古人。唐宋时期虽然文化高度发达，对于海洋的认识也越来越深刻，但是这种思想还是普遍存在。唐人戴孚《广异记》的《海州猎人》和《径寸珠》两则涉海故事，描述的都是“海洋财富”话题。

《海州猎人》描述：“海州人以射猎为事，曾于东海山中射鹿。忽见一蛇，黑色，大如连山，长近十丈，两目成日，自海而上。人见蛇惊惧，知不免死，因伏念佛。蛇至人所，以口衔人及其弓矢，渡海而去，遥至一山，置人于高岩之上。俄而复有一蛇自南来，至山所，状类先蛇而大倍之。两蛇相与斗于山下，初以身相蜿蟺，久之，口相噬。射士知其求己助，乃传（敷）药矢欲射之。大蛇先患一目，人乃复射其目，数矢累中，久之，大蛇遂死，倒地上。小蛇首尾俱碎，乃衔大真珠瑟瑟等数斗，送人归之本所也。”[③]本来去海岛狩猎，在古代是很普遍的现象。其猎物也与大陆上所得普通的猎物没有什么区别。蛇也是到处都有存在的自然产物。可是在这个故事里，海岛上的蛇不但巨大无比，而且还能“衔大真珠瑟瑟等数斗”来谢人，就是灵物了。而且随意可以拿出数斗“大真珠”，可以想象那个时期的人对于海洋财富的信念是何等的坚信不疑。

《径寸珠》的故事更加离奇。“近世有波斯胡人，至扶风逆旅，见方石在主人门外，盘桓数日。主人问其故，胡云：‘我欲石捣帛。’因以钱二千求买，主人得钱甚悦，以石与之。胡载石出，对众剖得径寸珠一枚。以刀破臂腋，藏其内，便还本国。随船泛海，行十余日，船忽欲没。舟人知是海神求宝，乃遍索之，无宝与神，因欲溺胡。胡惧，剖腋取珠。舟人咒云：‘若求此珠，当有所领。’海神便出一手，甚大多毛，捧珠而去。”[④]这个故事所包含的海洋信息量是很大的，但主角是来自于海洋的“径寸珠”，仍然是“海洋财富”思想的

---

① （宋）朱彧：《萍洲可谈》，《宋元笔记小说大观》，上海古籍出版社，2001年，第2308、2310—2311页。

② （宋）岳珂：《桯史》，《宋元笔记小说大观》，上海古籍出版社，2001年，第4425—4427页。

③ （唐）戴孚：《广异记》，远方出版社，2005年，第221页。

④ （唐）戴孚：《广异记》，远方出版社，2005年，第150页。

体现。

唐人张读《宣室志》中的《陆颙》,描述的是依靠海洋至宝“辟水珠”,入海求宝的故事。“胡人吞其珠,谓颙曰:‘子随我入海中,慎无惧。’颙即执胡人佩带,从而入焉。其海水皆豁开数十步,鳞介之族,俱辟易回去。游龙宫,入蛟室,珍珠怪宝,惟意所择。才一夕而获甚多。胡人谓颙曰:‘此可以致亿万之货矣。’已而又以珍贝数品遗于颙。货于南越,获金千镒,由是益富。其后竟不仕,老于闽越中也。”[①]这个海洋珠宝,不但价值连城,而且还能起到“辟水”奇效,简直是无与伦比的神器了。

宋人张师正《倦游杂录》转引《岭南杂录》云:“海滩之上,有珠池。居人采而市之。”[②]海洋不仅有珠宝,而且能形成“珠池”,似乎这珠宝多得像海螺一样,遍地都是,随手可拾。

(四)拟人化海洋的开拓性书写

唐人段成式《酉阳杂俎》的“长须国”故事,描写了一个奇异的海洋王国。“人皆长须,语与唐言通,号长须国。人物茂盛,栋宇衣冠,稍异中国。”里面还有很成熟的管理机构,“其署官品有正长、戢波、目役、岛逻等号”[③]。它的国王是一个长须美男。公主和嫔姬都有胡须。原来这是一个虾国,所谓长须者,即虾须。这是一个非常美丽的拟人化海洋故事。

而唐人李冗《独异志》有一则《海上臭人》(又名《逐臭之人》),虽然也是拟人化写法,却是开了“海洋讽喻”的先河,它是对于“神圣海洋”书写的一种“反叙”。“《吕氏春秋》曰:有人臭者,父母、兄弟、妻子、道路皆恶之,此人无所容足,乃之海上。海上有人悦其臭,昼夜随之,不能抛舍。”[④]在海洋文化传统中有一种“君子国”这样的“海洋美质”,现在美丑颠倒、是非不分的不正常情况也被归入海洋之中了。李冗开拓的这种写法,后来在清人笔记中得到了很好的继承。

---

① (唐)张读:《宣室志·陆颙》,转引自陈周昌选注:《唐人小说选》,湖南文艺出版社,1986年,第163页。

② (宋)张师正:《倦游杂录》,《宋元笔记小说大观》,上海古籍出版社,2001年,第750页。

③ (唐)段成式:《酉阳杂俎》,中华书局,1981年,第132页。

④ (唐)李冗:《独异志》,中华书局,1983年,第41页。

(五)对于海洋认识的进一步加深

在唐宋涉海叙事中，除了奇鱼、奇景等《山海经》想象的传承之外，还出现了许多现实主义的海洋书写。如唐人封演《封氏闻见记》中对于海潮的观察和记录："余少居淮海，日夕观潮，大抵每日两潮，昼夜各一。假如月出潮以平明，二日三日渐晚，至月半，则月初早潮翻为夜潮，夜潮翻为早潮矣。如是渐转，至月半之早潮复为夜潮，月半之夜潮复为早潮。凡一月旋转一匝，周而复始。虽月有大小，魄有盈亏，而潮常应之，无毫厘之失。"[①]这里对于海洋潮汛有非常精确的观察和记录。又如唐李肇《唐国史补》对于台风的描述记载："南海人言，海风四面而至，名曰飓风。飓风将至，则多虹霓，名曰飓母。然三五十年始一见。"这是对于台风这种海洋气候的早期记录。

唐宋人的这种现实主义态度也影响到了元人。元人孔齐《至正直记》的"海滨蚶田"是对人工养蚶的最早记载："海滨有蚶田，乃人为之。以海底取蚶种置于田，候潮长。育蚶之患，有班螺，能以尾磨蚶成窍而食其肉。潮退，种蚶者往视，择而剔之。"[②]

四、明清变奏：海洋人文书写的发展和回潮

明清时期，随着海运业的日益发达，人类开始频繁踏上各种岛屿。在没有找到传说里的大蟹、鱼人和奇物，更没有找到神人之后，海洋的神秘和神圣最终被彻底消解，代之而起的是人类有了像在陆地上一样的主人的感觉。因此这个时候的海洋小说叙事里，多有现实主义佳作出现。但是自《山海经》以来的"想象海洋"书写影响如此之大，以至于就算海洋不再神秘，但超现实主义的海洋叙写仍然大量存在，因为仍有一份神圣留在海洋，神、魔和海洋的结合架构了别具一格的海洋神魔小说叙事框架。明清时期的海洋书写，形成了现实和超现实的合奏。

---

① (唐)封演：《封氏闻见记》，(清)董诰等人编《全唐文》，上海古籍出版社，1990年。

② (元)孔齐：《至正直记》，《宋元笔记小说大观》，上海古籍出版社，2001年，第6660页。

(一)“现实海洋”的客观反映

从时间而论,黄瑜的《双槐岁钞》是明代较早的笔记小说。其中《海定波宁》和《黄寇始末》[1]都与海洋有关。一个涉及海洋行政管理,另一个是海洋治安题材,都是现实主义的体现。

陆容《菽园杂记》有五则笔记涉及海洋,记载和描述郑和下西洋、天妃信仰、温州沿海共妻习俗、普陀山观音道场和石首鱼(大黄鱼)捕捞,也都是现实性内容。[2]

顾起元《客座赘语》的《宝船厂》[3],记载的也是郑和船队情况。朱国祯《涌幢小品》中的《两海运》《海舟》《海塘》《海沙》《琼海》《渡海》《普陀》诸篇,无一不是现实性描写。其中《两海运》记载“朱清、张瑄,太仓人,皆为元海运万户。国初则朱寿、张赫,怀远人,亦海运,皆封侯。何同姓乃尔”[4],透露出当时海洋贸易发达,海商不但是巨富,而且还可以“封侯”的信息。

冯梦龙《喻世明言》中的《杨八老越国奇逢》,凌濛初《拍案惊奇》中的《转运汉遇巧洞庭红,波斯胡指破鼍龙壳》和《二刻拍案惊奇》中的《叠居奇程客得助,三救厄海神显灵》等作品,涉及的也是海洋贸易这样的现实性内容。

至于黄衷的《海语》,则几乎是一部详尽的现实海洋知识大全。它记海洋风俗,记海洋物产,记海洋交通,也记一些海洋传说。它反映出明朝人对于海洋的客观了解,已经到了非常深刻和全面的程度。本书第十一章对此有比较详细的分析。

进入清代后,这种现实主义的海洋书写,继续得到发扬光大。梁章钜《浪迹丛谈》[5]有《日本》《水雷》《三宝太监》《服海参》等文,记载了许多与海洋活动有关的人和事。梁绍壬《两般秋雨盦随笔》中的《四海》透露出一些花卉与海洋关系的信息。陆以湉《冷庐杂识》[6]中的《鱼骨凳》记叙浙江台州城中东岳庙用鱼骨做成凳子的趣闻。

---

① (明)黄瑜:《双槐岁钞》,中华书局,1999年,第28—29、125—126页。

② (明)陆容:《菽园杂记》,中华书局,1985年,相关内容分别见第23、85、129—130、134—135、143页。

③ (明)顾起元:《客座赘语》,中华书局,1987年,第25—26页。

④ (明)朱国祯:《涌幢小品》,中华书局,1959年,第303页。

⑤ (清)梁章钜:《浪迹丛谈》,上海古籍出版社,2012年。

⑥ (清)陆以湉:《冷庐杂识》,上海古籍出版社,2012年。

(二)"奇异海洋"的回归式描述

文学书写有其自身的惯性。对于海洋特性有充分认识的明清时期,"奇异海洋"仍然保持着它一贯性的叙写趋势。但是如果考虑到进入明清时期后,随着海洋活动的广泛展开,远洋航行不再是难事,因此《山海经》时代那种海洋的神秘性环境已经不复存在,那么这个时候的海洋书写,仍然出现了许多志怪式文本,则是属于一种文学传统的回归现象了。

明人陆粲笔记《庚巳编》的《海岛马人》和《九尾龟》,描述海洋异物"马人"和神物九尾龟故事[①],分明传承的是《山海经》传统。

明人都穆《都公谭纂》的"定珠盘",写"郑(和)往西洋,尝夜以此盘浮海上,光明如月,海中之物皆吐珠盘中,郑急收盘得珠,不可胜数。其中有径寸者"。[②]这里,海洋珠宝思想传承秦汉海洋人文,而"定珠盘"则更是一种超现实想象。

冯梦龙在进行现实主义海洋书写的同时,也不忘对于海洋的超现实描述。他《情史》中的《猩猩》《鬼国母》《蓬莱宫娥》,遵循的都是"神奇海洋"的思维。不过他的《焦土妇人》和《海王三》,虽然写的也是海岛异人异事,但是却有很扎实的海洋社会现实基础。

清代的超现实主义海洋书写,比明代还要发达。董含《莼乡赘笔》(一名《三冈识略》)有《定水带》一文。"我国航海,每苦水咸,一投水带,立化甘泉,可无病汲,此至宝也。"[③]这是对于改变艰苦的航海生活条件的美好想象。

褚人获《坚瓠集》中有《海人》:"南海时有海人出,形如僧人,颇小,登舟而坐,戒舟人寂然不动,少顷复沉于水,否则大风翻舟。又……海人须眉皆具,特手指相连,略如凫爪。"[④]王椷《秋灯丛话》[⑤]中的《海马》:"神骏异常,蹄间毛长尺许。……马径奔海中,履水而行,踏浪蹴潮,宛如平地。久之,入大洋,踪影杳然矣。"还有众多"海族异类"。甚至还记叙了"海鬼夹船""梦与鱼交"等匪夷所思的海洋故事。

沈起凤《谐铎》的《鲛奴》,在继承秦汉"鲛人"叙事的基础上,故事更加曲

---

① (明)陆粲:《庚巳编》,中华书局,1985年,第149—150、231—232页。

② (明)都穆:《都公谭纂》,中华书局,1985年,第22—23页。

③ (清)董含:《三冈识略》,辽宁教育出版社,2000年,第23页。

④ (清)褚人获:《坚瓠集》,浙江人民出版社,1986年,第三册《坚瓠广集》卷。

⑤ (清)王椷:《秋灯丛话》,黄河出版社,1990年,第39页。

折，鲛人形象更加生动，可说是这一类叙事的高峰作品。

至于蒲松龄《聊斋志异》中的《仙人岛》等十篇作品，无论是内容还是形式，可以说都达到了这类作品的最高成就。[①]

（三）海外世界的热切探求

虽然中国古代通过海路进行的对外贸易，早在汉唐时候就已经开始，但是进入明朝后，涉海叙事出现了一大批有关海外诸国的记载和描述。其中具有代表性的有马欢《瀛涯胜览》、费信《星槎胜览》和黄衷《海语》。这三部都是纪实性作品，与一般的涉海叙事不一样，对于海洋人文思想的表达，都是比较直接的。《瀛涯胜览》和《星槎胜览》都与郑和下西洋有关。马欢在《瀛涯胜览》的"自序"中说："永乐癸巳，太宗文皇帝敕命太监郑和，统领宝船往西洋诸番开读赏赐。予以通译番书，亦被使……随其所至，鲸波浩渺，不知其几千万里，历涉诸邦，其天时气候、地理人物……是帙也，措意遣词，不能文饰，但直笔书其事而已。"[②]可见《瀛涯胜览》所记不但是作者亲身经历，而且还是"直笔"描述。费信《星槎胜览》也是如此。而黄衷的《海语》，据他在"序"中说："余自屏居简出，山翁海客，时复过从，有谈海国之事者则记之，积渐成帙，颇汇次焉。"[③]可见虽然不如马欢他们是亲身经历，但其所记皆亲历者所言，所以也有很高的可信度。这三部书对东南亚诸海洋国家地理位置、风土人情、与中国的关系等，都有详细的记载，表达了作者对于海外世界强烈探求的精神。这种开拓性的海洋人文意识，是非常珍贵的。如果考虑到明代曾经一度实行海禁，断绝与海外诸国的联系，那么这三部书所体现出来的对外开放和交流的文化意识，更加显得难能可贵。

（四）神魔小说的海洋因素

神魔小说是明代文学的一大成就。与当时其他小说类型不同的是，神魔小说有浓郁的海洋因素。其中代表性的作品有《西游记》、《东游记》（《八仙出处东游记》）和《西洋记》（《三宝太监西洋记通俗演义》）。这些涉海神魔

---

① 倪浓水：《〈聊斋志异〉涉海小说对中国古代海洋叙事传统的继承和超越》，《蒲松龄研究》2008 年第 2 期。

② （明）马欢：《瀛涯胜览》，中华书局，1985 年，《序》。

③ （明）黄衷：《海语》，中华书局，1991 年，《海语序》第 1 页。

小说，是志怪式海洋书写回归思潮中的一种新的突破。

如果说观音道场的海洋因素是基于南宋以来形成的普陀山观音道场的事实的话，那么孙悟空大本营花果山位于海上，他的兵器金箍棒来自于东海，他的许多朋友如四海龙王都与海洋有关等等描写，则清楚表明《西游记》有很强的海洋意识。《东游记》的"八仙闹东海"故事传播非常广泛，吴元泰将海洋设计为整个叙事的核心空间，将先秦以来的海上神仙因素、龙王信仰因素、海洋保护神观音因素等糅合在一起，构建了波澜壮阔的"海洋斗法"故事，成为涉海叙事的华丽篇章。而"观音和好朝天"的美好结局，又隐隐然有"和谐海洋"的意味包含其中了。

罗懋登的《西洋记》(《三宝太监西洋记通俗演义》)，以郑和下西洋为故事主线，仅此一点，该书的海洋文学价值就应该得到肯定。虽然叙事艺术上，该书采用"怪诞"的而不是现实主义的手法，大大损害了该书的成就，但是作品中出现的海祭仪式、海洋见闻和沿途的海洋人文信息，还是非常值得关注的。

(五)晚清海洋政治人文书写

海洋政治人文，指的是包含有强烈政治品德隐喻色彩的海洋书写。《山海经》中的"君子国"等描写，开了"海洋政治叙事"的先河。这个比较特殊的海洋文学传统，到了明清尤其是晚晴时期，得到了更加深刻的继承，发展为一种以海洋空间为背景的政治寓言小说。

清人笔记小说集宣鼎的《夜雨秋灯录》中，有一篇《北极毗耶岛》，就有强烈的海洋政治寓意。这个孤悬"大瀛海极北处"的小岛，却保留着淳厚的"中土文化"。作者感喟"腹有圣人字迹，始投生中华耳"。[①]王韬《遁窟谰言》中的《翠驼岛》也表达了类似的主旨。一个汪洋大海中的翠驼岛，"王者衣冠，皆如汉制"，而人文礼仪制度，也保存完整。岛主说"先世逢新莽之乱，絜(挈)众入海"，繁衍至今。[②] 这两部作品，都表达了对于清中叶以后，西风东移，中国优秀的传统文化遭到破坏等现实的不满，而将美好的希望，寄托于"海洋空间"。

这种海洋政治叙事，到了辛亥革命前夕，更是出现了直接表达希望建立

---

① (清)宣鼎:《正续夜雨秋灯录》，上册，时代文艺出版社，1987年，第204—208页。

② (清)王韬:《遁窟谰言》，河北人民出版社，1991年，第82—84页。

“海洋国家”这样政治诉求的陈天华《狮子吼》。作品描写几个人游历英、法、德、美等国后，准备参照这些国家“立国根源，文明制度”，在舟山岛上建立一个名为“民权村”的现代国家。[①] 虽然这部作品最终没有完成，但其中已经具有了“民主共和国”的雏形。陈天华将这样的共和国“安置”在海洋之中的海岛上，是非常具有象征意义的。

晚晴时期还有一部《狮子血》，又名《支那哥伦波》。何迥著。叙山东人查二郎驾船赴北冰洋探险，被当地岛人誉为“支那冒险家”，最终在岛上建立了一个“合众国”，政绩名扬四海。[②] 可见晚清时期，建立一个海洋国家，已经成为多人的“集体想象”。

五、结语

综上所述，中国有悠久的涉海叙事历史。虽然与伟大灿烂的中国主流文学相比，这些涉海叙事名家寥寥，佳作不多，但是它们曲折地反映出国人的海洋意识，包含了许多有价值的海洋人文思想。它们是中华海洋文明的珍贵遗产。

梁二平、郭湘玮合著的《中国古代海洋文献导读》，把中国古代的海洋人文记载和书写分成先秦秦汉时期的“蒙昧期”、魏晋南北朝时期的“起步期”、隋唐五代时期的“成熟期”和两宋以后的“繁荣期”等几个阶段，并得出了“面海而居的先民们，从没有背弃过海洋，但也从没有读懂海洋”，而是懵懵懂懂走过了“望洋兴叹三千年”的悲观结论。[③]

在笔者看来，说中国人“望洋兴叹三千年”的判断是有一定道理的。鲁迅曾经指出：“在昔人智未开，天然擅权，积水长波，皆足为阻。递有刳木剡木之智，乃胎交通；而桨而帆，日益衍进。惟遥望重洋，水天相接，则犹魄悸体栗，谢不敏也。”[④]所以面对海洋，古人更多的是望洋兴叹。这反映在海洋文学上，呈现出鲜明的“望”“观”特征。在诗歌中更是如此。曹操《观沧海》、

---

① (清)陈天华：《狮子吼》，《猛回头：陈天华 邹容集》，辽宁人民出版社，1994 年，第 86—169 页。

② (清)何迥：《狮子血》，江苏省社会科学院文学研究所编：《中国通俗小说总目提要》，中国文联出版社，1990 年。

③ 梁二平、郭湘玮：《中国古代海洋文献导读》，海洋出版社，2012 年，《导言》。

④ 鲁迅：《月界旅行・辨言》，《鲁迅全集》第 10 卷，人民文学出版社，1981 年，第 152 页。

沈约《临碣石》、刘峻《登郁洲山望海》、祖珽《望海》、虞世基《奉和望海》、吴筠《登北固山望海》、独孤及《观海》等等，都可以证明这一点。甚至到了航海业非常发达的明代，"观海文学"仍然大流行，如毛纪《观海》、周瑞昌《观海》、王思任《观海》、俞安期《望海》、任万里《观海》、仇禄《观海》。它们的确都反映出"望洋兴叹"的海洋描述和抒情姿态，但是说古人"从没有读懂海洋"，则显得较为武断。本章的梳理表明，在古代海洋叙事文本中，古人对于海洋的认识有一个逐渐深化的过程。这种深化主要体现在从"想象海洋""虚拟海洋"逐渐向"现实海洋"的转化。无论是对于海洋生物的记叙、海洋交通的把握、海洋经济贸易活动的描述，还是对于海洋人居社会的叙写，古人都是比较到位的。一些超现实主义的描写和叙述，虽然看起来荒诞不经，其实更多的是象征和寓言化写作，并非古人不懂海洋的体现。

第二章　涉海叙事的时空因素与古代海洋文明生态分布

中国古代海洋人文思想的形成和发展，具有一定的区域性。这在涉海叙事中有很明显的体现。如果从文学地理学维度研究古代涉海叙事，或许可以成为一个独特的考察古代海洋文学和海洋人文思想的角度。因为时代、作者和书写内容的地域分布，历来是考察文学现象的三大维度。古代海洋书写是一种历时性文学形态，其所描述和反映的对象，是中国从渤海湾到北部湾所有沿海地区、海岛和海洋空间的海洋活动、海洋生活、海洋神灵和民间宗教以及海洋生物等现实和超现实内容。由于中国海洋文明在各海域地区发展的不平衡和先后性，古代海洋书写呈现出比较明显的历史时代特性和海洋空间特质。这种时空的差异构成了中国古代海洋文明生态的存在图形。

一、焦点在宋：古代海洋文明书写的时代分布

中国古代涉海叙事的历时性反映出古人对于海洋认识的不断深化，透露出古代海洋人文意识的递进性变化，因此涉海叙事的时代因素，就成为管窥中国海洋文明存在和发展形态的首个维度。

仅仅从我们目前所搜集、整理的涉海叙事古文献来看，周秦汉至晚清的海洋书写，呈现出一种不平衡发展的曲线，这与中国海洋文明的发展历史的趋向是一致的。

这仅仅是不完全的统计。但从表2-1已经可以看出，古代涉海书写的纵向发展，呈现出非常有意思的历史轨迹。

表 2-1　古代海洋书写的时代分布

朝代	文　　献
先秦	《山海经》的《海经》部分、《列子》三则、《庄子》四则、《异苑》四则、《述异记》二十一则、《拾遗记》五则、《水经注》一则
汉	《神异经》八则、《海内十洲记》一篇
魏晋	《博物志》十六则、《古今注》二则、《搜神记》三则、《拾遗记》五则
南北朝	《水经注》一则、《异苑》四则、《述异记》二十一则、《幽明录》一则、《殷芸小说》一则
唐	《广异记》二则、《酉阳杂俎》十三则、《封氏闻见记》一则、《唐国史补》四则、《独异志》一则、《宣室志》一则、《杜阳杂编》一则、《玄怪录》一则、《录异记》二则、《开元天宝遗事》一则、《中朝故事》一则、《北梦琐言》二则
宋	《宣和奉使高丽图经》节选、《乐善录》一则、《太平广记》七十三则、《闲窗括异志》一则、《稽神录》三则、《南部新书》一则、《杨文公谈苑》一则、《倦游杂录》一则、《青琐高议》二则、《渑水燕谈录》三则、《萍洲可谈》十三则、《洛中纪异》一则、《缙绅脞说》一则、《祖异志》一则、《松漠纪闻》一则、《邵氏闻见前录》一则、《老学庵笔记》一则、《投辖录》一则、《睽车志》二则、《桯史》一则、《墨庄漫录》二则、《齐东野语》一则、《癸辛杂识》七则、《夷坚志》五则、《搜神秘览》一则
金	《续夷坚志》二则
元	《至正直记》一则、《岛夷志略》二十二则
明	《瀛涯胜览》、《星槎胜览》、《双槐岁钞》二则、《庚巳编》二则、《菽园杂记》五则、《客座赘语》一则、《涌幢小品》十二则、《都公谭纂》一则、《喻世明言》一则、《情史》六则、《拍案惊奇》一则、《二刻拍案惊奇》一则、《解愠编》一则、《海语》、《闽中海错疏》、《西游记》节选、《下西洋》节选、《八仙闹东海》节选
清	《莼乡赘笔》一则、《坚瓠九集》一则、《秋灯丛话》六则、《谐铎》二则、《咫闻录》八则、《浪迹丛谈》四则、《两般秋雨盦随笔》一则、《聊斋志异》十则、《挑灯夜录》一则、《子不语》、《续子不语》七则、《续太平广记》八则、《履园子丛话》一则、《觚剩》一则、《景船斋杂记》一则、《冷庐杂识》一则
晚清	《广东新语》六则、《夜雨秋灯录》一则、《遁窟谰言》一则、《淞滨琐话》、《淞隐漫录》十一则、《大人国》、《海游记》节选、《镜花缘》节选、《常言道》节选、《希夷梦》节选、《老残游记》节选、《狮子吼》节选

先秦时期是中国人文思想的活跃期，也是海洋人文意识的发轫时期。虽然没有专门性的或者是独立性海洋书写文献出现，但《山海经》《列子》《庄子》等先秦典籍里都有丰富的涉及海洋想象和书写的内容，说明海洋人文是先秦历史人文大框架的有机构成。到了秦汉时期，海洋书写开始繁荣，《神异经》里的海洋信息非常广泛，还出现了《海内十洲记》这样比较集中的海洋神仙岛想象性构建。这个时期，道家思想盛行，追求"不死"的道家思想与沿海地区经常可以看到的海市蜃楼等海洋奇景的融合，催生了秦汉盛行的"海洋仙道"思想。所以这个时候的海洋书写，大多体现为"海洋神仙岛"这样的海洋想象和幻想性叙写，而且数量不少，有 20 多篇。

魏晋南北朝时期的海洋书写，秉承了秦汉海洋仙道文化的余韵，而且数量众多。张华《博物志》、任昉《述异记》、王嘉《拾遗记》、刘敬叔《异苑》、干宝《搜神记》等，都有非常精彩的涉海叙事文本存在。

进入隋唐之后，随着对海洋的了解日益深入，虽然幻想性、想象性海洋书写仍然存在，但是"现实海洋"的成分大幅度提高。大唐的文化视野兼顾了山海，所以海洋书写比较繁荣，而且连韩愈、柳宗元这样的大家，都有与海洋有关的文章产生。韩愈写了《南海神庙碑》，柳宗元写了《招海贾文》，虽然不是叙事性作品，但是都反映出对于海洋的关注。在笔记小说里，涉海叙事仍然大量涌现。戴孚《广异记》、段成式《酉阳杂俎》、封演《封氏闻见记》、李肇《唐国史补》、李冗《独异志》、张读《宣室志》、苏鹗《杜阳杂编》等中的一些记载，都是古人对于海洋内容的想象和叙述。

从海洋文学史的角度看，宋代是一个海洋书写的高峰时期，是古代海洋文学发展的一个焦点。整个宋代所诞生（包括撰写、改写和辑录）的海洋叙事作品，据不完全统计，合计有 120 多篇。

宋代海洋文学的繁荣，与宋代海洋活动的整体发达有密切关系。因为从北宋开始，中国的船舶已经能够使用指南针来导航。北宋朱彧《萍洲可谈》卷二《舶船航海法》记载说："舟师（掌舵者）识地理，夜则观星，昼则观日，阴晦观指南针。"①

指南针是全天候的海洋导航工具。它应用于航海中，弥补了天文导航、地文导航之不足，开创了航海史的新纪元，大大促进了海运等海洋活动的发达。另外，"宋代由于军事上的失败，要对周边辽、西夏等国交纳岁币，军费

① （宋）朱彧：《萍洲可谈》，《宋元笔记小说大观》，上海古籍出版社，2001 年，第 2309 页。

的开支，国家财政的负担，使得宋代大力开发海外贸易。唐代设置市舶司来管理海外商贸，到宋代对海外商贸有了更加完善的制度管理和政策。宋代的海上商贸发展不仅是外国商船的增多，中国的民间商人的海上贸易业极为兴盛，自身的海船建造也极为发达和兴旺。宋朝建立了巨型海舶大船，发明了先进的'水密舱'设计和装甲踏轮战船，造船技术当为当时世界数一数二，造船数量和造船规模也是当时的佼佼者，来华的外国商人大多都乘坐中国的商船，依附中国船队进行贸易"[①]。海洋活动的频繁和海洋经济的繁荣促进了对于海洋书写的热情。126 篇涉海叙事虽然尚属于不完全统计，但已经足够证明宋代是海洋书写的高峰时期。

在宋代的涉海书写中，《太平广记》占有非常重要的位置，因为它保存了 73 篇涉海叙事文献，内容包括海洋神仙，海洋神话，海洋民间信仰，海洋民俗，海洋交流，海洋神人、神物、奇宝，海洋奇遇等等，极具广泛性。里面既有审美性的海洋想象，也有生活化的海洋写实。又由于它是一部类书，它的资料来自 340 多种著作，所以它又不自觉地成为海洋书写文献的"汇辑"。先秦至宋的各类文献中的涉海叙事，它几乎都囊括了，所以说它是古代海洋人文思想的集大成者。

明清两代由于先后有过长达百年的海禁，中国的海洋文明进程受到了严重的阻碍。但是海禁前后，海洋活动尤其是海洋贸易一直比较繁荣，因此这两个时期有关海洋经济的叙写就特别多。而且那个时候，海洋社会已经是一种根深蒂固的存在，所以有关海洋习俗、海洋交通和海洋交流的叙事作品也多了起来，从而形成了海洋书写的又一个高峰期。

二、江浙为核：古代海洋文明书写的作者分布

文学作品作者的地理分布是文学地理学的研究角度之一。这种研究方法同样适用于海洋文学的研究。作者是海洋书写的主体。什么样的作者在书写海洋？这些作者分布在中国的哪些地区？这些作者与海洋存在着什么样的关系？这些古代海洋书写的重要资讯，是考析中国古代海洋文明存在生态的另一个重要维度。

---

① 马方琴：《从〈镜花缘〉透视清代海洋书写》，硕士学位论文，重庆师范大学，2014 年，第 6 页。

表 2-2 是一个不完整统计的古代涉海书写作者的分布表。从目前我们所掌握的数百篇涉海文献中,选录了 3 篇以上作品的作者。表中可以清晰地看出,从作者的数量和分布来看,涉海叙事的作者主要集中在江浙,其次是山东地区,再次是两广地区。

表 2-2 古代海洋书写主要作者地域分布

作者群地域	文献	作者	时代	作者籍贯
江苏	《异苑》	刘敬叔	南朝	彭城(江苏徐州)
	《稽神录》	徐铉	北宋	广陵(江苏扬州)
	《星槎胜览》	费信	明	江苏昆山
	《菽园杂记》	陆容	明	江苏太仓
	《情史》	冯梦龙	明	江苏苏州
	《续太平广记》	陆寿名	清	江苏苏州
	《遁窟谰言》 《淞滨琐话》 《淞隐漫录》	王韬	清	江苏苏州
浙江	《搜神记》	干宝	东晋	浙江海宁盐官
	《萍洲可谈》	朱彧	北宋	浙江湖州
	《齐东野语》 《癸辛杂识》	周密	南宋	浙江杭州
	《瀛涯胜览》	马欢	明	会稽(浙江绍兴)
	《涌幢小品》	朱国祯	明	浙江湖州
	《闽中海错疏》	屠本畯	明	鄞县(浙江宁波)
	《子不语》 《续子不语》	袁枚	清	钱塘(浙江杭州)
山东	《神异经》 《海内十洲记》	东方朔	西汉	平原郡厌次县(山东德州)
	《述异记》	任昉	南朝	乐安博昌(山东寿光)
	《渑水燕谈录》	王辟之	北宋	山东临淄
	《秋灯丛话》	王槭	清	山东福山
	《聊斋志异》	蒲松龄	清	淄川(山东淄博)

续表

作者群地域	文献	作者	时代	作者籍贯
两广	《海语》	黄衷	明	南海(广东广州)
	《广东新语》	屈大均	清	广东番禺
其他	《列子》	列御寇	周朝	郑国(河南)
	《庄子》	庄周	东周	宋国(河南、山东一带)
	《博物志》	张华	西晋	范阳方城(河北固安)
	《古今注》	崔豹	西晋	渔阳郡(北京密云)
	《拾遗记》	王嘉	东晋	陇西安阳(甘肃渭源)
	《太平广记》	李昉	北宋	深州饶阳(河北饶阳)
	《夷坚志》	洪迈	南宋	饶州鄱阳(江西鄱阳)
不详	《山海经》	不详	先秦	不详
	《咫闻录》	慵讷居士	清	不详

江浙是东海文化中心区域,山东是传统"北海"文化区域(先秦时期,"东海"范围很大,其实也包括了山东半岛部分地区)。这两个地区是中国早期和中期海洋文明较为集中和繁荣的地区,海洋书写的作者群都集中在这两个地区,就是一个充分的证据。

江浙是一个行政区域,更是一个文化区域。因为自春秋时期开始,"吴越"就是一个整体性的文化概念,都属于"古越"文化区。表2所列,江浙地区的作者多达14人,是古代海洋书写作者人数最多的地区。这充分证明东海地区是中国海洋文明的主要集聚区,也是中国海洋活动的主要活跃区。

山东沿海一带,自古以来属于东夷文化圈,是文学想象中的"北海"的核心区域,又是中国早期海洋文化的主要集聚区,所以也出现了众多书写海洋的作者。其中东方朔的海洋神仙岛想象和书写,对于中国海洋仙道文化的营建具有巨大的推动意义。蒲松龄《聊斋志异》中的十多篇涉海书写,对于中国海洋小说的发展,具有多方面的超越性价值。

南海地区是中国古代非常繁华的海洋经济活动区,也是海洋书写内容涉及最多的区域之一,虽然海洋书写的作者,只有黄衷和屈大均两位,然而他们所撰写的《海语》和《广东新语》却极具"南海"特色。从写实到想象和传说，从海洋社会生活到海洋贸易和海洋交通，从海洋人类社会到海洋生物世界，从中国的南海海域到东南亚乃至更远地区的海洋人文交流，从现实的尘世到海洋性宗教信仰，《海语》和《广东新语》无所不包，它们简直就是“南海”的百科全书。

作者籍贯的地理因素固然反映出涉海叙事与海洋文明的一种对应关系，但作者与海洋的关联途径也是一个不可忽视的考量因素。表 2-2 所列的作者，从他们的生平履历来看，有很多出生、生活于沿海或与海洋距离很近的地区，有的则长期在沿海一带做官。他们对于海洋的认识，就有“亲历”的因素在里面。如《搜神记》的作者干宝，长期生活在浙江海盐，几乎每天都可以看到大海，对于海洋的感情和认识，自然不同一般。又如清人王槭。他是山东省福山(烟台)人，生活环境紧邻大海。他在《秋灯丛话》“海族异类”中描述一条大鱼出现在海中，开头就说“余家濒海”，凭借的就是“亲历”实践。

另外一些作者，虽然没有海洋生活或在沿海地区做官的经历，但阅读非常广泛，从而在辑录的著作中保留了大量的涉海叙事文献。如《太平广记》主要编著者李昉，虽然出生和生活在远离海洋的河北饶阳和北宋京城汴京(开封)，但《太平广记》保留的涉海叙事文献，却是古代所有典籍中最为丰富的。

三、南海中心：古代海洋经济活动的空间分布

海洋经济是海洋文明最重要的组成之一。在先秦至晚清的涉海叙事中，对于海洋经济活动的叙写占了相当的比重。通过这些海洋经济活动地理空间分布的分析，可以看到晚清以前中国海洋经济活动的清晰脉络和路径(见表 2-3)。

表 2-3　古代海洋书写中海洋经济活动地理分布

朝代	文献摘要	地理分布	备注
魏晋南北朝	刘敬叔《异苑》:扶南国治生,皆用黄金。僦船东西远近雇一斤[①]	扶南国	今南海周边
	任昉《述异记》:南海出鲛绡纱,泉先潜织,一名龙纱,其价百余金,以为服,入水不濡。 郁林郡有珊瑚市海先市,珊瑚树碧色,生海底[②]	南海、郁林郡	郁林郡即今广西贵港市
唐	柳宗元《招海贾文》:咨海贾兮,贾尚不可为,而又海是图。死为险魄兮,生为贪夫。亦独何乐哉?归来兮,宁君躯	泛指	
	戴孚《广异记》:近世有波斯胡人,至扶风逆旅,见方石在主人门外……因以钱二千求买。……胡载石出,对众剖得径寸珠一枚。以刀破臂腋,藏其内,便还本国。随船泛海,行十余日,船忽欲没。舟人知是海神求宝……胡惧,剖腋取珠[③]	扶风	今陕西宝鸡
	段成式《酉阳杂俎》:鲎,雌常负雄而行,渔者必得其双,南人列肆卖之 南人相传,秦汉前有洞主吴氏,土人呼为吴洞。……其洞邻海岛,岛中有国名陀汗……洞人遂货其履于陀汗国[④]	南人 陀汗国	"南人"泛指南方人。"陀汗国"为虚拟的南方海中岛国
	李肇《唐国史补》:南海舶者,外国船也。每岁至安南、广州。师子国舶最大,梯而上下数丈,皆积宝货[⑤]	广州	
宋	鲁应龙《闲窗括异志》:有人得青石大如砖……海商见之,以数十千易之[⑥]	不明	

① (南朝宋)刘敬叔:《异苑》,《汉魏六朝笔记小说大观》,上海古籍出版社,1999 年,第 681 页。

② (南朝)任昉:《述异记》,明程荣《汉魏丛书》本。

③ (唐)戴孚:《广异记》,远方出版社,2005 年,第 150 页。

④ (唐)段成式:《酉阳杂俎》,中华书局,1981 年,第 164、200—201 页。

⑤ (唐)李肇:《唐国史补》,明津逮秘书本,第 27 页。

⑥ (宋)鲁应龙:《闲窗括异志》,明刻盐邑志林本,第 13 页。

续表

朝代	文献摘要	地理分布	备注
宋	孙光宪《北梦琐言》:安南高骈奏开本州海路,初,交趾以北距南海,有水路,多覆巨舟。骈往视之,乃有横石隐隐然在水中,因奏请开凿以通南海之利①	广西北部湾一带	
	李昉《太平广记》: 唐白仁哲,龙朔中为虢州朱阳尉,差运米辽东。过海遇风…… 唐邢璹之使新罗也,还归,泊于炭山。遇贾客百余人,载数船物,皆珍翠沈香象犀之属,直数千万。 唐,江夏李邕之为海州也。日本国使至海州,凡五百人,载国信。有十船,珍货数百万。 (五代)朱梁时,青州有贾客泛海遇风	辽东 炭山 海州 山东青州	炭山在今河北沿海一带 海州即今江苏连云港
	刘斧《青琐高议》:嘉祐岁中,广州渔者夜网得一鱼,重百斤,舟载以归②	广州	
	朱彧《萍洲可谈》: 广州自小海至溽洲七百里,溽洲有望舶巡检司,谓之一望,稍北又有第二、第三望,过溽洲则沧溟矣。商船去时,至溽洲少需以诀,然后解去,谓之"放洋"。还至溽洲,则相庆贺,寨兵有酒肉之馈,并防护赴广州。 海舶大者数百人,小者百余人,以巨商为纲首、副纲首、杂事③	广州	

① (宋)孙光宪:《北梦琐言》,中华书局,1960年,第9页.

② (宋)刘斧:《青琐高议》,《宋元笔记小说大观》,上海古籍出版社,2001年,第1106页。

③ (宋)朱彧:《萍洲可谈》,《宋元笔记小说大观》,上海古籍出版社,2001年,第2308—2309页。

续表

朝代	文献摘要	地理分布	备注
宋	郭彖《睽车志》： 绍兴辛未岁，四明有巨商泛海行，十余日，抵一山下。连日风涛，不能前。 建炎间，泉州有人泛海，值恶风，漂至一岛①	浙江四明 福建泉州	四明即浙江宁波
	岳珂《桯史》：番禺有海獠杂居，其最豪者蒲姓，号白番人，本占城之贵人也。既浮海而遇风涛，惮于复反，乃请于其主，愿留中国，以通往来之货②	广东番禺	
	张邦基《墨庄漫录》：明州士人陈生，失其名，不知何年间赴举京师。家贫，治行后时，乃于定海求附大贾之舟，欲航海至通州而西焉③	明州	明州即今宁波
	洪迈《夷坚志》： 临安人王彦大，家甚富，有华室，颐指如意。忽议航南海营舶货。 温州巨商张愿，世为海贾，往来数十年，未尝失时④	临安 温州	临安即今杭州
元	元好问《续夷坚志》：宁海昆仑山石落村刘氏富于财，尝于海滨浮百丈鱼，取骨为梁，构大屋，名曰“鲤堂”⑤	浙江宁海	
明	朱国祯撰《涌幢小品》：朱清、张瑄，太仓人，皆为元海运万户。国初则朱寿、张赫，怀远人，亦海运，皆封侯。何同姓乃尔⑥	江苏太仓	

① （宋）郭彖：《睽车志》，《宋元笔记小说大观》，上海古籍出版社，2001年，第4105、4108页。

② （宋）岳珂：《桯史》，《宋元笔记小说大观》，上海古籍出版社，2001年，第4425页。

③ （宋）张邦基：《墨庄漫录》，《宋元笔记小说大观》，上海古籍出版社，2001年，第4664页。

④ （宋）洪迈：《夷坚志》，重庆出版社，1996年，第37、107页。

⑤ （元）元好问：《续夷坚志》，中华书局，1985年，第42页。

⑥ （明）朱国祯：《涌幢小品》，中华书局，1959年，第303页。

续表

朝代	文献摘要	地理分布	备注
明	冯梦龙《情史》： 建康巨商杨二郎，本以为牙侩起家，数贩南海，往来十余年，累赀千万。 金陵商客富小二，泛海至大洋，遇暴风舟溺，富生漂荡抵岸。 泉州僧本称，言其表兄为海贾，欲往。 山阳有海王三者，始其父贾于泉南[①]	建康 金陵 泉州 山阳	建康即南京。 金陵也是指南京。 山阳在陕西，或言指山阳郡（今山东菏泽一带）。
	凌濛初《拍案惊奇》之《转运汉遇巧洞庭红，波斯胡指破鼍龙壳》，描述的也是海商活动	福建和南海	
清	沈起凤《谐铎》： 茜泾景生，喜闽三载，后航海而归。 荀生，字小令，竟体芳兰，有"香留三日"之誉。偶附贾舶，浮槎海上[②]	闽地	福建
	慵讷居士《咫闻录》：广东十三行街，为西洋诸国贸易之所[③]	广东广州	
	蒲松龄《夜叉国》：交州徐姓，泛海为贾，忽被大风吹去	交州	今两广北部湾一带
	袁枚《子不语·浮海》：王谦光者，温州府诸生也。家贫，不能自活，客于通洋经纪之家。习见从洋者利不赀，谦光亦累资数十金同往	温州	
	王韬《淞隐漫录·海外美人》：陆梅舫，汀州人。家拥巨资，有海舶十余艘，岁往来东南洋，获利无算	福建汀州	

大规模的海洋经济活动，是海洋文明成熟程度的一个重要指标，或许还是一个更为重要的指标。从海洋经济活动的区域分布角度，可以清晰看出这种成熟度的呈现特征。上述所列，尽管是不完整的统计，但从中可以

① (明)冯梦龙：《情史》，岳麓书社，2003年，第175页，第477—479页。
② (清)沈起凤：《谐铎》，人民文学出版社，1985年，第109、149页。
③ (清)慵讷居士：《咫闻录》，重庆出版社，1999年，第3页。

看出：

第一，先秦和两汉时期，虽然有大量的海洋书写，但基本上都是想象性、审美性的虚拟海洋书写，没有涉及海洋经济活动。这是因为那个时期，由于造船技术处于原始状态，海洋活动仅限于近海浅滩，没有条件进行海洋运输和贸易。那个时候的作者对于海洋，基本上还是一种"观海""望海"的视角，是"岸边"书写，还没有进入海洋，所以无论是北海、东海还是南海区域，都看不到有关海洋经济活动的相关叙事。

第二，唐朝已经有"海贾"存在，柳宗元《招海贾文》可以证明这一点。虽然由于整个唐朝"重农轻商"思想普遍存在，对于海商更是轻视，以致柳宗元这样的智者也发出了"咨海贾兮，贾尚不可为，而又海是图。死为险魄兮，生为贪夫。亦独何乐哉"这样的责问，但是已经有许多这方面的叙事作品出现。

第三，宋代的海洋经济活动非常活跃。那个时期的涉海叙事文献中，"海商""贾客""商船""海舶""巨商""大贾"等词高频率出现。明清时期，这方面的作品更是大量涌现。

第四，海洋经济活动的主要区域是南海。南海是中国古代海洋经济的热区。

早在魏晋南北朝，就有记载了扶南国海洋活动情况的刘敬叔《异苑》，扶南国就在南海一带。同时期任昉《述异记》有"南海出鲛绡纱"的记叙。文中提到的郁林郡，即今广西贵港市。说明这里海洋贸易的交易地点，也是在南海地区。进入唐宋时代，南海更是在涉海小说里被频繁提到。唐李肇《唐国史补》"南海舶者，外国船也"的记载说明在唐朝，广东南海一带就已经是中国海洋贸易的重要区域。宋代是古代海洋活动非常频繁的时期，"南海"在海洋书写中也就成了一个高频度的热词。孙光宪《北梦琐言》记载"高骈奏开本州海路……以通南海之利"，这里的"南海之利"，显然主要是为了便于海洋贸易的海上交通。刘斧《青琐高议》记载南海渔民一网可以捕捞百斤重大鱼，说明宋朝时候南海的海洋捕捞已经达到了非常发达的程度。宋朱彧《萍洲可谈》详细记述了海洋贸易活动。无论是深入海洋的距离，还是船队的规模，都是非常惊人的。"放洋"一说的出现，证明当时南海地区的海洋国际贸易都相当发达了。岳珂《桯史》"海獠杂居"的生动叙述，说明广州当时已经成为国际性城市，有大量外国人通过海路来此经商和生活，并长期定居。

第五，从事海洋经济（包括海洋贸易、海洋捕捞等）活动的主要是江浙、福建一带的人，这与浙江宁波、福建泉州是中国最早的对外开放港口的历史地位有关。凭借着“自由贸易港”的有利条件，江浙、福建沿海地区的人，投入巨资建造大船，从事海上运输和贸易，许多人成了巨商。明人朱国祯《涌幢小品》所记载的“朱清、张瑄，太仓人，皆为元海运万户。国初则朱寿、张赫，怀远人，亦海运，皆封侯”，就是其中的代表。到了晚清，甚至已经有远洋船队出现了。王韬《淞隐漫录·海外美人》说：“陆梅舫，汀州人。家拥巨资，有海舶十余艘，岁往来东南洋，获利无算。”

四、东海为主：古代海洋民间信俗生态的空间分布

海洋文明是一种综合性的文化系统。其中海洋民间信仰和生活习俗等，是考量海洋地区文明发展程度的重要因素。从已经搜集到的涉海文献来看，海洋崇信现象在古代海洋民间社会普遍存在，但各海域各有所重。

《山海经》说东海之渚中有神，南海渚中有神。《列子》说“列姑射山在海河洲中，山上有神人焉”。东方朔《海内十洲记》说北海、东海和南海中都有神仙岛存在，岛上有大量神仙居住。南朝时候的刘义庆在《幽明录》中记载说：“海中有金台，出水百丈，结构巧丽，穷尽神工，横光岩渚，竦曜星汉。台内有金几，雕文备置，上有百味之食，四大力神常立守护。有一五通仙人来，欲甘膳，四神排击，延而退。”[①]这些涉海叙事文献都说明，海洋信俗的早期阶段，主要体现为海神和海洋神仙这样的形态，其分布区域主要是北海和东海，南海地区也有存在。

但是从唐代开始，海洋信俗主要转化为民间性质，海洋生活气息日益浓郁，其存在的空间主要在东海和南海地区。由于东海地区主要以渔业活动为主，其海洋民间信俗文化更加发达，成为海洋信俗生态的主要集聚区。

唐人李肇《唐国史补》就有这样一条记载：“舟人言鼠也有灵。舟中群鼠散走，旬日必有覆溺之患。”[②]船上有老鼠，这是非常普遍的现象，但是在船员看来，这些老鼠也属于精灵，它们的活动情况是一种“谶象”，这就是信俗

---

① (南朝)刘义庆:《幽明录》,《汉魏六朝笔记小说大观》,上海古籍出版社,1999年,第692页。

② (唐)李肇:《唐国史补》,明津逮秘书本,第27页。

日常化和生活化的一种体现。

唐人苏鹗《杜阳杂编》也记载了一条把日常现象神灵化的故事："上好食蛤蜊。一日，左右方盈盘而进，中有擘之不裂者。上疑其异，乃焚香祝之。俄顷自开，中有二人，形眉端秀，体质悉备，螺髻璎珞，足履菡萏，谓之菩萨。"[①]蛤蜊味美，人人喜食，皇帝也不例外。但是有一天打开蛤蜊，里面呈现的不是蛤肉，而是一具观音形象，从而得到告诫再也不得无限制地进食蛤蜊。这就具有了民间信俗的意义。

南唐人尉迟偓《中朝故事》中的一则故事虽然出现在僧道之间，其实也是民间鱼类信俗的一种体现："有僧名德真，过海欲往新罗。舟至海中山岛畔避风，与同舟一道流行。其岛屿间见泉水一泓，中有赤鲤一头，道士取之不得，乃念咒禹步获之。僧云：'海中异物不可拘也。'道士曰：'海神吾无惧。'僧苦求免之，投于波内，乃往海东。"[②]

上述三则涉海叙事没有明显的海洋地理空间信息，但元人元好问《续夷坚志》中的这则故事就不一样了，明确说故事发生在东海地区："宁海……刘氏……尝于海滨浮百丈鱼，取骨为梁，构大屋，名曰"鲤堂"。堂前一槐，阴蔽数亩，世所罕见。刘忽梦女官，自称麻姑，问刘乞树槐修庙。刘……漫许之。……后数十日，风雨大作，昏晦如夜。……须臾开霁，惟失刘氏槐所在。人相与求之麻姑庙，此树已卧庙前矣。"[③]以鱼骨为建筑材料造房子，海洋气息极其浓郁。而麻姑庙中的麻姑是当时一种民间人造神。浙江沿海地区这种人造神现象非常普遍，许多还都是渔民的海洋保护神。

明人陆粲《庚巳编》中的这则故事也发生在东海地区："海宁百姓王屠与其子出行，遇渔父持巨龟，径可尺余，买归系著柱下，将羹之。邻居有江右商人见之，告其邸翁，请以千钱赎焉。翁怪其厚，商曰：'此九尾龟，神物也。'"[④]海洋民间非常敬重海龟，捕捉到后往往立即放生，这也是一种信俗的体现。

东海区域的海洋民间宗教信仰习俗，在浙江广大沿海地区普遍存在，从文献来看，温州、台州一带最为突出。唐人陆龟蒙《笠泽丛书》卷四《野庙碑》

---

① （唐）苏鹗：《杜阳杂编》，中华书局，1985年，第18—19页。

② （五代）尉迟偓：《中朝故事》，中华书局，1985年，第10页。

③ （元）元好问：《续夷坚志》，中华书局，1985年，第42－43页。

④ （明）陆粲：《庚巳编》，中华书局，1985年，第231－232页。

就有这样的记载:"温多淫祠,有广应宫者,祀陈十四娘娘。庙前有额曰'宋敕广应娘娘',妇女多祀之。庙中附祀张三令公,白须袍服,土人为儿童祀之。山下多筑花粉宫,祀花粉娘娘。"他还说:"瓯、越间好事鬼,山椒水滨多淫祀。其庙貌有雄而毅、黝而硕者,则曰'将军';有温而愿、皙而少者,则曰'某郎';有媪而尊严者,则曰'姥';有妇而容艳者,则曰'姑'。其居处则敞之以庭堂,峻之以陛级。左右老木,攒植森拱,茑萝翳于上,枭鸮室其间,车马徒隶,丛杂怪状。农作之氓怖之,走畏恐后,大者椎牛,次者击豕,小不下犬鸡。鱼菽之荐,牲酒之奠,缺于家可也,缺于神不可也。一日懈怠,祸亦随作,耋孺畜牧栗栗然疾病死丧,氓不曰适丁其时耶,而自惑其生,悉归之于神。"①

五、结语

中国的海洋文明,具有显著的地理特征。有学者曾经概括为"海岱文化圈""吴越文化圈""闽台文化圈"和"岭南文化圈"这样几大部分,认为应"从整体上探讨中国海洋文明依托独特地理环境产生、演进的历史进程和空间格局,阐述中国海洋文明丰富的人文内涵,彰显东方文明独特的价值判断准则。"②而上述的梳理证明,对于古代海洋书写和海洋文明生态的分布,"宋""江浙"和"南海"是最主要的三个关键词。其中"宋"和"江浙"又密切相关。

北宋立国 167 年,南宋存在 152 年。北宋的政治中心虽然在北方,但是由于海洋交流和海洋贸易大多是从东海出发和进行的,所以与处于东海核心位置的江浙关系十分密切。北宋时期非常重要的一部涉海记叙文献,徐兢撰写的《宣和奉使高丽图经》,其主要内容都与江浙一带的海域有关。徐兢是外交家,他出使高丽,船队就是从浙江的宁波出发,沿甬江进入大海,然后从舟山沈家门和普陀山航道前往朝鲜半岛的。这条海路,是北宋时期的主要海路。所以从北宋开始,江浙人的海洋书写就很繁荣,其中出生于浙江湖州的朱彧,在其著作《萍洲可谈》中,就有多达 13 篇的涉海记叙。有关海

① 陈瑞赞编注:《东瓯逸事汇录》,上海社会科学院出版社,2006 年,第 41 页。

② 高乐华:《中国海洋文明地理空间结构研究》,《中国海洋大学学报(社会科学版)》2016 年第 5 期。

船开始使用罗盘(指南针)的信息,就是他在书中透露的。南宋定都临安(杭州),杭州湾外面就是大海,所以可以说南宋就是一个滨海国家,海洋文明生态的成分大为提高,各种海洋书写大量出现。其中祖籍湖州、出生于杭州的周密,在其著作《齐东野语》和《癸辛杂识》中,创作和改写了许多涉海故事。

江浙人的海洋书写,故事空间并不局限于东海区域,而是对于"南海"也有很高的热情。这是因为自唐玄宗开元(713—741)年间开始, 朝廷就在广州设立市舶使。北宋开宝四年(971),朝廷再一次设市舶司于广州。因此南海地区一直是中国古代海洋贸易的核心区。泉州一带虽然在现代地理上归于东海,其实在海洋文化意义上,它是属于南海的,因为以泉州为中心的海洋贸易方向,主要是向南的。这样"南海"的海洋文明生态,就更加显得厚重了,因此以南海为故事空间的海洋书写,也就显得十分繁荣。

第三章 《山海经》:中国海洋人文思想的伟大摇篮

《山海经》是中国古代的一部奇书,博大精深,具有非常大的阐释空间。从文学的角度而言,《山海经》的"叙事"特质是非常明显的,因此清代纪昀主编的《四库全书》将它列入"小说家类"。《四库全书总目》评之曰:"案以耳目所及,百不一真,诸家并以为地理书之冠,亦为未允。核实定名,实则小说之最古者尔。"[①]明代大学者胡应麟在其《少室山房笔丛·四部正讹》中将《山海经》称为"语怪之祖"。这是因为《山海经》里包含有大量的小说元素。"在《山海经》的传播接受史中,受人关注的是其志怪内容,是志怪内容所体现的非现实的虚构与想象,此点恰与古代小说的性质吻合。对这一问题讨论关注较多的是两个时期:一是汉魏六朝时期,这是古代小说的发轫期,也是志怪小说的兴起时期;二是明清时期,是古代小说创作与理论发展的兴盛期。《山海经》的志怪内容影响到对其在小说史上的定性与评价,对古代小说的创作尤其是志怪小说与博物类小说的创作产生了影响。"[②]

《山海经》由《山经》和《海经》两部分构成,呈现为"山海齐观"的人文结构。如果说《山经》突出的是"实地性考察经历"记录的话,那么《海经》更具有一种文学性的想象和虚拟。《四库全书总目》将它列入"小说家类"和胡应麟称其为"语怪之祖",主要针对的就是《海经》部分。

所以《山海经》的叙事特质,实际上就是一种"海洋叙事"。本章主要是从这个角度予以考察的。

---

① (清)永瑢等:《四库全书总目》,中华书局,1965年,下册第1205页。

② 魏崇新:《〈山海经〉为"小说之最古者"辨析》,《南京师范大学文学院学报》2017年第2期。

对于《山海经》"海洋叙事"因素的研究,近年来渐成热点。大家普遍认为:"《山海经》乃是中国古代第一部写海洋的经典,反映古代先民对于海洋的认知、好奇、探索与向往,体现了强烈的人文精神和鲜明、浓郁的海洋文化特色。"[①]笔者在《中国古代海洋小说的逻辑起点和原型意义——对〈山海经〉海洋叙事的综合考察》一文中,曾经从多个角度分析过《山海经》对于古代海洋叙事的母题意义,认为"《山海经》是中国古代海洋小说叙事之祖。……中国古代海洋小说基本上都从《山海经》中得到启发和思想、艺术养料。因此对于中国古代海洋小说而言,《山海经》具有'母题原型'的意义,因而也就成了这一'文学局域'之祖"[②]。

本章在这样的基础上,从海洋人文意识和思想的角度,继续深化考察《山海经》。我们认为,中国古代海洋人文意识和思想的几乎所有方面,都可以从《山海经》找到源头。《山海经》既是中国海洋叙事文学的总源头,也是中国海洋人文思想的伟大摇篮。

一、"山海齐观"的大文明视野

《海经》的海洋文明内容非常丰富,有学者把它归纳为以下几种类型。"一是海外异国的人物习俗、草木禽兽,如《海外北经·无肠国》:'无肠之国在深目东,其为人长而无肠。'《海外西经·灭蒙鸟》:'灭蒙鸟在结匈国北,为鸟青,赤尾。'二是各类神灵,如《海外北经·钟山之神》:'钟山之神,名曰烛阴,视为昼,瞑为夜,吹为冬,呼为夏,不饮,不食,不息,息为风。身长千里。在无啓之东。其为物,人面,蛇身,赤色,居钟山下。'三是神话传说,如《大荒南经·羲和生日》:'东南海之外,甘水之间,有羲和之国,有女子名曰羲和,方日浴于甘渊。羲和者,帝俊之妻,生十日。'"[③]

这样的概括是精当的,但是在笔者看来,还需要进一步指出,《山海经》的《海经》部分,并不是零散的涉海记叙,而是有意识地构建整体性的"海洋

① 方牧:《〈山海经〉与海洋文化》,《浙江海洋学院学报(人文科学版)》2003年第2期。

② 倪浓水:《中国古代海洋小说的逻辑起点和原型意义——对〈山海经〉海洋叙事的综合考察》,《中国海洋大学学报(社会科学版)》2009年第1期。

③ 王平:《从〈山海经〉序跋看其成书与性质》,《蒲松龄研究》2013年第3期。

世界”，从而与以《山经》为代表的“内陆世界”相对应。

正是这一点，凸显了《山海经》巨大的海洋人文价值，那就是“山海齐观”的大文明视野。

《山海经》由“山”和“海”两部分构成。清代学者毕沅在《山海经新校正》“南山经之首”句下加注说：“《山海经》之名，未知所始。今按《五臧山经》，是名《山经》，汉人往往称之。《海外经》已下，当为《海经》，合名《山海经》，或是向、秀所题。然《史记·大宛传》司马迁已称之，则其名久也。”在这里，毕沅将《山海经》分为《山经》和《海经》，后世学者大多都认为有道理。袁珂先生也认为“《海外经》已下各篇，主要说的是海，就连郭璞作注时收录进去的《荒经》已下五篇，主要也说的是海……自然该称《海经》。……所以从外壳结构将此书区分为《山经》和《海经》两个部分是完全合理的”。[①]

《山海经》不但在内容上“内别五方之山，外分八方之海”，形成了“山海齐观”的并列结构，而且文本形式上，也奇妙地体现了这一点。从篇目来看，《山经》分《南山经》《西山经》《北山经》《东山经》和《中山经》共 5 篇，而《海经》则有《海外四经》《海内四经》《大荒四经》以及独立的《海内经》共 13 篇，远远多于《山经》。而从字数来看，却是《山经》要大大多于《海经》。据刘秀校《山海经》时的统计，《山经》为 15503 个字。他对《海经》则没有进行统计，直到清代学者作《山海经笺疏》，才统计出《海外经》《海内经》八篇为 4228 个字，《荒经》以下五篇为 5332 个字，总共为 9560 个字。统计数字给出了一个结论，篇目上《海经》比《山经》多一倍多，字数少三分之一。几年前，我据此认为，“《山海经》隐含的文化信息乃是，在《山海经》时代的古人心目中，并不存在着‘大陆中心论’情结，而是‘山海’并存、等量齐观的思维哲学”[②]。

不仅如此，在“山”与“海”的具体关系中，《山海经》隐隐然还包含着一种“海洋中心论”的观点。有学者在仔细研究《山经》后，发现了一个有趣的现象。许多“山”的水，都流入“海”中，如“招摇之山，临于西海之上……丽之水出焉，而西流注于海”（《南山首经》），“崦嵫之山……苕水出焉，而西流注于海”（《西次四经》），“浑夕之山……嚣水出焉，而西流注于海；北号之山，临于北海……食水出焉，而东北流注于海”（《东次四经》）；等等，形成了一种“山”

① 袁珂：《山海经全译》，贵州人民出版社，1991 年，《前言》第 1—2 页。

② 倪浓水：《中国古代海洋小说的逻辑起点和原型意义：对〈山海经〉海洋叙事的综合考察》，《中国海洋大学学报（人文社科版）》2009 年第 1 期。

被“四海包围”的奇异图案。“《山经》所描述的是一个四面环海的世界。”[①]

这其实反映的就是《山海经》作者的海洋人文思想。

关于《山海经》的作者,历史上有过一些争论,但后来渐渐地趋向于一致。汉刘秀《上山海经表》认为,“《山海经》者,出于唐虞之际”,“禹别九州,任土作贡,而益等类物善恶,著《山海经》”,是夏禹、伯益所作。但由于《山海经》正文中“长沙”“零陵”“桂阳”等秦汉以后才出现的郡邑地名,所以有人就认为夏禹、伯益不可能是作者,至多是一种伪托。朱熹《楚辞辨证》认为《山海经》是附会屈原《天问》而作,言下之意是作者至早要迟于屈原。明代学者胡应麟在《少室山房笔丛》卷三十二《四部正讹》中说:“(《山海经》)盖周末文人,因禹铸九鼎,图象百物,使民入山林川泽,备知神奸之说,故所记多魑魅魍魎之类。”又指出其文体类似《穆天子传》,因而断定为战国好奇之士,取《穆天子传》,又杂录《庄》《列》《离骚》《周书》等书而成。[②]

《山经》所描述的是一个四面环海的世界。不过《四库提要》却不赞同此说:“观书中载夏后启、周文王及秦汉长沙、象郡、余暨、下嶲诸地名,断不作于三代以上,殆周秦间人所述,而后来好异者又附益之欤?观楚词(辞)《天问》多与相符,使古无是言,屈原何由杜撰?朱子《楚词(辞)辨证》谓其反因《天问》而作,似乎不然。”又云:“书中序述山水,多参以神怪,故《道藏》收入太元部竞字号中。究其本旨,实非黄老之言。然道里山川,率难考据,案以耳目所及,百不一真。诸家并以为地理书之冠,亦为未允。核实定名,实小说之最古者尔。”[③]现代学者蒙文通先生认为《山经》为古巴人所编,《海经》为古蜀人所辑。袁珂基本赞同蒙文通的观点,进而断定《山海经》的作者是战国初年或中年的楚国或楚地人。

所以总的来看,《山海经》的作者不是个别人,而是“集体”的成就。这个作者群,不但很庞大,而且还是南北方的结合,所以《山海经》结构上所体现出来的海洋与内陆并重的人文思想,就更具有代表性。它昭示我们,从远古时代开始,中国的海洋人文就与内陆人文思想一起发轫、成长、产生交集。正如有学者所指出:“中国第一部集中记录神话片段和原始思维的奇书曰《山海经》,是极其富有象征意味的。它以山海之所经,历述怪兽异人的地域

---

① 吴晓东:《四面环海:〈山海经·山经〉呈现的世界构想》,《民族艺术》2011年第2期。

② (明)胡应麟:《少室山房笔丛》,中华书局,1958年,第413页。

③ (清)永瑢等:《四库全书总目》,中华书局,1965年,下册第1205页。

分布和由此产生的神话和巫术的幻想，进而成为百世神异思维的经典。它呼唤着山川湖海的精灵和魂魄，使中国神话幻想在滋生和笔录的早期，就粘附着泥土和方域。”①

在笔者看来，无论《山海经》的作者是谁，有一点是可以明确的，那就是《海经》部分的撰写者，肯定是一个或一群对于海洋有着深厚感情和深切感受的人，因为《海经》呈现出鲜明的海洋文明的立场。

二、家国情怀：海洋社会的人文始祖

《山海经》的海洋人文思想，还集中体现在“海洋社会”意识里，虽然“海洋社会”还是一个比较新的社会学概念。2009 年 3 月 28 日，“海洋文化与海洋社会建设学术研讨会”在广东海洋大学举行。这次会议还成立了一个海洋社会学专业委员会，标志着“海洋社会”研究进入了一个新的阶段。但是实际上，作为一个“社会存在”概念，“海洋社会”的雏形，远在先秦时代就已经出现。《山海经》就是一个非常鲜明的例证。

在《山海经》的涉海叙事里，“海洋社会”形成了一个系统性话语，分成了“国”“州”“邑”“市”“堂”和“山(即岛)”等不同的级别。

在《山海经》的“海洋社会”系统中，处于最上层的是“海洋国家”：结匈国、羽民国、讙头国、厌火国、三苗国、㦸国、贯匈国、交胫国、歧舌国、三首国、周饶国、长臂国、三身国、一臂国、奇肱国、丈夫国、巫咸国、女子国、轩辕之国、白民之国、肃慎之国、长股之国、一目国、柔利国、深目国、无肠之国、博父国、拘缨之国、大人国、奢比尸国、青丘国、黑齿国、玄股之国、毛民之国、劳民国、伯虑国、离耳国、雕题国、北朐国、枭阳国、氐人国、开题之国、列人之国、犬封国、鬼国、林氏国、盖国、射姑国、少昊之国……在《海经》中，以“国”命名叙述的空间有数十上百之多。

这与《山经》很不一样。遍稽《南山经》《西山经》《北山经》《东山经》和《中山经》，“国”的影迹是非常淡薄的。

在《海经》中出现的这些“国”，也许并不是现在意义上的政府型国家，而仅仅是一些部落“方国”，或者是非常松散的社会组织单元。但是既然《山海

① 杨义：《〈山海经〉的神话思维》，《中山大学学报(社会科学版)》2003 年第 3 期。

经》使用的是“国”的用词,那么我们也不妨以“国”论之。

> 《山海经》的方国主要集中在《海经》中,达113国之多,在《海内经》《海外经》与《荒经》中重复的方国有12国之多。有趣的是这些方国多从人体形态特征分类,如,三身国、一臂国等等,大体在南北空间方位的统辖下设计方国人的形体样态,带有虚拟的神话思维的想象特征;还有一类世系方国,以帝俊为核心,通过与卜辞、文献互证,可知帝俊为商民族始祖,与图腾崇拜紧密相连;部族战争的历史也能在《山海经》的方国中找到实证。[①]

所谓的“方国”,指的是夏商之时的诸侯部落国家。由于从商朝晚期的殷墟遗址出土的甲骨卜辞,卜文中多以“×方”的形式称呼这些部落国家,所以称作“方国”。《山海经》以方位叙事,也许与这种“×方”的形式称呼不无关系。

总之,《海经》与《山经》明显不同的地方之一,就是《山经》是见“山”不见“国”,而《海经》则是见“海”又见“国”。虽然在《海经》的这些“国”里,有些区域特征不明显,也许还包含着一些陆地“国家”,如“青丘国”,《南山经》有“青丘山”,《海外东经》则成了“青丘国”,《大荒东经》再次出现“青丘国”,上面都“有兽,其状如狐而九尾”。但许多明确是在“海中”,如“长臂国……捕鱼海中”(《海外南经》),“大人国……为人大,坐而削船”(《海外东经》),“射姑国在海中”(《海内北经》),“东海之外大壑,少昊之国”(《大荒东经》),“西北海之外,赤水东,有长胫之国”(《大荒西经》)等。这些“在海中”的国家,就是中国最早意义上的“海洋方国”。

在“海洋国家”之下,还有相当规模的“海洋地方基层组织”。《海经》用“州”命名之,如《海内东经》“都州在海中,一曰郁州”。另外,《海内东经》中的“韩雁在海中,都州南。始鸠在海中,辕厉南”和《海内南经》“瓯居海中。闽在海中”中的“韩雁”“始鸠”“瓯”和“闽”,虽然没有出现“州”字,其实表达的也是“海洋州”的概念。

“海洋州”之下,还有更小的“海洋社区”单位,《海经》称之为“邑”“市”“堂”或“山(即岛)”。如《海内北经》:“明组邑居海中。蓬莱山在海中。大人

① 郑晓峰:《“古之巫书”与〈山海经〉的神话叙事》,《汉语言文学研究》2015年第1期。

之市在海中。”《海内东经》:“琅邪台在渤海间,琅邪之东。其北有山。一曰在海间。”

《山海经》涉海叙事中的这些“国”“州”“邑”(“市”“堂”)和“山(即岛)”等,构成了完整的“海洋社会”系统。不仅如此,《山海经》还详细地记载和描述了“海洋社会”居民也就是渔民的生活情态。

《山海经》记载和描述了中国海洋“渔民”的最初形象。《山海经·海外南经》记载说:“讙头国……其为人人面有翼,鸟喙,方捕鱼。”“讙头国”是《山海经》所记载的成百个海洋“方国”之一。“讙头国”人长相有点特别,是人的脸型,鸟的嘴形,身上长有翅膀,他们正在海中捕鱼。“方捕鱼”说明是记录者的观察所得,那么这“人面有翼,鸟喙”,显然也是作者所看到的情景。那么或许不是长相奇特,而是观察有误,鸟嘴,有翅膀云云,或许是捕鱼人身上的捕鱼装备:嘴巴里含着(或许是头上绑缚着)可以刺鱼的锐利的工具,身上穿着可以漂浮水面不至于被海水冲走的某些东西。因为他们正在捕鱼呢。

类似的描写在《大荒南经》也出现过。“有人焉,鸟喙,有翼,方捕鱼于海。大荒之中,有人名曰驩头。……驩头人面鸟喙,有翼,食海中鱼,杖翼而行。”这里描述的渔民(包括与讙头国类似但有补充内容增加的驩头人),也有鸟的嘴巴,也有能够滑翔飞行的翅膀。这样的描述,其对象与其说是渔民,还不如说是海鸟。但是《海外南经》和《大荒南经》都明确说是“人”。这就引发一种有趣的想象:是不是在海洋文明发轫的早期,存在着一种模仿海鸟的捕鱼形式?

《山海经·海外南经》还有一条记载:“长臂国在其东,捕鱼水中,两手各操一鱼。一曰在焦侥东,捕鱼海中。”“长臂国”也是《山海经》所记载的海洋方国之一。这段所描述的海洋捕鱼情景,要比前面那条记载更加生动具体。“长臂”并非真的是很长的手臂的意思,而是暗示手里操着有长柄的捕鱼工具,估计是鱼叉,或者是用竹竿组合的推网之类,这些都是古代早期的捕鱼设备。文中没有说到船,说明他们是站立在海水中捕鱼(这又是早期渔业岸边或浅海捕鱼的特征)。“捕鱼水中”表达和描述的就是这个情景。“两手各操一鱼”描述他们捕到鱼的细节。“各操”表明两手都有鱼,这是一幅丰收的画面,洋溢着一种海洋捕捞获得丰收的喜悦感。

《山海经·海外南经》记载的捕鱼情景,还有一条补充:“一曰在焦侥东,捕鱼海中。”意思是说,还有一种说法,这“长臂国”的具体位置是在焦侥方国的东边。他们在那边捕鱼。其实这条补充的价值不在于方位介绍,而在于后面那句“捕鱼海中”。与前半段相比,一个说“捕鱼水中”,一个说“捕鱼海中”。它们的差别是巨大的。“水中”可以理解为海岸边缘或很浅的水中,而“海中”则需要理解为“相对较深”的海中,正象征着当时的海洋渔业正从岸边浅海逐渐向较深处发展。

《山海经》不但描述了最初的渔民以及他们的捕鱼方式,而且还提供了“海洋社区”的许多信息。《山海经·大荒南经》记载:“有人名曰张宏,在海上捕鱼。海中有张宏之国,食鱼,使四鸟。”这条记载的信息量是非常大的。

这里出现的“张宏之国”,也是一个“方国”。“张宏之国”位于“海中”,说明它是一个“海洋方国”,也就是一个海岛型群居社区。这个“海洋方国”的居民捕鱼为生,以鱼为食,说明它是比较成熟的海岛群居社区了。因为能够从茫茫大海里捕到鱼,不但需要有渔船和渔网,而且还需要相当高超的海洋活动能力,这些都是海洋文明进入比较发达时期的标志。而能够对鱼类进行加工,使之成为果腹的食品,也是海洋文明发展到一定阶段的证据。

至于“张宏之国”名称本身,也是很有意思的。“张”为张开,可以理解为“张网捕捉”,中国沿海一带都有“张网”作业,这是一种最为古老的捕鱼形式。“宏”的本义是指“屋子宽大而深”。远古时代的房子,很多都是“棚”的形式,渔岛人称之为“厂”。这个“厂”字与草棚很像,是很形象的一种称呼。而张网的网具又深又长,前面用毛竹搭成的部分,渔民叫它为“窗”,有“三角窗”和“四角窗”两种形式,分别以四至七支毛竹搭成。“窗”显然与房子有关系,而用数支毛竹搭成的张网框架,的确也很像棚屋。这说明这个“张宏”很可能是在描述一种张网作业,所以这“张宏之国”其实就是一个以张网为主要作业形式的海岛渔民群落。这是中国海洋渔业社区的最初雏形。

“捕鱼”和“食鱼”是海洋渔业社会的基本形态。除了这个“张宏之国”,《山海经》还有多处描述。《海经·大荒北经》记载说:“又有无肠之国,是任姓。无继子,食鱼。”“有人方食鱼,名曰深目民之国,盼姓,食鱼。”这里的“无肠之国”和“深目民之国”,都以鱼为食,而要做到这一点,必须以捕到鱼为前提。因此很显然,这两个方国,也是以海洋渔民为主的部落群居地。

三、瑰丽想象:海洋空间的诗意定位

《山海经》提供了“山海齐观”的大人文思维视角,描述了海洋社会的组织系统和生存形态，不仅如此，它还为“海洋”这个普通的地理空间注入了审美的因素，使得海洋具有了诗意的美质。

（一）“日月之所”的诗性附加

“日月”是古人一直想探究的自然现象，也是古人施展无穷想象力而产生的瑰丽意象。“如月所出之所”的记载和描述，贯通于《山经》与《海经》，是《山海经》整体性的思维成果之一。

在《山经》中，“日月所出”更多是一种自然现象，但是在《海经》里，却是自然现象和诗意审美的有机结合。

《海经》中的“日月”意象主要集中在《大荒东经》中，一共有三条：

> 东海之外，大荒之中，有山名曰大言，日月所出。
> 大荒之中有山，名曰合虚，日月所出。
> 大荒中有山，名曰明星，日月所出。

在第一条中，山名（或是岛名）叫作“大言”，一望而知这是具有象征意义的。“大言”有多种意义，其中一种是表示“正大的言论”，如《庄子·齐物论》：“大言炎炎，小言詹詹。”“大言”与“日月”联系在一起，而“日月”从海中升起，海洋就这样附带上褒义的美质。

在第二条中，山名（或是岛名）叫作“合虚”。“合”为合拢，寓意为“实”；“虚”乃张开、置空，是“实”的对立面。两者的结合便是“虚实结合”的统一体，所以这“合虚”也是一个象征性的有寓意的词。“日月”从这样的地方升起，所以“日月”也具有深刻的寓意。

在第三条中，山名（或是岛名）叫作“明星”，其寓意也是不言自明的。“明星山（或岛）”也是“日月所出”，这“日月”自然也富有诗意和美好。

（二）“圣洁海洋”的深刻寄寓

古人对于海洋，一直有“圣洁”美质的赋予和寄托。《论语·公冶长》：“子曰：‘道不行，乘桴浮于海。’”孔子把“海”视作可以隐世避俗的纯洁之地。这种海洋人文思想，在《山海经》中有非常清晰的表述。

《山海经》里“海洋圣洁”的思想，是通过“海洋居住者”来体现的。《山海经》描述了在海洋中生活居住的“大人”和“君子”。这里的“大人”，可以作两种解释:一种是“身材特别高大的人”,另一种是“品德高尚之士”。《海外东经》的“大人国……为人大”,表达的就是“身材特别高大的人”的意思。但是在《海内北经》“蓬莱山在海中。大人之市在海中”的语境里,“大人”就不仅是“人大”的意思,还被赋予了一定程度的“海上神仙”的含义,因为“蓬莱山”是海上神山之一。把“大人之市”与“蓬莱山”放在一起叙述,其“仙人”的含义是非常明显的。然而到了《大荒东经》里,“东海之外,大荒之中……有波谷山者,有大人之国。有大人之市,名曰大人之堂”。这个波谷岛上居住的“大人”,其级别和层次,与前述的“大人”有很大的差别。“大人之市”“大人之堂”“大人之国”,并列而述,说明“大人之市”的“市”,并非指市场,而是指厅堂,由市而堂而国,表明这里既是“大人”聚居的地方,也是“品德高尚的人”才能进入的圣地。

当然,在《山海经》里,“大人”是“品德高尚之士”的所指含义,还是比较隐晦曲折的,然而《大荒东经》“有东口之山。有君子之国,其人衣冠带剑”,《海外东经》“君子国在其北,衣冠带剑,食兽,使二大虎在旁,其人好让不争”和《海外西经》“丈夫国在维鸟北,其为人衣冠带剑”这些描述,则明确无误地表达了“海洋乃有德者所居”的海洋人文意识。

在传统文化语境中,君子的外在形象与“衣冠”之间有着直接的联系。《论语·尧曰》:“君子正其衣冠,尊其瞻视,俨然人望而畏之,斯不亦威而不猛乎?”而“带剑”“佩剑”则始终是君子气质追求的一种表征。衣冠和带剑的完整结合,构建了君子“斯文而威猛”的形象品格。因此《海外东经》和《大荒东经》对“君子国”之人“衣冠带剑”形象的描述,与其说是一种想象性赋予,还不如说是一种纪实性反映。

“衣冠带剑”是对君子品质的形象性框定。作为对君子形象品质的进一步充实,“食兽,使二大虎在旁”的描写使君子于端庄、英气潇洒之外,又增加了一种雄霸的特质,显示出了强烈的原始美和野性美,从而也使《山海经》语域里的“海洋君子”与内陆性君子在形象气质上有着一定的差异。

然而“好让不争”却又让这种差异相溶于共同的道德规范中。我们知道,“礼让”也是孔子一贯召唤的君子品德,《论语·里仁》:“能以礼让为国乎,何有！不能以礼让为国,如礼何?”虽然孔子的召唤的是“礼让为国”，但是他的“礼让”要求很快被广泛应用于人伦的各个方面，成了君子的经典性规范之一。“不争”是“礼让”的另一种描述，也是孔子所呼吁的，《论语》：“君子矜而不争。”[①]

（三）海洋神物异兽的多彩塑造

在《山海经》的话语系统里，海洋不但是君子（大人、丈夫）居住的圣洁之所，还是各种神物异兽的特异世界。在这个世界里，陈列着皇皇的海神谱系、海洋奇禽异兽谱系、海洋大鱼谱系，而且还有异常精美的海岛奇物。

海神谱系是《山海经》所极力构造的。《大荒东经》“东海之渚中有神，人面鸟身，珥两黄蛇，践两黄蛇，名曰禺虢。黄帝生禺虢，禺虢生禺京。禺京处北海，禺虢处东海，是惟海神”，《大荒南经》“南海渚中有神，人面，珥两青蛇，践两赤蛇，曰不廷胡余”和《大荒西经》“西海陼中有神，人面鸟身，珥两青蛇，践两赤蛇，名曰弇兹”等，就是四海神祇的谱系。海神之下，还有“不死之民”，他们可以说是“神仙亚类”。《海外南经》：“不死民在其东，其为人黑色，寿，不死。”《大荒南经》有“不死之国”，《海内经》有“不死之山”。海神和“不死民”的出现，标志着《山海经》把海洋已经彻底神格化和人格化。

《山海经》海神谱系的建立，还有更深刻的意义，那就是丰富了中国神灵文化的构成。“神界在天上，或高山之巅，已成为现今的共识。在世界许多古老民族中，神界都是高高在上，或在天上或在高山之巅，俯视着人间，和人间形成一种垂直的上下关系。”但是《海经》的神灵话语体系改变了这一普遍性的格局。“《山海经》中的诸神不是居住在天上，而在大海之外的大荒之中，所以大荒就是《山海经》中的神界。因而与世界诸多古老民族以及中国宋以后神界相比，《山海经》中的神界闪耀着独特的光辉。”[②]

除了海神之外，《山海经》还构建了奇禽异兽谱系。《大荒东经》：“东北海外，又有三青马、三骓、甘华。爰有遗玉、三青鸟、三骓、视肉、甘华、甘柤。百谷所在。”这些宝马灵鸟，都是通灵的仙物，非海洋不能产生，非海洋不能生存。《大荒东经》还突出记载和描述了一种神兽：“东海中有流波山，入海七千里。其上有兽，状如牛，苍身而无角，一足，出入水则必风雨，其光如日

---

① 倪浓水：《中国古代海洋小说与文化》，海洋出版社，2012年，第160页。

② 陈钢、梁家胜：《大荒为何？——〈山海经〉中的神界》，《青海社会科学》2011年第2期。

月,其声如雷,其名曰夔。黄帝得之,以其皮为鼓,橛以雷兽之骨,声闻五百里,以威天下。”如果不怕被人讥为过度解读,那么这个形状如牛的神兽,简直就是“大海力量”的化身,也是大地“威力”的标志。

《山海经》还赋予海洋岛屿大量奇美异物。《大荒东经》:“东海之外(有)大壑,少昊之国。少昊孺帝颛顼于此,弃其琴瑟。有甘山者,甘水出焉,生甘渊。”这里,“琴瑟”“甘山”“甘水”“甘渊”构成了海岛的美丽和宝贵,世界上还有什么地方比海洋更神奇宝贵呢?

四、《山海经》海洋人文思想对后世的巨大影响

综上所述,在《山海经》的话语体系里,海洋从来就不是自然之海,而是神格之海、人格之海、审美之海、宝藏之海。它所构建的海洋人文思想体系,对后世有巨大而深远的影响。

(一)“海洋家国”思想的影响

《山海经》“国”“州”“邑”等分层呈现的海洋家国,反映了远古国人对于海洋家园的向往,启迪了后人对于海洋家园的进一步追求和实践。虽然现在无法断定《诗经·长发》“相土烈烈,海外有截”的“海外国家”认识,是受到了《山海经》的影响,还是“海外国家”本身就是一种事实存在,进而影响了《山海经》在这方面的思想构建,但是《山海经》的“海洋家园”思想,构成了中国古代源远流长的一种海洋人文脉络,则是不争的事实。如果说《列子·汤问第五》中的“神仙五山”和“龙伯之国”,从文化发生学的角度,还无法确认与《山海经》的传承关系的话,那么东方朔《海内十洲记》里描述的神仙岛以及也是托名为东方朔的《神异经》,则是完全传承自《山海经》。《神异经》中的涉海叙事,更是对于《海经》相关结构和“海洋家园”内容的直接模仿和移植,其海洋人文思想传承特质非常明显。自那以后,《山海经》的“海洋家园”思想不断地被继承。明代冯梦龙《情史》、清人蒲松龄《聊斋志异》的涉海叙事中就出现了许多“海洋家国”。一直到了晚清陈天华《狮子吼》里,更是直接出现了“舟山文明村”这样的“海洋民主国家”雏形。

(二)“圣洁海洋”思想的影响

《山海经》创造的“海洋君子国”，长期以来成为“圣洁海洋”的代名词，后人在自己的作品中多有借鉴和描述。晋张华《博物志》卷之一“五方人民”条：“君子国，人衣冠带剑，使两虎，民衣野丝，好礼让，不争。……好让，故为君子国。”这直接来源于《山海经》。清人李汝珍《镜花缘》和晚清落魄道人《常言道》中出现的“君子国”的描写，也是如此。在这两部作品中，“君子国”不但都在海洋之中，而且都文质彬彬，文明程度极高，完全是《山海经》中“衣冠带剑”“好让不争”的君子国居民的翻版。

(三)“诗意海洋”思想的影响

《山海经》“诗意海洋”的人文思想，对于后世的海洋叙事影响极为深远。最近几年，我一直从事古代涉海叙事文献的搜集和整理工作。从我所搜集到的涉海叙事文献来看，除了明代有少数作品描述海洋贸易等实际生活、生产的海洋活动外，《山海经》之后到清末的涉海叙事，绝大部分都是“诗意海洋”的构建。这种“诗意海洋”叙事，一般体现为两种形式。一种“海洋空间”是空灵的，充满了宝藏和传奇故事，这是对《山海经》“诗意海洋”思想的直接继承。另外一种是对于《山海经》“诗意海洋”思想的发展，体现为居住在海岛上的人们，半仙半凡的人，普通的凡人，老人和年轻人，男人和女孩，个个都满腹经纶，文化素养极高。这种不但海洋是诗意的，连生活在海上的人都是诗人的作品，在宋人的涉海笔记小说中，尤其众多。

(四)“海洋神灵”和“海洋宝藏”思想的影响

《山海经》的海洋神灵想象和构建，深刻地影响和启发了后世对于超现实海洋的书写。汉东方朔《海内十洲记》里说“仙都宅于海岛”，晋干宝《搜神记》里的“东海君”，南北朝时期前秦王嘉《拾遗记》里的“宛渠之民”，北魏郦道元《水经注》里的“海神”，南朝梁殷芸《殷芸小说》里描述的与秦始皇对话的“海神”，一直到明代神魔小说里描写的种种“海洋神仙”，可以说无不肇源于《山海经》。

至于《山海经》所暗示的“海洋宝藏”的思想，对于后世的涉海叙事也有一种母题的作用。且不论汉东方朔《海内十洲记》所想象和描述的“海上神山”的无数宝藏令人眼花缭乱，就是到了明清这样海洋航运非常发达，海洋不再神秘的时代,也多有这方面的叙事。如凌濛初《拍案惊奇》中《转运汉遇巧洞庭红,波斯胡指破鼍龙壳》一文所描述的海洋奇宝"鼍龙壳"就是一例。

(五)"山海经"式文本体裁的影响

《山海经》中的《海经》部分,视野开阔,文笔肆意,想象丰富,意象奇特,深深地影响了后人,以至有许多模仿之作,形成了独特的"山海经"体式的"接受史"。早在西汉时期,署名为东方朔的《神异经》,就是借用了《山海经》中"海经结构"。全书分《东荒经》《东南荒经》《南荒经》《西南荒经》《西荒经》《西北荒经》《北荒经》《东北荒经》《中荒经》等九章,连题目都与《山海经》几乎一模一样。其实《海内十洲记》也深受《山海经》的影响。鲁迅曾经指出:"《神异经》的文章,是仿《山海经》的。……《十洲记》是记汉武帝闻十洲于西王母之事,也仿《山海经》的,不过比较《神异经》稍微庄重些。"[①]这种仿写甚至到了清末都没有停止。李汝珍《镜花缘》中所描写的 30 多个海外奇国,就是来自于《山海经》的意象。

五、结语

> 《山海经》与海洋文化有着不解之缘,或说是中国海洋文化的开山之作。从篇幅看,海经占了大半;从内容看,多写近海一带与海外水土风物、鸟兽虫鱼,其中鱼类和蛇占有相当比重;从画面看,人物多半裸跣足,与海边炎热气候有关,作者比较熟习近海生活环境与劳作方式;从方位地域、山水名称看,偏重于南方,如洞庭、荆山、汉水、东海、南海等,展现出一幅幅水乡泽国的清丽画卷,富于海洋气息。[②]

是的!对于中国古代的涉海叙事而言,《山海经》是一个伟大的摇篮。它所包含的海洋文人思想,不但异常丰富,而且还深刻而多方面地影响和启

---

① 鲁迅:《中国小说的历史的变迁》,《鲁迅全集》(第九卷),人民文学出版社,1981 年,第 305 页。

② 方牧:《〈山海经〉与海洋文化》,《浙江海洋学院学报(人文科学版)》2003 年第 2 期。

迪了后世。遗憾的是，“山海齐观”的大思维，由于华夏文化的强势和成一统，却曾经中断了数千年，一直到了“进军海洋”战略大力推进的今天，才终于接上了历史的榫头。

第四章 《太平广记》：古代海洋人文思想的集大成者

《太平广记》是宋代一部卷帙浩繁的类书，也是涉海叙事文献保留最多的一部古代典籍。如果把涉海叙事简要定义为对于海洋（包括近海和海岛）的文学描写，那么可以从《太平广记》辑出与海洋有关的故事 73 篇，涉及海洋叙事的各个方面，海洋神仙，海洋神话，海洋民间信仰，海洋民俗，海洋交流，海洋神人、神物、奇宝，海洋奇遇，等等，无所不包；涉及的人物，上至帝王，下至普通百姓，极具广泛性。《太平广记》里的"海洋"，是一个立体的世界，是一种多层次的文化结构。另外由于它是一部类书，它的资料来自各类著作，所以它又是一种海洋书写的"汇辑"。它把先秦至宋的各类文献中的涉海叙事，几乎都囊括了，所以说它是古代海洋人文思想的集大成者。

一、《太平广记》涉海叙事的政治和文化背景

宋太平兴国二年（977），李昉与扈蒙、李穆、徐铉、赵邻几、王克贞、宋白、吕文仲等 14 人奉旨修纂《太平广记》，可见这是一种"政府行为"。《太平广记》只不过是宋统治者下诏修纂的四大类书（《太平御览》《太平广记》《文苑英华》《册府元龟》）之一，"政府行为"演变成"政绩工程"。而对于统治者的意图，鲁迅先生曾经指出："宋既平一宇内，收诸国图籍，而降王臣佐多海内名士，或宣怨言，遂尽招之馆阁，厚其廪饩，使修书，成《太平御览》《文苑英

华》各一千卷；又以野史小说诸家成书五百卷，目录十卷，是为《太平广记》。"[①]宋朝统治者希望通过文化建设来消除"政治怨言"的用意，是十分清晰的。

但是宋初的大规模编书，除了上述的政治因素外，文化传承因素也是重要的考量。"《太平广记》的成书是与宋初的大文化背景紧密相连的，它以图书的搜集、整理为前提，而统治者'文德致治'的文化策略是其孕育的土壤，皇帝的好文嗜读则是其诞生的催化剂。"[②]正因为这是一种政治需求下的文化工程，《太平广记》所搜集的文献和所选中的内容，就不但体现出修纂者的一种文化自觉，更是一种时代文化的折射与反映。正如有学者所指出："《太平广记》搜集的神异话语系统解读了不同历史时期的社会文化：先秦时期的神异话语呈现敬而畏之的特点，两汉带有政治伦理色彩，及至魏晋神异话语篇章数量大增，作为志怪戏谈，唐代的神异话语作品则成为文化史奇观，体现了以神性说人性、以奇闻喻人文的另一种真实。《太平广记》在宋初集结成书，是社会文化思潮推动发展的历史必然。"[③]

正因为如此，虽然李昉等人的编纂《太平广记》，其最初的出发点和终极目的，都与海洋没有直接的关系，但是由于《太平广记》实际上可以看作对以前志怪小说等形态呈现的一种社会文化集成，具有巨大的"总结"意义。而这种小说形态，必然也包含了先秦至宋初的海洋小说，所以在《太平广记》里有大量的涉海故事出现，也就成了一种必然了。

从宋代的海洋观念和海洋政策来看，《太平广记》搜集了那么多的涉海故事，也是一种必然。宋代有比较开放的海洋观念和比较务实的海洋政策，这在"江南"的开发方面有非常鲜明的体现。"入宋以后，随着江南社会的飞跃和统治政策的调整，形成了多层次的对外开放格局。从地域空间结构来看，主导性口岸、辅助性口岸、补充性口岸和前沿腹地、核心腹地、附属腹地相结合，构成了完整的开放体系。从纵横维度来看，开放活动主要集中于经济和文化领域，开放对象并不局限于与宋政府有政治关系的东亚高丽等国，而是扩大到东南亚、南亚、西亚的众多国家和地区。从活动模式来看，民间力量扮演了主导角色。一方面，以海商为代表的民间群体不仅是中外经济

---

① 鲁迅：《中国小说史略》，上海古籍出版社，1998年，第63页。

② 牛景丽：《〈太平广记〉的成书缘起》，《古籍整理研究学刊》2004年第5期。

③ 霍明琨：《〈太平广记〉与社会文化》，《学术交流》2004年第9期。

交流的主力军,在推动文化开放和政治交往方面也发挥了重要的作用;另一方面,海外来华人员的大幅增加,使中外互动呈现出空前的活跃。对外开放的全面展开和不断深入,既是江南社会日益突破以中原地区为核心的高度统一的农耕文明体系的反映,也标志着中国社会开始从中原主导的内陆型社会转向由江南引领的海陆型社会。”[①]“开发江南”实际上就是开发海洋,其中“海商”起了重要的作用。“海商”长年累月活动于海洋之上,亲身体验和耳闻目睹大量海洋奇遇和奇观,海洋书写自然十分丰富。据笔者不完全统计,宋代的涉海叙事文献多达 24 部 126 篇。

进军海洋,开发海洋,成为宋代的时代主流。在政策的引导下,宋代的海洋意识和海洋文化得到广泛的传播,各种海洋意象的构建也得到了充分的发展。有学者研究后指出:“宋代海上贸易的空前繁荣开启了航海活动和海洋知识积累的新时代。宋人通过海商群体、航海使节和僧侣、历代典籍等途径获得海洋知识,其中海商群体是第一手海洋知识的主要来源。海洋知识通过口耳相传,航海使节和僧侣、礼宾机构及沿边官员的记录等方式传播,使宋人构建出动态、险恶、奇异而充满财富和商机的海洋意象,反映了宋人敬畏海洋、生财取利、华夷有别的海洋观念。宋人对东海和南海地区诸国地理方位已有基本准确的认识,对印度洋及其以西也有大致清晰的了解。”[②]

可以说,无论是北宋还是南宋,“海洋”都是朝野的一个“热词”,因此,《太平广记》大量涉海文献的存在,也就有了相当的合理性。

二、《太平广记》涉海叙事多方面的海洋人文倾向

《太平广记》的 73 篇涉海叙事小说,反映出多方面的海洋认识和海洋思想。它们既是对宋以前的海洋思想传统的继承,也是宋代海洋意识的间接反映。

① 陈国灿、吴锡标:《走向海洋:宋代江南地区的对外开放》,《学术月刊》2011 年第 12 期。
② 黄纯艳:《宋代海洋知识的传播与海洋意象的构建》,《学术月刊》2015 年第 11 期。

（一）视涉海叙事为一种真实的反映

自先秦以来，涉海叙事呈现为两种基本形态。一种是纯粹的“海洋想象”，故事没有明确的时间概念，也没有明确的空间概念，故事的主角也不是实有其人的历史人物。《山海经》《列子》和《庄子》里的涉海故事基本上都是这种形态。另一种是无论涉海故事如何超现实甚至荒诞不经，都极力添加明确的时空因素，故事中的主角也往往是实有其人，张华《博物志》、王嘉《拾遗记》等走的都是这种路子。前者是文学家的态度，后者则更多体现为史家意识。

《太平广记》虽然是一部文学性类书，李昉持的却是史家的立场，所以他的每一篇涉海选文，都有明确的时间、空间和人物指向，这已经成为他的一种模式化的叙事方式。在作品的开头，都是这三个要素的介绍，如“鬼谷先生，晋平公时人”（《鬼谷先生》），“汉武帝天汉三年，帝巡东海”（《王母使者》），“元和初，有元彻、柳实者，居于衡山”（《元柳二公》），等等。哪怕叙写一些海洋生物故事，也往往以“东州静海军姚氏率其徒捕海鱼，以充岁贡”（《姚氏》），“刘恂者曾登海舶，入舵楼，忽见窗板悬二巨虾壳”（《海虾》）这样写实性的介绍开头。这说明《太平广记》是将海洋故事内容当作一种客观性存在对待的。《太平广记》引书大约四百多种，但却不收被明代大儒胡应麟称为“说部之祖”的《山海经》，或许正是这种创作观念的反映。

（二）“山海并重”思想的间接体现

《太平广记》卷帙浩繁，共有500卷数百万字，而73篇涉海叙事只有一万八千多字，所引述的典籍也只不过30余种，所以占全书的比例并不大，但是呈现的却是一种“山海并重”的整体性视野。这从两个方面可以得到佐证。一是73篇选文本身就是证据，如果没有明确的海洋意识，如果坚持的是中原文化“唯一”的立场，《太平广记》是不会选录涉海文献的，更不会如此大规模地选录。同时期或以前也有一些类书，或者说许多笔记都是类书形式，它们却不收涉海叙事文献。二是《太平广记》涉海叙事所引述的典籍，如戴孚《广异记》、王嘉《拾遗记》、李冗《独异志》、张华《博物志》、段成式《酉阳杂俎》、徐铉《稽神录》等，基本上都是持这种“山海并重”的大文化视野的。可惜《太平广记》不收“山海并重”思想体现得最为突出的《山海经》，否则编著者的这种大文化视野立场更为显著。

(三)整体性海洋文明的构架思维

《太平广记》本身就是一个整体性叙事结构。它的500卷分成神仙、女仙、道术、方士、异人、异僧、妇人、夜叉、妖怪、精怪、草、木、虎、狐、水族、昆虫、蛮夷等几十类,天地冥府、神仙妖精、飞禽走兽、草木万物,乃至梦幻异想,无所不包,虽然显得有点庞杂无序,却实在是综合性意味十足的一部书,整体性构架是一目了然的。

《太平广记》所辑录的73篇涉海叙事故事,涉及海洋神仙、海洋异人异物、海道奇遇、海洋生物、海洋交流和海洋想象等各个方面,几乎囊括了先秦以来海洋叙事的所有内容,成为先秦至宋涉海叙事的集大成者。这是《太平广记》整体性的构架思维的另一体现。

三、海洋仙道思想的集束反光

"海洋神仙"是周秦汉海洋意识的传统思想。它源于道教的水崇拜。海洋契合了道教水崇拜的想象,催生了海洋民间宗教信仰的因素,促进了海洋社会"淫祀"的文化现象。其中海洋仙道思想是海洋宗教信仰文化的早期形态,即所谓"蓬莱神话系统"。"昆仑的神话发源于西部高原地区,它那种神奇瑰丽的故事,流传到东方后,又跟苍莽窈冥的大海这一自然条件结合起来,在燕、齐、吴、越沿海地区形成了蓬莱神话系统。"①

进入宋朝后,随着对于海洋了解的逐步深入,海洋神仙思想有所淡化,但仍然很有影响。《太平广记》以"神仙"作为全书架构的第一梯次,而"海洋神仙"则是其有机组成之一,正是这种思想和影响力的体现。

《太平广记》卷第四(《神仙四》)有《鬼谷子》一文:"鬼谷先生,晋平公时人,隐居鬼谷,因为其号。……秦皇时,大宛中多枉死者横道,有鸟御草以覆死人面,遂活。有司上闻,始皇遣使赍草以问先生。先生曰:'巨海之中有十洲,曰祖洲、瀛洲、玄洲、炎洲、长洲、元洲、流洲、光生洲、凤麟洲、聚窟洲,此草是祖洲不死草也。生在琼田中,亦名养神芝。其叶似菰,不丛生,一株可

---

① 顾颉刚:《〈庄子〉和〈楚辞〉中的昆仑和蓬莱两个神话系统的融合》,转引自王巧玲《海洋文化的信仰渊源探究》,中国社会科学出版社,2015年,第60页。

活千人耳。’”[①]

这个故事出自唐末五代时期杜光庭的《仙传拾遗》。杜光庭是浙江缙云人，在天台山做过道士，后来随唐僖宗入蜀。唐亡后追随前蜀王建，官至户部侍郎，赐号传真天师。晚年辞官隐居四川青城山。他写和编过很多书，其中在《录异记》中创作过两则涉海故事。一则为《海龙王宅》，说海龙王的老家在苏州东面海中的一个小岛附近，与海岸有五六日航行的路程。小岛的前面，阔百余里，四面海水黏浊，但是海龙王宅所在位置，却是海水非常清澈，无风而浪高数丈，舟船不敢靠近。夜中远望，见此水上红光如日，方百余里，上与天连。另外一则故事描述一条“异鱼”，说南海中有两座岛，高数千尺，两岛相去十余里，有巨鱼相斗，不小心把鱼鳍挂到了山上，结果半山为之摧折。可见杜光庭是一个很有海洋意识的人。他在《仙传拾遗》中描述十洲和神仙岛上的不死之药，也在情理之中了。而《太平广记》选录了这个故事，说明李昉等笔者是相信这种思想或者说认为这种海洋神仙岛和不死之药是美好和有价值的文化遗产。

《太平广记》卷第四(《神仙四》)还有《徐福》，也出自《仙传拾遗》。这篇作品是《鬼谷子》的进一步发展，叙写秦始皇相信了鬼谷子关于海洋神仙岛和不死之药的说法，派遣徐福及童男童女各三千人，乘楼船入海寻找。徐福因此在海里“得道”，不但成了海洋神仙，而且还成了神医，治愈了登州海边很多怪病。[②]

如果说《鬼谷子》和《徐福》主要反映古人海上神仙岛上不死之药意识的话，那么也是卷四中的《王母使者》所反映的则是神仙岛“海洋异宝”的思想。故事背景是汉武帝巡东海，祠恒山，王母遣使献灵胶四两，吉光毛裘。武帝以付外库，不知胶、裘二物之妙。后来才知道是海中神物。它出自凤骥洲，岛上多凤骥，数万为群。“煮凤喙及骥角，合煎作胶，名之‘集弦胶’，一名‘连金泥’。弓弩已断之弦，刀剑已断之铁，以胶连续，终不脱也。”[③]

古人一直以为，神仙岛在汪洋大海之中，凡人是看不到也找不到的，除非“天意”使然。而这种“天意”，在古代涉海叙事里，往往以被风暴刮至的形式表现之。《太平广记》卷二十五《元柳二公》就是如此。这个也是出自《仙

① (宋)李昉等:《太平广记》,民国景明嘉靖谈恺刻本,第 16 页。
② (宋)李昉等:《太平广记》,民国景明嘉靖谈恺刻本,第 16—17 页。
③ (宋)李昉等:《太平广记》,民国景明嘉靖谈恺刻本,第 17 页。

传拾遗》里的涉海故事,叙述元彻、柳实两个人,本住在内陆衡山。但他们都有叔叔"为官浙右",于是一起来到海边,"登舟而欲越海",结果遇上了风暴,被大风大浪刮到了一个遥远的孤岛上。这个孤岛除了一个供奉天王尊像的庙宇,别无他物。本以为很清净,也很安全,不料他们刚刚在岛上坐下休息,就见海面上有巨兽:"出首四顾,若有察听,牙森剑戟,目闪电光,良久而没。逡巡,复有紫云自海面涌出,漫衍数百步,中有五色大芙蓉,高百余丈,叶叶而绽,内有帐幄,若绣绮错杂,耀夺人眼。又见虹桥忽展,直抵于岛上。俄有双鬟侍女,捧玉合,持金炉,自莲叶而来天尊所,易其残烬,炷以异香。二公见之,前告叩头,辞理哀酸,求返人世。双鬟不答。二公请益良久。女曰:'子是何人,而遽至此。'二公具以实白之。女曰:'少顷有玉虚尊师当降此岛,与南溟夫人会约。子但坚请之,将有所遂。'"原来这是一个道教圣地。两人经历了种种奇遇,思想起了巨大的变化。[①]

可是另外一批人就没有那么幸运了。海洋仙道不仅感化人,而且也惩戒人。卷三十九《慈心仙人》就是这样一则叙事。"唐广德二年,临海县贼袁晁,寇永嘉。其船遇风,东漂数千里,遥望一山,青翠森然,有城壁,五色照曜。回舵就泊,见精舍,琉璃为瓦,玳瑁为墙。既入房廊,寂不见人。房中唯有胡子二十余枚,器物悉是黄金,无诸杂类。又有衾茵,亦甚炳焕,多是异蜀重锦。又有金城一所,余碎金成堆,不可胜数。贼等观不见人,乃竞取物。忽见妇人从金城出,可长六尺,身衣锦绣上服紫绡裙,谓贼曰:'汝非袁晁党耶?何得至此?此器物须尔何与,辄敢取之!向见子,汝谓此为狗乎?非也,是龙耳。汝等所将之物,吾诚不惜,但恐诸龙蓄怒,前引汝船,死在须臾耳!宜速还之。'贼等列拜,各送物归本处。因问此是何处。妇人曰:'此是镜湖山慈心仙人修道处。汝等无故与袁晁作贼,不出十日,当有大祸。宜深慎之。'贼党因乞便风,还海岸。妇人回头处分。寻而风起,群贼拜别,因便扬帆。数日至临海。船上沙涂不得下,为官军格死,唯妇人六七人获存。浙东押衙谢诠之配得一婢,名曲叶,亲说其事。"[②]这篇故事出自唐人戴孚的《广异记》。《广异记》还另有《径寸珠》和《海州猎人》,都是很精彩的海洋小说。

《太平广记》还另有《唐宪宗皇帝》(卷四十七)和《白乐天》(卷四十八)两

---

① (宋)李昉等:《太平广记》,民国景明嘉靖谈恺刻本,第106—108页。
② (宋)李昉等:《太平广记》,民国景明嘉靖谈恺刻本,第158—159页。

篇涉海小说，挂着皇帝和名人头衔，叙述的其实也是海洋神仙岛故事，宣扬的仍然是道家和道术，可见在《太平广记》里，海洋仙道文化具有相当的地位。它们是海洋仙道文化的集束反映。

四、来自海洋的智者、勇者和神者

敬畏海洋，是宋及以前的传统海洋思想。从《太平广记》所辑录的涉海叙事来看，这种敬畏海洋的思想，主要是通过塑造海洋智者、勇者和神者来体现的。

《太平广记》卷第八十一有《韩稚》一文。汉惠帝时，有一个道士叫韩稚，从大海中来，自称“东海神君之使”，对天下事无所不知，而且还能说多国语言。这显然已经是一个来自海洋的智者了。故事却又设置了另外一个更为睿智的“海洋人”形象。这个海洋人来自“东极扶桑之外”大海深处的“泥离国”，形象极为骇人：“其人长四尺，两角如蜼，牙出于唇，自腰已下有垂毛自蔽，居于深穴，其寿(年龄)不可测也。”汉惠帝指派韩稚去与他沟通。韩稚问他“人寿几何，经见几代之事”，他回答说：“五运相因，递生递死，如飞尘细雨，存殁不可论算。”韩稚见他居然说出“不可论算”这样的大话来，就问比女娲更早的时期，不料对方也能对答：“蛇身已上，八风均，四时序。不以威悦，搅乎精运。”那么更早的燧人氏时代呢？对方回答说：“自钻火变腥以来，父老而慈，子寿而孝。牺轩以往，屑屑焉以相诛灭，浮靡嚣薄，淫于礼，乱于乐，世欲浇伪，淳风坠矣。”听了韩稚的汇报，汉惠帝对这个人很是佩服，说：“悠哉杳昧，非通神达理者难可语乎斯道矣。”在他面前，本以为“无所不知”的韩稚也惭愧地走了，不知所终。[①]

这则出自王嘉《拾遗记》的故事，两个主角韩稚和泥离国人都来自海洋，一个“无所不知”，一个通晓人文始祖。他们是智者的代表，而来自海洋的身份属性，也可理解为对于“智慧海洋”的一种拟写。同样出自王嘉《拾遗记》的还有《太平广记》卷第一百三十五的《帝尧》：“秦始皇时，宛渠国之民，乘螺舟而至，云：‘臣国去轩辕之丘十万里，臣国先圣，见冀州有黑风，应出圣人，

---

① (宋)李昉等:《太平广记》，民国景明嘉靖谈恺刻本，第321—322页。

果庆都生尧。'"[1]该故事的核心因素是宛渠国人的"先知"之能。他们能透过冀州刮"黑风"这种自然表象,准确地预测将出"圣人",后来果然有尧的诞生。事情虽然奇异,但是故事所表达的"海洋人聪明"这个主旨,则是明确的。

"智慧海洋"是中国古代传统海洋人文思想之一。在儒家经典思想里,"智"和"勇"是紧密相连的。《太平广记》所引述的涉海故事,不但有"海洋智者",也有"海洋勇者"。"智"和"勇"构成了完整的海洋人文生态。

《太平广记》卷第一百九十一"骁勇"条下有《菑丘䜣》故事。说周朝的时候,东海里有个海洋人叫菑丘䜣,"以勇闻于天下"。有一天,他骑马路过一处神泉,他让马去饮水。仆人说:"这水池里有怪物盘踞着,马喝了池里的水,马必死。"菑丘䜣说:"有我在,怕什么呢? 听我的话好了。"马喝了水,果然死了。毒性如此厉害,可是菑丘䜣一点也不怕。他脱掉衣服,拿着剑跳入水中。经过三日三夜的搏斗,他杀死了二蛟一龙,安然回到岸上。这下不得了了,雷神追着击他,竟然击了十日十夜,还击不死他,只是打瞎了他的左眼而已。他的好朋友要离听到消息后,就去看望他,当着许多人的面,斥责菑丘䜣说:"雷神击打你,十日十夜,把你的眼睛打瞎了。俗话说天怨不过日,人怨不过时。你眼睛被打瞎已经好多天了,你还不去报仇,你算什么勇者啊? 浪得虚名罢了!"回到家里,要离对家人说:"菑丘䜣是天下有名的勇士,今天被我当众斥责,如何受得了? 肯定要来杀我的。"于是,天黑了不关门,要睡了不关窗,专等他的到来。这天夜里,菑丘䜣果然来了,用剑抵着要离的脖子说:"我有三条理由可以杀你。当众侮辱我,这是第一条;天黑了还不关门,这是第二条;睡了不关窗,这是第三条!"要离说:"你说的非常对,但是能不能等我说完几句话,你再杀我呢? 你也有三错。第一错,你上我家来却不通报;第二错,你已经拔剑了却不刺杀我;第三错,你先出兵器后说话。所以你不能用剑杀我,你还是用毒药毒死我好了。"菑丘䜣说:"嘻,天下只有你不怕我啊,我不能杀你的。"收起剑就回去了。[2]

显然这是一个"大勇者"形象,唯理不唯力,有浩然之气,侠义之风。《太平广记》告诉人们,这样的人物来自海洋!

《太平广记》所辑录的涉海小说,表达出这样一种海洋观念:海洋是智者

---

① (宋)李昉等:《太平广记》,民国景明嘉靖谈恺刻本,第582页。

② (宋)李昉等:《太平广记》,民国景明嘉靖谈恺刻本,第828页。

的所在地，是勇者栖居的地方。在智者和勇者之外，还有“海洋神者”存在。这些神者，不同于一般意义上的海洋神灵，他们更多地体现为现实性海洋人的精神升华或形态变异。

《太平广记》卷第二百九十一《秦始皇》，描述了一位能“驱石下海”的神人。秦始皇欲入海去观日所出处，神人为他驱石造石桥。有些石头走得不快，神人就鞭打它们，打得这些石头都流出了血，所有的石头都变成了赤色。但是石头还是走不到海边，在(山西)阳城一带变成了11座山，山上的石头“尽起立，嶷嶷东倾，如相随行状”。神人就另想办法，在海中竖起了许多石柱子，搭成了桥，终于让秦始皇“从石桥入(海)三十里”去看日出。秦始皇想见神人一面，神人说：“我形丑，约莫图我形，当与帝会。”相见时，秦始皇有个手下暗地里想画神人的像，神人大怒。秦始皇察觉不对，急忙转马。“前脚犹立，后脚随崩，仅得登岸。”[①]

这个出自《三齐要略》的故事所描述的海洋神人，既能做只有神才能完成的事情，又具有凡人的脾性，所以可以看作现实性海洋人的人格升华。

《太平广记》卷第三百一十四《朱廷禹》(出《稽神录》)记载“江南内臣”朱廷禹亲身经历的与海神相遇的奇事。朱廷禹泛海遇风，舟船几次要翻了。船员说这是海神有所求。“可即取舟中所载，弃之水中。”朱廷禹就将船上能丢的东西都丢入海中。但风浪仍然没有平息。这时，“有一黄衣妇人，容色绝世，乘舟而来，四青衣卒刺船，皆朱发豕牙，貌甚可畏。”妇人一跃跳上了船，问：“有好发髢吗？可以给我吗？”“发髢”就是假发，船上人说没有没有，所有的东西都给你了。妇人云：“在船后挂壁簏中。”果然在那里找到了假发。“船屋上有脯腊，妇人取以食四卒。视其手，乌爪也。持髢而去，舟乃达。”[②]

这个女海神，能纵横海上，又料事如神，可是竟然对于假发和脯腊这样凡俗的东西如此感兴趣，所作所为又带有“海盗”的风格，所以尽管是神人，其实带有浓郁的普通人的色彩。

---

① (宋)李昉等：《太平广记》，民国景明嘉靖谈恺刻本，第1293页。

② (宋)李昉等：《太平广记》，民国景明嘉靖谈恺刻本，第1393页。

五、现实海洋的全面反映

《太平广记》涉海叙事所呈现的海洋世界，是多角度多方面的综合世界。其中"现实海洋"占有相当大的比重，既有海洋渔猎生产的直接描述，海洋社会艰难人生的反映，海洋人生的心灵寄托，还有海洋社会性别歧视的折射，内容非常丰富。

(一)海洋渔猎生产的直接描述

《太平广记》卷第二百三十四有出自《大业拾遗记》的《吴馔》一文，详细描述了吴地"海鮸干鲙"的生产制作过程。在五六月盛热之日，于海中捕得长四五尺的大鮸鱼。要求鳞细而紫色，无细骨不腥者。从海上捕得后，当即在船上进行"鲙制"。其具体方法是这样的。去其皮骨，取其精肉，切成一条一条的鱼肉丝。一边切一边晒。暴晒三四日后，非常干了，放进新白瓷瓶里密封。这样处理过的鮸鱼干，就算过了五六十日，其质量也如同新鲜鱼。吃的时候，取出鱼干条，以布裹之，"大瓫盛水渍之，三刻久出，带布沥却水，则皦然"，新鲜白嫩，犹如刚出海一样。另外，"海虾子""鲈鱼鲙""蜜蟹"等的做法，也极具海洋社会特色。[①]

《大业拾遗记》，亦名《隋遗录》，又名《南部烟花录》，是一部宋代传奇小说。这则《吴馔》充分反映出江浙沿海地区的海洋捕捞和加工技艺已经达到了相当高的水平。

(二)海洋社会艰难人生的反映

海洋世界，说到底是人的世界，海洋社会也就是人的社会。《太平广记》辑录了许多与海洋人生有关的小说故事，它们是海洋社会艰难人生的反映。

海上生活的主要危险来自于风暴和海盗。遭遇风暴的叙事前面已经介绍很多。遭遇海盗丧生的叙事小说，《太平广记》也多有辑录。卷第一百二十六《邢璹》，叙写唐朝邢璹出使新罗，回来的时候泊于炭山，见"贾客百余人，载数船物，皆珍翠沉香象犀之属，直数千万。璹因其无备，尽杀之，投于

① (宋)李昉等:《太平广记》，民国景明嘉靖谈恺刻本，第1024—1025页。

海中而取其物”[①]。

卷第二百四十三《李邕》,记叙唐朝时江夏人李邕在海州为官,有日本国使来到海州,“凡五百人,载国信。有十船,珍货数百万。邕见之,舍于馆。厚给所须,禁其出入。夜中,尽取所载而沉其船。”第二天对馆人说:“昨夜海潮大至,日本国船尽漂失,不知所在。”[②]

上述两则故事,一则写一个朝廷外交使臣,另一则写一个地方官员,转眼之间都干起了海盗的行当。官员如此,更不要说其他普通人了,可见海上生活充满何等风险!

无论是死于海上风暴,还是死于海上抢劫,茫茫大海中到处都是冤魂游鬼,《太平广记》涉海小说多有反映这方面内容的。卷第三百五十三有《青州客》,这个来源于《稽神录》的故事,叙写五代时青州有贾客泛海遇风,漂至一处,远望有山川城郭,“其庐舍田亩,不殊中国”,实际上却是一个“鬼国”,里面居住的全是死于海难的鬼魂。[③]

海上生活的艰难,还体现在漫长海洋航行中的孤苦寂寞。卷第三百五十八《韦隐》叙写的就是这样的心境。故事说,唐代宗大历年间,在宫内尚衣局(执掌皇帝衣饰)为官的韦隐,新婚不久,就被派遣出使新罗。海路漫漫,他非常想念妻子。“行及一程,怆然有思,因就寝。乃觉其妻在帐外,惊问之,答曰:‘愍君涉海,志愿奔而随之,人无知者。’隐即诈左右曰:‘俗纳一妓,将侍枕席。’人无怪者。及归,已二年,妻亦随至。隐乃启舅姑,首其罪,而室中宛存焉。及相近,翕然合体,其从隐者乃魂也。”[④]这个故事表面怪异,超出了现实可能,实际上反映的就是海洋人对于亲人的思念和希望与亲人早日团聚的心情。

(三)海洋人生的心灵寄托

海洋生活的艰难性,无数次的海难死亡,导致海洋人对于自己命运的极度不自信。他们渴望能够寄托心灵的超自然力量,所以海洋社会的民间信仰特别发达。这在《太平广记》里也多有反映。卷第一百三《白仁哲》叙写唐

① (宋)李昉等:《太平广记》,民国景明嘉靖谈恺刻本,第544页。
② (宋)李昉等:《太平广记》,民国景明嘉靖谈恺刻本,第1575—1576页。
③ (宋)李昉等:《太平广记》,民国景明嘉靖谈恺刻本,第1568页。
④ (宋)李昉等:《太平广记》,民国景明嘉靖谈恺刻本,第1590页。

朝时白仁晢在担任虢州朱阳尉时,押送一批官粮去辽东。“过海遇风,四望昏黑,仁晢忧惧,急念《金刚经》,得三百遍。忽如梦寐,见一梵僧,谓曰:‘汝念真经,故来救汝。’须臾风定,八十余人俱济。”[1]这里的“梵僧”暗示诞生于印度的观音。观音与海洋有密切的关系,传入中国普陀山后,海洋保护神的属性就更加明显了。

卷第二百九十二的《黄翻》叙写汉代时候,辽西太守黄翻有一天得到报告,“海边有流尸,露冠绛衣,体貌完全”。当天晚上他就做梦,那个流尸对他说:“我伯夷之弟,孤竹君子也。海水坏吾棺椁,求见掩藏。”黄翻即请海民埋葬之,可是“民嗤视之,皆无病而死”[2]。见到海上浮尸,必须打捞埋葬之,这是千百年来海洋社会形成的规矩和风俗,如果不埋葬,就会受到惩罚。这个故事反映出海洋人对于亡魂的敬畏。

极度敬畏海洋,敬畏神灵,海洋社会的心灵恐惧甚至会延及日常生活。《太平广记》卷第四百二十三《元义方》写元义方出使新罗,途中靠泊一个海岛休息,岛上中有一泓泉水。“舟人皆汲水饮之。忽有小蛇自泉中出。海师遽曰:‘龙怒。’遂发。未数里,风云雷电皆至,三日三夜不绝。及雨霁,见远岸城邑,乃莱州。”[3]

(四)海洋社会性别歧视的折射

《太平广记》还辑录了一些对女性有明显歧视倾向的海洋故事。卷第二百八十六《海中妇人》说:“海中妇人善厌媚,北人或妻之。虽蓬头伛偻,能令男子酷爱,死且不悔。苟弃去北还,浮海荡不能进,乃自返。”[4]这则出自出《投荒杂录》的故事,对海洋社会女性的叙写,显然是不公正的。

卷第四百六十四《海人鱼》写了东海里的“海人鱼”,非常妩媚又淫荡。“大者长五六尺,状如人,眉目、口鼻、手爪、头皆为美丽女子,无不具足。皮肉白如玉,无鳞,有细毛,五色轻软,长一二寸。发如马尾,长五六尺。阴形与丈夫女子无异,临海鳏寡多取得,养之于池沼。交合之际,与人无异,亦不伤人。”[5]这则故事进一步渲染了“海上女性”的负面因素。

---

① (宋)李昉等:《太平广记》,民国景明嘉靖谈恺刻本,第433页。
② (宋)李昉等:《太平广记》,民国景明嘉靖谈恺刻本,第1297页。
③ (宋)李昉等:《太平广记》,民国景明嘉靖谈恺刻本,第1274页。
④ (宋)李昉等:《太平广记》,民国景明嘉靖谈恺刻本,第1907页。
⑤ (宋)李昉等:《太平广记》,民国景明嘉靖谈恺刻本,第2110页。

六、财富海洋的坚信不疑

海洋中有无数宝藏，这是"海洋神仙岛"灌输给古人的海洋意识。相当长时期内，它甚至成了一种集体意识。《太平广记》辑录了多则这方面的叙事，就是这种集体意识的反映。

海洋财富的标志性宝物是珠宝。卷第四百二《鲸鱼目》《珠池》和《径寸珠》描述的都是这方面的内容。《鲸鱼目》说："南海有珠，即鲸目瞳。夜可以鉴，谓之夜光。凡珠有龙珠，龙所吐也。蛇珠，蛇所吐也。"[①]《珠池》说："廉州边海中有洲岛，岛上有大池，谓之珠池。每年刺史修贡，自监珠户入池采，以充贡赋。耆旧传云，太守贪则（'则'原作'即'，据明抄本改）珠远（'远'原作'送'，据明抄本改）去。皆采老蚌，剖而取珠。池在海上，疑其底与海通，又池水极深，莫测也。珠如豌豆大，常珠也，如弹丸者，亦时有得。径寸照室之珠，但有其说，不可遇也。又取小蚌肉，贯之以篾，曝干，谓之珠母。容桂率将脯烧之，以荐酒也。肉中有细珠，如粱粟，乃知珠池之蚌，随其大小，悉胎中有珠矣。"[②]

《径寸珠》的故事富有传奇性。"近世有波斯胡人，至扶风逆旅，见方石在主人门外，盘桓数日。主人问其故。胡云：'我欲石捣帛。'因以钱二千求买。主人得钱甚悦，以石与之。胡载石出，对众（'对众'原作'封外'，据明抄本改）剖得径寸珠一枚。以刀破臂腋，藏其内，便还本国。随船泛海，行十余日，船忽欲没。舟人知是海神求宝，乃遍索之，无宝与神，因欲溺胡。胡惧，剖腋取珠。舟人咒云：'若求此珠，当有所领。'海神便出一手，其大多毛，捧珠而去。"[③]

卷第四百二《鬻饼胡》故事最曲折。故事叙写一个书生在京城居住，邻居是一位卖饼为生的外国人。这个外国人没有妻子，数年不回家。有一天生病了，临死前，对照顾他的书生说，他在他们国家那边，是一位大富翁，因战乱，逃到这里暂居。本与一乡人相约来此地汇集，但是对方一直没有来。

① （宋）李昉等：《太平广记》，民国景明嘉靖谈恺刻本，第 1807 页。

② （宋）李昉等：《太平广记》，民国景明嘉靖谈恺刻本，第 1807 页。

③ （宋）李昉等：《太平广记》，民国景明嘉靖谈恺刻本，第 1808 页。

他的手臂皮肤内藏有一颗宝珠。如“有西国胡客至者,即以问之,当大得价”。说完就死了。书生厚葬了他。可是从他手臂上取得的宝珠,大如弹丸,看起来也没有什么光泽,整整三岁,无人问询。有一天听说有“胡客”到城,就拿着珠去见他。胡人一见大惊,询问珠之来由,书生以实相告。“胡乃泣曰:‘此是某乡人也。本约同问此物,来时海上遇风,流转数国,故偕五六年。到此方欲追寻,不意已死。’遂求买之。生见珠不甚珍,但索五十万耳。胡依价酬之。生诘其所用之处。胡云:‘汉人得法,取珠于海上,以油一石,煎二斗,其则削。以身入海不濡,龙神所畏,可以取宝。’”①

除了珠宝,海洋财富还体现为珊瑚、香草、仙果等各种形式。卷第四百三《珊瑚》写了一棵高一丈二尺,有三根主枝,463 条分支的珊瑚。号曰“烽火树”,因为到了夜里,这棵珊瑚还能放光。这种珊瑚在郁林郡经常可以看到。郁林郡还形成了珊瑚市,“海客市珊瑚处也”。这里买卖的珊瑚都非常珍贵漂亮。“珊瑚碧色,一株株数十枝,枝间无叶。大者高五六尺,尤小者尺余。蛟人云,海上有珊瑚宫。”②

卷第四百八《千步香草》记载:“南海出百步香,风闻于千步也。今海隅有千步香,是其种也。叶似杜若,而红碧间杂。”③卷第四百一十《仙人杏》记载:“杏圃洲,南海中,多杏,海上人云,仙人种杏处。汉时,尝有人舟行遇风,泊此洲五六日,日食杏,故免死。”④它们都是海岛上才有的神草异果。这是“海洋神仙岛”话语的体现。

另外,《太平广记》还记载了大量的海鸟、海鱼等海洋生物,充分反映了宋人对于海洋生物世界已经有了深入的认识。

七、结语

《太平广记》一直是学界的研究热点。目前能够搜索到的论文成果就有 600 多篇。但是这些研究,大多集中在版本、文献、类型化主题等方面。该

---

① (宋)李昉等:《太平广记》,民国景明嘉靖谈恺刻本,第 1833 页。

② (宋)李昉等:《太平广记》,民国景明嘉靖谈恺刻本,第 1813 页。

③ (宋)李昉等:《太平广记》,民国景明嘉靖谈恺刻本,第 1839 页。

④ (宋)李昉等:《太平广记》,民国景明嘉靖谈恺刻本,第 1849 页。

书的“海洋”因素，却长期被人忽视了，只有少数学者，从一些特殊的角度予以了关注。如刘永连、刘家兴合著的《从漂流人故事看唐代中外海上交通和海外认知——以〈太平广记〉资料为中心》一文，从《太平广记》的七条有关记载来考察唐代的海洋文明状况，认为“就唐代而言，通过对以《太平广记》所辑故事为中心的漂流人史料的分析考证，我们可以得知不仅登州在唐代中外海上交通中占有重要位置，青州、海州等地亦是沟通中国与东北亚海上交通的重要城镇；不仅唐朝与新罗、日本保持着友好往来，虾夷国和琉球群岛亦在唐代中国人认知范围之内。从南海漂流故事来看，可知虽然当时更为广阔的海域对人们充满神秘感，不过其自然环境和人文状况已被初步纳入中国人认知范围”[1]。

综上分析，《太平广记》所描述和反映的海洋世界，是多方面的，综合性的。其中既有审美性的海洋想象，也有生活化的海洋写实。这说明，在《太平广记》诞生的宋代，国人对于海洋的认识，是多维度存在的。

① 刘永连、刘家兴：《从漂流人故事看唐代中外海上交通和海外认知——以〈太平广记〉资料为中心》，《陕西师范大学学报(哲学社会科学版)》2015 年第 5 期。

第五章　从《聊斋志异》涉海叙事看蒲松龄海洋人文意识

清人赵起杲在《青本刻聊斋志异例言》中说："先生（即蒲松龄）是书，盖仿干宝《搜神》、任昉《述异》之例而作。其事则鬼狐仙怪，其文则庄、列、马、班，而其义则窃取《春秋》微显志晦之旨，笔削予夺之权。"[①]蒲松龄尽一生心血写《聊斋志异》，他的许多"志晦之旨"都隐藏在其作品中。这里探讨他的海洋人文思想，遵循的正是这样的思路。

说蒲松龄有海洋人文思想，并非天方夜谭。因为他的故乡淄川（今淄博）自古属于东夷文化圈的核心区域。所以从文化基因的角度来说，蒲松龄与海洋的关系具有一定的内在性。更为主要的是，《聊斋志异》有10则与海洋有关的故事。它们分别是《海大鱼》（卷二）、《海公子》（卷二）、《夜叉国》（卷三）、《罗刹海市》（卷四）、《仙人岛》（卷七）、《安期岛》（卷九）、《蛤》（卷九）、《疲龙》（卷十）、《于子游》（卷十一）和《粉蝶》（卷十二）。这些故事虽然有点随意地分布于《聊斋志异》全书，并未体现出一种结构上的逻辑性，但是从中的确可以一窥蒲松龄的海洋意识和海洋人文思想。

关于这方面的研究，近来也有研究者有所涉及。有人注意到了《聊斋志异》中有关航海游历的几篇故事，认为"从蒲松龄笔下对海外异国的想象可以看出蒲松龄所持有的同样还是华夏正统的海洋观。但同前代志怪传奇小说中记述出海寻访仙山的寻仙小说相比，作为航海游历的主体的游历者不再是信仰坚定、道心虔诚的方士，而是明清资产阶级萌芽时期一个崭新的社

① 朱一玄编：《聊斋志异资料汇编》，南开大学出版社，2002年，第313页。

会阶层:海商”[①]。这里所说的“蒲松龄所持有的同样还是华夏正统的海洋观”,指的就是作者的海洋人文思想。可惜作者点到为止,没有深入展开。

也许蒲松龄的海洋意识和海洋人文思想,并不是清晰的,也不是有意为之,很多时候是下意识或者是无意中体现的。但是作为一种客观的叙事存在,我们对之的挖掘和研究,并非毫无意义。因为我们不但可以通过对其作品的分析来挖掘他的海洋人文思想,而且从当今的视野来看,他的这些海洋人文思想和意识,还具有相当的现代性。

一、从《夜叉国》《粉蝶》看蒲松龄“海陆和谐”思想

自华夏文化兼容了东夷文化之后,中国就进入内陆文明为主导的时代。《山海经》所寄寓的“山海齐观”的文化概念,也逐渐成为一种历史文化的记忆。“海内”和“海外”泾渭分明,似乎老死不相往来。

但是在《聊斋志异》的涉海故事里,我们却看到了另外一种海陆关系的叙写。

《聊斋志异》卷三中有《夜叉国》故事,这是一篇重要的涉海叙事。小说描写一位徐姓的交州海商,因遭遇海洋风暴,船被打翻,他落水漂流至一个孤岛上的奇遇故事。这个故事是有“本事”的,而且冯梦龙的《情史》也描述过同样的故事。把它们放在一起进行比较后可知,蒲松龄有非常鲜明的“海陆和谐”的海洋意识和海洋人文思想。

根据朱一玄《聊斋志异资料汇编》可知,蒲松龄《夜叉国》材料来源于宋朝洪迈的《夷坚志》。《夷坚志(甲志)》卷七有《岛上妇人》一文。它记叙一位泉州海贾在前往三上佛齐的路上遇到风暴,一舟人尽溺,只有他独得一木,浮水三日,漂至一岛。这个岛很大,却只有一位女人居住。她举体无片缕,言语啁啾,不可晓,见外人甚喜,携手归石室中,至夜与其共寝。天亮的时候,女人用大石头堵住门,防止他逃走,而她自己则外出觅食,到了黄昏的时候才回来,还带来了各种野果。这些野果“其味珍甚,皆世所无者”。许多天后,女人渐渐放松了戒备,开始让男人可以自由进出石洞。如是过了七八年,他们俩像夫妻一样共处,还生育了三个儿子。一直到了有一天,这个男

① 王洁:《〈聊斋志异〉中对“海洋迷思”的突破》,《忻州师范学院学报》2017年第1期。

人信步来到海边散步，忽然发现有一条船抵岸。交流之下，发现船上的不但也是泉州人，而且还是旧相识。他们也是被风刮到这里的。这个男人顿时起了逃逸之心，急急忙忙爬上了船。女人得知男人要逃走，一路奔走号呼，恋恋之心，惊天动地，可是船越漂越远，男人始终不肯回来。女人绝望之下，即归取三子，远远地对着男人也就是孩子的父亲，“裂杀之”[①]。

这是一个异常凄烈的故事，冯梦龙以“焦土妇人”为题，把它编入《情史》卷二十一“情妖类”。故事内容没有做任何修改，唯在结尾处感叹说：“一岛只此一妇人，世间果有独民国乎？留三子，用胡法可传种成部落，裂杀何为?”这个慨叹显得苍白无力，因为在人本能性的震怒面前，这种繁殖后代的理性考虑是不合时宜的。

可是蒲松龄的《夜叉国》完全改写了这个故事。

首先，蒲松龄将故事背景从“泉州”改为了“交州”。泉州是福建海港，虽然处于海边，但毕竟离大陆很近。但交州则不一样了。交州是个古地名，早在东汉之前就存在了。它的位置在北部湾一带，这样故事的空间就显得更为旷古渺茫，因而叙事也就显得具有意象化，更适合读者的想象。

其次，蒲松龄舍弃了“故事本事”中的“焦土”环境。在古人的想象里，海洋有非常复杂的水文情况，除了“软水”和“硬水”海域，还有焦土海岛。东方朔《神异经》之“东荒经”记载：“东海之外荒海中，有山焦炎而峙，高深莫测，盖禀至阳之为质也。”[②]这个“焦土”海岛似乎与《西游记》中的火焰山类似。海水溅到上面，滋然为烟。《夷坚志甲志》之《岛上妇人》说，海船必须绕道而行，“否则值焦上，船必糜碎”。这个泉州海商的船就撞在了焦土岛上。冯梦龙干脆将“焦土”直接标注在故事的题目上，成了《焦土妇人》。但所谓“焦土”，必定是寸草不长，地表温度极高，根本不可能有“异果”可采，那个岛上的女人也不可能存活。所以蒲松龄遗弃了“焦土”，是非常有道理的。

再次，蒲松龄还把这个海岛设计成“人声鼎沸”的发达地区，根本不是“故事本事”中的“一岛只此一妇人”。虽然在“本事”中，主体是人，现在变成了“夜叉”，但这是根据《聊斋志异》“人鬼同一”的需要而改变，不影响故事主题的人性刻画。

最为重要的是，蒲松龄完全改变了故事的本质。在“本事”和冯梦龙的

---

① 朱一玄编：《聊斋志异资料汇编》，南开大学出版社，2002 年，第 91 页。

② （汉）东方朔：《神异经》，《汉魏六朝笔记小说大观》，上海古籍出版社，1999 年，第 50 页。

《焦土妇人》中,这个岛上女人的遭遇非常凄惨:被丈夫背叛遗弃,幸福的人伦生活瞬间化为泡影,重坠寂寞清苦的孤岛独居生活。她的声声呼喊,唤不回丈夫的回来,因此她最终做出“活撕亲儿”的惨烈举止,实在是绝望至极的疯狂。但是在蒲松龄的《夜叉国》里,这种血腥、惨烈、绝望的内容,完全被改写了。

《夜叉国》里前半部分的故事情节,与“本事”差不多,根本性的改变在徐姓男子回到故土以后展开,也就是蒲松龄延长了故事的发展脉络。“父子登舟,一昼夜达交。至家妻已醮。出珠二枚,售金盈兆,家颇丰。子取名彪,十四五岁,能举百钧,粗莽好斗。交帅见而奇之,以为千总。值边乱,所向有功,十八为副将。”在“本事”中,男子是独自一人逃回的,在《夜叉国》,男子携一子回家,留一子一女于岛上。这样的处理就为“裂杀”原结局的改写提供了一种合理性:岛女从男子携儿回去的举动中看到了他对于子女的爱,从而可以希冀男子有朝一日还会回来带他们母子三人一同回去。岛女性情的转变在前面已经有多处铺垫:“夜叉渐与徐熟,出亦不施禁锢,聚处如家人”,“雌大欢悦。每留肉饵徐,若琴瑟之好”。夫妻之间已经有一定的感情,而且蒲松龄还有意把这种感情扩大到整个岛人组织。岛主“于项上摘取珠串,脱十枚付之,俱大如指顶,圆如弹丸,雌急接代徐穿挂,徐亦交臂作夜叉语谢之”,证明男子已经为这个岛人世界所完全接纳了。

因此,男子携一子回去,已经可以理解为回家探亲,而不是“本事”中的绝情逃走。所以后面的彪回岛寻找母亲和弟妹,父亲竭力相助就显得合情合理了。最后的结局是非常美好的,兄弟俩都有功名,妹妹也有佳配,母亲甚至还被封为夫人。

一个凄凉悲惨的故事,就这样被蒲松龄改写成了一个和谐美好的故事。在“本事”中,海岛和岛女是野蛮、荒凉的代称,男子逃离海岛是正确的选择。但是在《夜叉国》里,海岛是原始又美丽的,岛人是质朴而又善良热情的,岛人来到陆地(象征文明世界),没有受到任何歧视,官方也对他们一视同仁,甚至还可以说是特别恩宠有加。这充分证明了蒲松龄“海陆和谐一体”的海洋观和人文意识。

卷十二中的《粉蝶》,也可为蒲松龄的这种“海陆为一”的思想意识提供佐证。《粉蝶》故事取材于清人杜乡渔隐笔记小说集《野叟闲谈》卷三中的同题作品。

> 康熙丙辰，琼州杨生泛海，飓风覆舟。生抱桴木，飘泊岛上，见岩石壁立，勒“神山”两字。穿林越涧，抵深邃处，有广厦一区，如宫苑。正瞻顾，小鬟采药林间，见客却入。俄一美丈夫出，询生来历，挽手升堂，情意真挚。生叩姓名，自云晏某。旋入趣夫人出，以侄呼生曰：“我尔杨十娘也。不因颠覆，恶得觌面？”设醴颖生，絮及家事，生具告之，共相慰藉。生故年少，不辨往事，恳示端绪，但笑不言，曰：“归白祖母自知耳。”宵深筵撤，寝生别室，留婢伴灯焉。生窥婢美，试挑之，欣然就。忽聆唤“粉蝶”名，婢起奔去。生惧事泄，蹑而察之，闻姑语曰：“婢子尘缘已至，合遣去之。”生怏怏归寝，嗣是不复见婢，意甚惭恧，向姑告别。姑曰：“非不相留，防门闾倚望耳。”晨为设祖宴，援琴作歌，音节凄绝，名其操日《云仙谪》。生素娴音律，默识之。既送登舟，姑脱湘裙张樯杪，曰：“儿但闭目，保无虞也。”顷刻风生，舟行如矢。生若坐烟雾中，惟闻耳畔风鸣，竟不知几千里矣。忽人语嘈哜类乡音，开眼舟已抵岸，果琼境也。趋而归，祖母方愁切，见生喜且骇，盖离家已十六载，谓无复生还矣。生觍缕以告。祖母曰：“是真尔姑也，适晏氏，随婿采药不归，今其仙耶！”视其裙，固嫁时衣也。时生已壮盛，急为纳妇，得钱氏女，却扇相觑，宛然粉蝶，而年恰十六，方悟姑语有因。质以前事，茫不记忆，但闻生鼓《云仙谪》一曲，便凄然心动。事颇载他书，此为最确。[①]

如果仔细对照《聊斋志异》中的《粉蝶》一文，可以发现蒲松龄既有继承，也有大改动。故事框架与《野叟闲谈》中的《粉蝶》一致，但是故事环境却大为不同。

首先是故事发生时间被隐去了。在《野叟闲谈》的《粉蝶》中，故事发生于“康熙丙辰”，但在《聊斋志异》的《粉蝶》中，故事没有发生时间。没有具体故事时间的叙事，其时空背景就更为广大深远。

其次主人公由“杨生”变成了“阳曰旦”。表面上看，这样的改动没有什么实质性变化，但是“阳”和“旦”都有“灿烂阳光升起”的意思，“阳曰旦”，“阳”就是“旦”，“旦”就是“阳”，这个名字代表着阳光和美好，比起普通的“杨

① 朱一玄编：《聊斋志异资料汇编》，南开大学出版社，2002年，第269—270页。

生”具有更多的审美含义。

再次，上岛的路径也被赋予了某种玄意。在《野叟闲谈》的《粉蝶》中，杨生上岛是随风浪抱桴木而至，表达了一种偶然性。而在《聊斋志异》的《粉蝶》中，阳曰旦在将要落水之时，“忽漂一虚舟来，急跃登之。回视则同舟尽没。风愈狂，瞑然任其所吹”，最后来到了岛上。似乎也是偶然到达，但是衣服未湿，没有了狼狈之态。这样的处理，一方面表达了“天意”，另一方面也保持了阳曰旦的美好形象，具有审美的某种考虑。

最后，在原来的故事里，岛上风景非常普通，“神山”两字是通过勒石告知读者的。但是在《聊斋志异》的《粉蝶》中，此岛的庭院“一门北向，松竹掩蔼。时已初冬，墙内不知何花，蓓蕾满树。心爱悦之，逡巡遂入”。远处还有隐隐琴声泻出，“神山”完全被具象化了。

其他如十娘、少年和粉蝶的形象，都远比《野叟闲谈》的《粉蝶》要饱满，显得更美，更有文化修养。总之，蒲松龄笔下的《粉蝶》，更加突出了这个海洋“神岛”的美好，从而使得这个故事“海陆一家亲”“海洋和谐美好”的主旨更加鲜明。

二、从《仙人岛》看蒲松龄“智慧海洋”的思想意识

从先秦至清末的海洋书写中，“仙人岛”是一个具有悠久文学传统的命题，也是一个含义丰富的文化意象。蒲松龄的涉海叙事，有好几篇都是属于这种神仙岛屿叙事的。他的《安期岛》遵循东方朔“海内十洲”的思维传统，写神仙岛上的居民，饮仙水，善“却老术”，能用神器“窥海镜”观看鲛宫龙族世界。但是他的《仙人岛》则完全不同，具有很强的创新价值。

《仙人岛》叙写灵山人王勉的海岛奇遇。灵山也在北部湾附近。蒲松龄的多篇涉海叙述都与南海有关。但从《仙人岛》的内容来看，这个“灵山”也可以理解为“聪灵之地”，因为王勉“有才思”，是一个所谓的才子，来自“灵山”也是可以解释的。

王勉“屡冠文场，心气颇高，善诮骂，多所凌折”，是一个恃才傲物的狂者，被有道之道士斥为“轻薄孽”。但是一次海岛奇遇彻底改变了他。

整个故事写王勉两次上岛，用不同的方法上了不同的岛。第一次是道士引导他上岛的。这是一个神仙岛。岛上“重楼延阁，类帝王居。有台高丈

余，台上殿十一楹，宏丽无比”，所以又像是一处人文胜地，正是王勉可以显露才华的地方。但是这仅仅是一个铺垫，对于王勉来说，真正的考验在后面。第二次上岛充满了风险，因为遇上了风暴，王勉掉进了海里。故事似乎又要回到“遇风暴漂流至荒岛”的老路，但是《仙人岛》却独辟蹊径，蒲松龄进行了崭新的设计。在他掉入海中的时候，一个年轻的女孩却肆意嘲笑他。这个“年方十六七，颜色艳丽”的少女，却大笑说：“吉利，吉利，秀才‘中湿’矣！”一个“中湿”，显示了她的绝顶聪明。

于是蒲松龄的《仙人岛》不再是荒岛求生和奇遇的故事，而是崭新的“智斗”场景。王勉没有想到，这仅仅是他遇上的第一个对手。被少女救上岛后，刚刚从冻僵和落魄中恢复过来的王勉就又开始显摆，对女孩父亲说：“某非相欺，才名略可听闻。……自分功名反掌，以故不愿栖隐。”女孩父亲一听，起敬说：“此名仙人岛，远绝人世。文若姓桓，世居幽僻，何幸得近名流。”

小说因此有了两个“仙人岛”，一幻一实，形成了双构设置。蒲松龄先是设置了一个梦幻色彩浓郁的仙人岛，接着又设置一个现实气味浓郁的仙人岛，因而形成了强烈的对照。在蒲松龄笔下，这个现实性岛屿上的聪明女孩们，才是真正意义上的超凡仙子。

岛主很有礼数地接待了王勉，显示出高度的文明程度。后来他似乎不经意地说起，他有两个女儿，大女儿芳云，已经16岁，未遭良匹，现在有大才子降临，希望能成良缘。口气诚恳，但似乎也有调侃、引诱王勉出丑之意。王勉果然立即上当了。他猜想这个芳云，必是刚才遇见的那个姑娘了，十分愿意。结果芳云出来见客，“光艳明媚，若芙蕖之映朝日”。而那个遇见过的女孩，只不过是簇拥芳云的那十几个丫鬟之一而已。

丫鬟已经如此聪明，她的主人小姐肯定更加聪慧了。大小姐芳云含而不露，王勉不敢造次。这时他真正的“对手”出现了。酒数行，又出来了一个更年轻的女孩，才仅十多岁，而“姿态秀曼”，在芳云旁边笑着坐下。主人介绍说：“此绿云，即仆幼女。颇惠，能记典坟矣。”他提议让王勉和他的两个女儿“对诗”游戏。

小说的真正情节，此刻才出现。前面种种，都是为了此刻铺垫。王勉自以为才名盖世，考取功名易如反掌。现在岛主却让自己的小女儿来与王勉对诗，显然实际上并没有把王勉放在眼里，或者对于自己女儿的才华充满了信心。

斗智的情节精彩纷呈。起初王勉还有些托大。因为绿云仅仅是背诵了

3首《竹枝词》。王勉感觉虽然朗诵得“娇婉可听”，但毕竟是背诵他人作品而已，根本不算什么真本事。所以当岛主请他展示一下“宿构”的时候，他一点也不谦让，得意洋洋地念了一首自己的近作，还“顾盼自雄”，尤其对于其中的“一身剩有须眉在，小饮能令块磊消”最为得意，似乎是旷世杰作。却不料听见芳云对妹妹绿云说：“上句是孙行者离火云洞，下句是猪八戒过子母河也。”孙行者毛发被火烧得精光狼狈逃离火云洞，猪八戒过子母河也被“洗”得一无所有，都是狼狈不堪的事情，哪有什么可以得意的？所以一座都大笑，王勉的得意样子瞬间被这样嘲笑掉了。

第二回合，岛主请王勉再作一首新诗，分明暗示王勉的第一首诗的确不怎么样。为了在姑娘前面挽回面子，王勉抖擞精神，又作了一首《水鸟》诗。但刚说了一句“潴头鸣格磔”，却无论如何也写不出下句了，窘迫之中又听见姐妹俩在嘀嘀咕咕，还“掩口而笑”，那肯定不会是什么好话。果然听见绿云告诉父亲说：“让我为姊夫续下句吧。‘狗腚响弸巴。’”这下满座更是大笑。王勉又一次失了面子。“桓顾芳云，怒之以目。”对于这个聪慧绝顶的小姑娘，王勉实在是毫无办法。

岛主为了照顾王勉，就不再让他写诗，改请他“制艺”，也就是写科举专用文体八股文。王勉顿时精神一振，想这种海外荒岛上的人，懂什么八股文呢？“乃炫其冠军之作”，题为“孝哉闵子骞”二句，谁知刚刚说了破题的第一句“圣人赞大贤之”，却又被绿云毫不客气地打断，还嘲笑他弄错了圣人的意思，弄得王勉意兴索然，不敢继续下去了。在岛主的反复鼓励下，他才“复诵”。可是每说数句，就看见姊妹俩必相耳语，虽然听不见她们的话，但从神情来看，绝对不是赞赏之语的。终于到了结尾，那是批卷老师的批语，王勉为了显摆，竟然也说了出来：“字字痛切。”这下姐妹俩再也忍俊不禁，绿云告父曰：“姊云：‘宜删“切”字。’”这下“字字痛切”的佳评就变成了“字字痛”的恶搞，自然“两人皆笑不可抑”了。

恃才傲物目中无人的王勉到了这个时候，完全是“神气沮丧”，满头冷汗了。但是等待他的还有最后一击。如果他有自知之明，当岛主再请他对联的时候，他本应该推辞的，但是他没有，所以出丑是无法避免的事情了。岛主出联说：“王子身边，无有一点不似玉。”王勉还没有想出一点头绪，小姑娘绿云就应声说：“黾翁头上，再着半夕即成龟。”王勉再也没有半句应语。

这个故事非常具有象征意义。从内陆来的王勉，可以理解为代表内陆文化，他的才华和能力，象征着内陆文化的深厚基础，可是在这一对海岛姐妹前面，他却失败得一塌糊涂。蒲松龄赋予这些海岛姑娘以大智慧，反映出在他的意识里，海岛人，或者说海洋文化，是一种智慧载体，具有强大的生命力。它们毫不逊色于博大精深的主流的内陆文化，甚至在某种程度上，还要显得更加智慧。这在中国所有的涉海叙事里，是相当罕见的。

三、从《罗刹海市》看蒲松龄的"海洋政治象征"意识

所谓"海洋政治象征"意识，是指把海洋看作一种政治理念表达的故事空间。中华文化虽然是华夏、东夷、苗蛮和古越等多种文化的融合体，但基本上是华夏文化占据统治地位的内陆文明，几乎所有的思想哲学等理念和实践，都发生在坚实的大地上。然而从《山海经》开始，就有一种把陆地上的故事和理念移植到海洋上进行重构的叙事传统。就"海洋政治象征"意识而言，《山海经》里的"大人之堂""君子国"开启了这一传统，一直到清人宣鼎《夜雨秋灯录》中的《北极毗耶岛》、沈起凤《谐铎》的《蜣螂城》、晚清王韬《因循岛》和李汝珍《镜花缘》中的"君子国"，甚至是晚清时期政治小说陈天华的《狮子吼》，都是这种书写的代表性作品。

《罗刹海市》是蒲松龄涉海叙事中的重要作品。这篇作品反映出蒲松龄对于海洋的一种"海洋政治象征"意识。

"罗刹海市"原是佛经中的一则寓言故事，出自《佛本行集经》卷第四十九（隋天竺三藏阁那崛多译）中的《罗刹国》。故事说，从前古印度有五百商人欲入大海求觅珍宝。当他们进入大海之中时，"忽值恶风，吹其船舫，至罗刹国。其国多有罗刹之女"。后来幸亏"白马"（观音前身）相救。曲金良先生曾经将这个故事与《聊斋志异》的《罗刹海市》进行对照，认为"从人物、情节、场景到语言，足可以说明蒲松龄的《罗刹海市》所受佛经故事《罗刹国》影响的程度。……从蒲松龄本人复杂的思想，以及他的创作原则和目的诸方面来看，又都是十分自然的事"。并认为这个故事反映出蒲松龄对于海洋商人的赞赏态度。"在佛经《罗刹国》之类故事中，都是宣扬了这样一种佛理：财、色不可贪婪，否则或为恶鬼所食，或头戴大火轮，受大苦难。而且这些贪财爱色的人，都是些商人，因入海求宝而走进了罪恶的深渊。……而这在蒲松龄的《罗刹海市》中，却恰恰相反。商人马骥，原可为读书之人，却继承了父之贾业，入海求宝，为大风引至罗刹国，经历了一场虚惊，然后是游

海历宝，得财得色，娶了海龙王的女儿，做了驸马都尉，声'传诸海'，与龙女生男育女，享尽富贵荣华，还能安然得渡以回家省亲。这是多么大的不同、多么鲜明的对比啊！"[①]

曲金良先生认为《罗刹海市》反映了蒲松龄对于商人和商业活动的宽容态度，是正确的。还有人认为："蒲松龄的苦闷由落魄而发，却不以落魄为止，通过他的创作，尤以《罗刹海市》明显，可以观察到其虚拟构建的理想王国，这一人生理想由建立公平的取贤制度、获得对自身价值的肯定及拥有和谐完满的家庭组成。"[②]关注的也是蒲松龄寄寓于《罗刹海市》中的人生态度。

笔者在这里主要考察《罗刹海市》所包含的海洋人文思想。

《罗刹海市》由两个故事构成。这两个故事的空间背景都是海洋，它们都属于"海洋政治象征"。但这两个故事自身又都有构成了对比性的象征，所以这是一种双重象征和对比的叙事结构。

故事一开始就是喻证化的。有一个名叫马骥的商人之子，"美丰姿，少倜傥，喜歌舞"。用现在的话来说是"水灵灵的小鲜肉"了。他还喜欢与梨园子弟混交朋友，"以锦帕缠头，美如好女"，因此复有"俊人"之号。可是他又为人正直，志向高远。他 14 岁入郡庠，即以诗文才华知名。所以这几乎是一块毫无瑕疵的白玉，套用《山海经》里面的用词，是一个"君子堂"里面的人。

可是父亲却让他继承商业，他不能违抗，于是"从人浮海"，开始经营海上贸易事业。故事一转入海洋，前面关于他种种"美好"的描述，就立即有了特殊的含义。虽然他来到海岛的途径是很老套的：遭遇暴风雨，漂浮至岛上。但是到了岛上以后，故事的设置就很有创新了。马骥来到的这个岛屿，所有人都奇丑无比，可是这些岛人"见马至，以为妖，群哗而走"。在他们眼里，俊美异常的马骥反而是很丑的。

原来这个海岛是一个岛国，叫大罗刹国。它的首都"都以黑石为墙，色如墨，楼阁近百尺。然少瓦，覆以红石，拾其残块磨甲上，无异丹砂"。这段描写充分证明，虽然现在无法断定蒲松龄究竟有没有去过海岛，但是他对海

---

① 曲金良：《〈罗刹海市〉与〈罗刹国〉——从蒲松龄对佛经故事的改编看其时代思想之一例》，《蒲松龄研究》1994 年第 3 期。

② 栗良：《从〈罗刹海市〉看蒲松龄的人生理想》，《蒲松龄研究》2011 年第 2 期。

岛民居其实是很熟悉的。因为海岛风大，房屋大多以石块砌墙，复以石板盖顶。这种石屋至今在中国海岛还经常可以看到。

但是千万不要因此认为《罗刹海市》是写实作品，恰恰相反，这种具有写实意味的海岛民居的描述，只是为故事的虚拟和象征提供一点可信的背景而已。这个岛国以丑为美，大小官员也以丑的程度来决定等级。“时值朝退，朝中有冠盖出，村人指曰：‘此相国也。’视之，双耳皆背生，鼻三孔，睫毛覆目如帘。又数骑出，曰：‘此大夫也。’以次各指其官职，率狰狞怪异。然位渐卑，丑亦渐杀。”这样的情形，不可能是写实的。

众所周知，类似的叙事模式并不是蒲松龄首创，至少不是唯一一个。清人沈起凤《谐铎》中有《蜣螂城》，描述的就是“以臭为美，以香为臭”的颠倒世界。清末王韬《因循岛》所描述的“狼人世界”和宣鼎《北极毗耶岛》里的“石洞世界”，也都是这样寄寓性、象征性政治的构思。但是蒲松龄的《罗刹海市》却有着自己独特的处理方式。在经过了美丑颠倒的渲染性夸张描述后，小说即转入“接纳”阶段。“村人曰：‘此间一执戟郎，曾为先王出使异国，所阅人多，或不以子为惧。’造郎门。郎果喜，揖为上客。”这里有识见人士的文化立场，促使了矛盾的化解。他引导马骥去见国王。国王以礼待之。“酒数行，出女乐十余人，更番歌舞。貌类夜叉，皆以白锦缠头，拖朱衣及地。扮唱不知何词，腔拍恢诡。主人顾而乐之。问：‘中国亦有此乐乎？’曰：‘有。’主人请拟其声，遂击桌为度一曲。主人喜曰：‘异哉！声如凤鸣龙啸，从未曾闻。’”

所以不知不觉，美丑颠倒渐渐变成了文化交流，进而马骥以文化优势在岛国取得了高官爵位。这里似乎依稀可见郑和下西洋的影子。但是这篇小说最有海洋人文价值的地方在于后半部分，也就是对于“海市”的描写和记载。

> 海中市，四海鲛人，集货珠宝。四方十二国，均来贸易。中多神人游戏。云霞障天，波涛间作。贵人自重，不敢犯险阻，皆以金帛付我辈代购异珍。

这是一个非常繁华热闹的海上贸易场所。在岛人的引导下，马骥来到了海市。

水云幌漾之中，楼阁层叠，贸迁之舟，纷集如蚁。……市上所陈，奇珍异宝，光明射目，多人世所无。

这简直是海上仙岛和凡俗市井的结合体了。

就在这个海市里，马骥有了奇遇。他碰到了"东洋三世子"，也就是海龙王的小儿子。他因此得以进入神奇和华丽的海下龙宫，龙王得知他来自中华，就让他写文章。马骥"以水晶之砚，龙鬣之毫，纸光似雪，墨气如兰。生立成千余言"。彻底征服了龙王，老龙还把自己的小女儿许配给他。夫妻俩恩爱异常，还生育有一对儿女。马骥回来的时候，得到的海中珠宝更是无数。故事的结局是相当完美的。

蒲松龄在文末说："花面逢迎，世情如鬼。嗜痂之癖，举世一辙。"可见他的确是把这个故事当寓言来写的。至于后来马骥的"成功"，在蒲松龄看来，无非是"蜃楼海市"的梦想罢了。

四、从《于子游》等作品看蒲松龄的"复合型海洋世界"意识

有"中国海洋文学之祖"称誉的《山海经》，曾经塑造了一个丰富多彩、光怪陆离的海洋世界。它的核心内容是"神仙岛屿"叙事、人鱼母题、君子国母题和海洋家园意识。蒲松龄的《于子游》《海公子》《海大鱼》《疲龙》和《蛤》，正是这一传统的继承，它们一起构建了蒲松龄心目中的"复合型海洋世界"。

《海公子》出现于《聊斋志异》第二卷，与《海大鱼》一起构成了《聊斋志异》的第一波涉海叙述。"东海古迹岛。"这是故事的空间环境：一个古色古香的海岛。与一般故事中的荒岛完全不同。"有五色耐冬花，四时不凋。而岛中古无居人，人亦罕到之。"这是故事的人文环境。虽然是无人岛，但自然环境非常优美，显然是以"海洋神仙岛"意境作为叙述基础的。"登州张生，好奇，喜游猎。闻其佳胜，备酒食，自掉扁舟而往。"表面上看起来很普通的一句介绍，其实含义很深刻。中国自古缺乏海洋探险实践，所以有关海洋叙事和海洋抒情，大多以"登""观"等词为题，都是一种"海边看海"的审美姿态。但是这个张生，却是深入海洋，上岛一探究竟了。结果上岛后与一个美丽女子缠绵一夜，美丽女子自称是"海公子"的相好。不料这"海公子"其实是一个蛇精，因此张生怀疑这女子也是蛇精。其实不然，小说中女子自己已

经说得清清楚楚，她是“鲛娼”。鲛娼属于人鱼母题，在古代涉海叙事中多有描述。这是古人对于海洋想象的一种产物。但是与其他“鲛娼”的负面形象不同，这个“鲛娼”却是“红裳眩目，略无伦比……言词温婉”，多情多义，形象优美，反映出蒲松龄对于海洋生物的温馨情感。

《于子游》也可以归到人鱼叙事（鱼妖）中去。它写一条大鱼化身一个儒服丝冠的秀才，与人欢饮至中夜。但是他下面的一段话，又使这篇小说与“大鱼”系列联系在一起。他说：“仆非土著，以序近清明，将随大王上墓。眷口先行，大王姑留憩息，明日辰刻发矣。宜归早治任也。”言罢，跃身入水，拨剌而去。“次日，见山峰浮动，顷刻已没。始知山为大鱼，即所云大王也。俗传清明前，海中大鱼携儿女往拜其墓。”

《聊斋志异》中还有一篇《海大鱼》：“海滨故无山。一日，忽见峻岭重迭，绵亘数里，众悉骇怪。又一日，山忽他徙，化而乌有。相传海中大鱼，值清明节，则携眷口往拜其墓，故寒食时多见之。”内容与《于子游》大同小异。“大鱼”叙事也是源于《山海经》的一种海洋文学传统，自《山海经》“大鳊居海中”“海内……有大蟹”开始，“大鱼”叙事就源源不绝，到清末仍然还有此类文本出现（本书第十章有专门论析）。但是这则“海大鱼”，不是单纯的海洋生物叙写，而是一种“人伦因素附加”，因为清明节海鱼“携眷口往拜其墓”，显然是一种超自然描述了。它是寄寓性的，具有一定的民俗文化价值。

《疲龙》是海洋龙王文化的一种反映。可是蒲松龄笔下的海龙，不是翻江倒海毁人舟楫夺人命的恶龙，而是具有大善美德的悲剧英雄。“此天上行雨之疲龙也。”天下大旱，海龙到处播雨，竟然累倒。但是后面的叙述，又有浓郁的海洋民俗文化的成分。“舟方行，又一龙堕如前状。日凡三四。又逾日，舟人命多备白米，戒曰：‘去清水潭不远矣。如有所见，但糁米于水，寂无哗。’”到了龙聚集的清水潭，其他人都吓得神魂俱丧，闭息含眸，不敢看一眼，也不敢动一动身子了。“惟舟人握米自撒。久则见海波深黑，始有呻者。因问掷米之故，答曰：‘龙畏蛆，恐入其甲。白米类蛆，故龙见辄伏，舟行其上，可无害也。’”这种海上遇见风浪，渔民撒米自救的习俗，在舟山群岛一带，至今还有遗存。

五、结语

《聊斋志异》的涉海叙事篇章是非常珍贵的海洋小说文本，有很高的文学成就。笔者曾经在《〈聊斋志异〉涉海小说对中国古代海洋叙事传统的继承和超越》一文中有过比较详细的论述，认为“它们分别继承了中国古代海洋小说的‘海上遇难漂流至海岛模式’‘海上探险模式’‘海洋政治讽喻模式’和‘神话叙事模式’这样的四种叙事模式，并有着独到的超越”[①]。

本章主要考察《聊斋志异》涉海小说中所包含的海洋人文思想。综上所述，《夜叉国》《罗刹海市》等涉海叙事作品，为我们提供了研究分析蒲松龄海洋人文思想的一个窗口。因为根据叙事学的理论，作者的所有意图都隐藏在他们的作品中。“声音存在于文体和人物之间的空间中”，“文体能揭示一种声音的语域”，叙事里的人物含有三个组成因素：模仿的(作为人的人物)；主题的(作为观念的人物)；综合的(作为艺术建构的人物)……这些成分之间的关系是由叙事进程决定的。[②] 在蒲松龄的这些涉海叙事中，很多人物都是主题也就是理念的人物，这种主题或理念人物就是作者蒲松龄需要发出的“声音”。不管他有意还是无意，这些“声音”都是他海洋人文思想的间接和隐晦的体现。

本章的主要内容，曾经以论文的形式在《蒲松龄研究》上发表过[③]，引起了学界的注意。有人评价说：

> 《从〈聊斋志异〉涉海叙事看蒲松龄海洋人文思想》一文无疑是本年度蒲松龄思想研究中的翘楚之作。他(作者)从叙事学的角度深层分析了《聊斋志异》中为数不多的几篇涉海故事，从中挖掘出了蒲松龄在《聊斋志异》创作中潜意识所表现出的海洋人文思想。作者认为蒲氏的“这些涉海叙事中，很多人物都是主题也是理念的

---

① 倪浓水：《〈聊斋志异〉涉海小说对中国古代海洋叙事传统的继承和超越》，《蒲松龄研究》2008 年第 2 期。

② [美]詹姆斯·费伦：《作为修辞的叙事》，陈永国译，北京大学出版社，2002 年，第 5—6、21 页。

③ 倪浓水：《从〈聊斋志异〉涉海叙事看蒲松龄海洋人文思想》，《蒲松龄研究》2016 年第 3 期。

人物，这种主题或理念人物就是作者蒲松龄需要发出的'声音'，不管他有意还是无意，这些声音都是他海洋人文思想的间接和隐晦的体现"。因此通过对《聊斋志异》中涉海故事的具体文本分析，他认为蒲氏在叙事过程中所表现出来的海洋人文思想主要有"海陆和谐"思想，"智慧海洋"意识，"海洋政治"意识和"复合型海洋世界"意识。他对蒲松龄思想的这种叙事学阐释，虽然不是首次将西方叙事学理论运用于中国古典文学作品解读，但对于蒲松龄思想研究却无疑是一种全新的视角和尝试，从而更加深刻地挖掘了蒲松龄涉海故事的象征性和隐喻性，发掘了其隐含在叙事过程中的潜在"声音"。这种发现再次证明了蒲松龄思想的进步性和超前性，而这种解读和尝试无论是对蒲松龄思想研究还是《聊斋志异》的具体文本研究都具有巨大的推进作用。①

① 师浩龙：《2016年蒲松龄研究综述》，《蒲松龄研究》2017年第4期。

第六章　明清长篇小说中的海洋人文思想

古代中国没有真正意义上的海洋长篇小说，但是《西游记》《三宝太监西洋记》等明代长篇小说和《镜花缘》《常言道》等清人小说，多有涉海叙事片段。这些涉海叙事片段，涉及海洋政治、海洋伦理、海洋信仰、海洋经济等多个方面，从中可以看出明清两代丰富的海洋人文思想信息。

一、《西游记》中的海洋人文思想信息

《西游记》里包含有丰富的海洋人文信息，这是无法否认的。孙悟空诞生于海洋。如果把大河也看作海洋的延伸的话，那么唐僧出生时被放置于木板上随洪水漂流的情节也可以理解为一种与海洋有关的隐喻。孙悟空的武器金箍棒来自于海洋。孙悟空的"靠山"观音的道场也在海洋。孙悟空的朋友中也有很多四海龙王这样的海洋朋友。《西游记》其实写了孙悟空的两次"西游"，第一次是独自去西方学艺，他就是通过海路去的："独自登筏，尽力撑开，飘飘荡荡，径向大海波中，趁天风来渡南赡部洲地界。"有人因此认为孙悟空乃"海洋之子。"[1]

《西游记》浓郁的海洋气息，是一种有意识的叙事创造，反映出作者对于"海洋"的深刻认识。

---

① 张祝平：《〈西游记〉的海洋情结》，《南通师范学院学报（哲学社会科学版）》2004年第1期。

(一)《西游记》海洋人文意识的有意移植

《西游记》的故事底本是《大唐西域记》，已经有学者通过对《西游记》故事“底本”和写成本的比较，发现了一个非常有意思的现象，那就是《西游记》里所有的海洋元素都来自于《西游记》作者的移植和创造。“玄奘取经所循线路为西北丝绸之路，基本与海洋无涉，所以，此一事迹在后世的传述，起初依然保持着内陆故事的基本特征，并无海洋文化的痕迹。”但是“西天取经”的故事在传播的过程中，逐渐从纪实走向虚构，从内陆故事演化为海陆同为背景和空间的全方位叙事。通过南宋《大唐三藏取经诗话》和元代杂剧《西游记》等文本的逐步改造，不但观音在故事中的地位越来越突出，而且连唐僧的出生地也从河南被改变为临海的“淮阴海州”，离海洋越来越近。“吴承恩在继承传统的基础上，创造性地发展和改造了两个重要的海洋神祇南海观音和东海龙王的形象，这使得小说带有浓郁的海洋气息，大大丰富了海洋文学。”更主要的是，“花果山”之名在唐僧取经故事中出现很早，其地理位置大致应在西域。但是在《西游记》里，花果山被移植到了东海之中。总之，经过《西游记》作者的有意努力，“护法神、唐僧和猴行者的出生地均由内陆移往沿海”，为《西游记》添加了大量的海洋人文因素。[①]

这个分析论据坚实，得出的结论非常可靠。这样的比较研究是非常有价值的。它可以证明，《西游记》的作者吴承恩(尽管有人表示质疑，但是在没有更可靠的结论出现之前，我们还是承认作者是吴承恩)在创作《西游记》的时候，脑海里是有大海的波涛在汹涌的。吴承恩曾经为漕运总督唐龙的祖母祝寿写过《海鹤蟠桃篇》一诗：“蟠桃西蟠几万里，云在昆仑之山瑶池之水。海波吹春日五色，树树蒸霞瑞烟起。倚天翠巘云峨峨，下临星斗森盘罗。开花结子六千岁，明珠乱缀珊瑚柯。彼翻知是辽东鹤，一举圆方识寥廓。八极孤抟海峤风，千年邀寄神仙药。……”[②]根据古代传说，瑶池是西王母的住地，在大西北的昆仑山上。可是吴承恩在描写瑶池仙境的时候，接连出现了两个“海”字。把瑶池之水比喻为“海波”，把八极之风想象成“海峤风”即海边之风，说明吴承恩对于海洋是很有感觉的。根据现在可以见到的

① 王青：《从内陆传奇到海洋神话——西游故事的海洋化历程》，《明清小说研究》2009年第1期。

② (明)吴承恩：《吴承恩诗文集》，古典文学出版社，1958年，第1卷第12页。转引自魏文哲：《论吴承恩的思想》，《明清小说研究》2012年第3期。

资料，吴承恩为淮安府山阳县（今淮安市淮安区）人。淮安市距离海边很近，所以吴承恩对于海洋并不陌生。甚至还有学者考证认为，吴承恩就是在海边城市连云港创作《西游记》的。[①] 这与海洋的关系就更为紧密了。

（二）《西游记》里的"海洋生命观"

海洋是一切生命之源。在《西游记》里，孙悟空的诞生地从西域花果山被移植到了东海大洋的一个海岛上。"海中有一座名山，唤为花果山。此山乃十洲之祖脉，三岛之来龙，自开清浊而立，鸿蒙判后而成。真个好山！"在作者的笔下，这座海上之山品德非凡："势镇汪洋，威宁瑶海。势镇汪洋，潮涌银山鱼入穴；威宁瑶海，波翻雪浪蜃离渊。水火方隅高积土，东海之处耸崇巅。丹崖怪石，削壁奇峰。丹崖上彩凤双鸣，削壁前麒麟独卧。峰头时听锦鸡鸣，石窟每观龙出入。林中有寿鹿仙狐，树上有灵禽玄鹤。瑶草奇花不谢，青松翠柏长春。仙桃常结果，修竹每留云。一条涧壑藤萝密，四面原堤草色新。正是百川会处擎天柱，万劫无移大地根。"非凡的海上之洲孕育出伟大的生命："那座山正当顶上，有一块仙石。其石有三丈六尺五寸高，有二丈四尺围圆。三丈六尺五寸高，按周天三百六十五度；二丈四尺围圆，按政历二十四气。上有九窍八孔，按九宫八卦。四面更无树木遮阴，左右倒有芝兰相衬。盖自开辟以来，每受天真地秀，日精月华，感之既久，遂有灵通之意。内育仙胎。一日迸裂，产一石卵，似圆球样大，因见风，化作一个石猴，五官俱备，四肢皆全。便就学爬学走，拜了四方。目运两道金光，射冲斗府。"

作为一个颠覆一切权力秩序和人纲规范的叛逆人物，其恢宏的气度只有大海才能赋予。因此孙悟空诞生于海洋，绝对不是作者随意的设置，而是他赋予生命以宏大和渊博。这是中国古代海洋小说中对海洋品质的最高礼赞。

如果大河也理解为海洋的延伸，那么可以发现，不但孙悟空诞生于海洋，甚至连唐僧也是如此。

在第八回之后，小说的"孙悟空单元"暂时告一段落，转入"唐僧单元"。在这两个单元之间，有一回以"附录"形式出现的内容，叙述唐僧的"诞生"过

---

① 李洪甫：《吴承恩的〈西游记〉成书与连云港花果山》，《淮海工学院学报（人文社会科学版）》2003年第1期。

程。唐僧父亲陈光蕊赴任途中被杀害，可是尸体一直浮于水面，水维系着他的生命，最终为海龙王所救。唐僧母亲生下唐僧，为了使其免遭歹徒毒手，她将唐僧置于一块木板上，让水带着他一路漂流，水又维持起唐僧的生命，直到他为金山寺长老法明大师所救。

《西游记》中两个最主要的人物都与海洋有关，它不自觉地诠释和印证了一切生命均来自于海洋的命题。

(三)《西游记》里的"海洋力量"观

《西游记》是一部"力量"叙事。孙悟空战天斗地，精彩纷呈。而他的"力量"之源，几乎都与海洋有关。

他的学艺之途，是从海洋起步的。"独自登筏……径向大海波中。"大海之子在成长的过程中，深切感受大海的力量。学艺归来，需要装备和兵器，是大海慷慨地为他提供了作为力量象征的金箍棒，还有"锁子黄金甲"和"凤翅紫金冠"。

另外他精神力量的源泉也来自于海洋。观音的道场在"南海普陀山"本是事实，并不是专门为了孙悟空求助方便移驻海岛，但是在故事底本中，"西天取经"本与观音没有什么直接的联系，是后人借这个故事传播之机，进行不断的改编，到《西游记》终于完成了观音与孙悟空关系的建构。所以这也可以理解为"海洋力量"观念的一种显示。

(四)《西游记》里的美丽海洋观念

《西游记》笔下的南海普陀落伽山、东海花果山和东海三岛，都极其美丽。如写普陀落伽山美景："汪洋海远，水势连天。祥光笼宇宙，瑞气照山川。千层雪浪吼青霄，万迭烟波滔白昼"，"好去处！山峰高耸，顶透虚空，中间有千样奇花，百般瑞草。风摇宝树，日映金莲"。又写花果山的美景："青如削翠，高似摩云。周回有虎踞龙蟠，四面多猿啼鹤唳。朝出云封山顶，暮观日挂林间。"又写东海三岛中的蓬莱仙境："瑶台影蘸天心冷，巨阙光浮海面高。五色烟霞含玉籁，九霄星月射金鳌。"还有方丈仙山："紫台光照三清路，花木香浮五色烟。金凤自多槃蕊阙，玉膏谁逼灌芝田？"又再瀛洲仙境："珠树玲珑照紫烟，瀛洲宫阙接诸天。青山绿水琪花艳，玉液锟铻铁石坚。五色碧鸡啼海日，千年丹凤吸朱烟。"

(五)《西游记》里的"纯洁海洋"观念

《西游记》对海洋的赞美,不仅仅局限于自然风光,而且还把海洋看作"纯洁心灵"的象征。《西游记》第三十一回:"那大圣才和八戒携手驾云,离了洞,过了东洋大海。至西岸,住云光,叫道:'兄弟,你且在此慢行,等我下海去净净身子。'八戒道:'忙忙的走路,且净甚么身子?'行者道:'你那里知道,我自从回来,这几日弄得身上有些妖精气了。师父是个爱干净的,恐怕嫌我。'八戒于此始识得行者是片真心,更无他意。"于是悟空真的下海去,用海水把自己洗了个干干净净,才上岸去见师傅。

这里的"下海去净净身子",显然把海洋视作纯洁的象征,用海水可以洗去身上和心里的不洁之气。这样的海洋人文意识,与《山海经》里描述"君子国"等高洁、纯净的海洋空间的人文思想传统,是相一致的。

(六)《西游记》的"海洋中心观"

其实《西游记》还包含了一个"海洋中心观"思想,一直不被研究者所重视。《西游记》开篇写花果山:"这部书单表东胜神洲。海外有一国土,名曰傲来国。国近大海,海中有一座名山,唤为花果山。此山乃十洲之祖脉,三岛之来龙。自开清浊而立,鸿蒙判后而成。……势镇汪洋,威宁瑶海。"虽不乏小说家夸大之言,但认为花果山是海洋仙道文化的中心之处,却是值得一说。因为这东胜神洲指的是中国东海地区,而秦汉时期盛行的神仙岛文化,就是以东海为中心的。

二、《三宝太监西洋记》里的海洋人文意识

《三宝太监西洋记》,又名《三宝开港西洋记》《三宝太监西洋记通俗演义》,简称《西洋记》,共20卷100回。作者题"二南里人"。二南里人即罗懋登。罗懋登生卒年、籍贯不详,主要活动在万历年间。所以这是一个籍籍无名的底层知识分子,但是他由于创作了《西洋记》而在中国文学史上尤其是中国涉海文学方面占有特殊地位。

《西洋记》以三宝太监郑和七次奉使"西洋"的史事为基本线索。由于郑和下西洋本身就是伟大的海洋实践活动,因此《西洋记》具有浓郁的海洋色

彩。虽然由于《西洋记》在叙事上是模仿《西游记》的，它的海洋色彩是在神魔小说的叙事框架下展开的，“海洋”更多时候是作为一种故事背景，但是从中也可以看出多方面的海洋人文意识。

(一)《西洋记》所表露的对海外世界的探求意识

《西洋记》撰写和出版时，距郑和第七次也就是最后一次下西洋已经有160多年。当时明朝政府的对外交流日趋保守，海洋政策与郑和时代已经完全不同，甚至为了杜绝后代帝王兴起经略海洋的念头，明朝朝廷把原来存放于兵部档案库里的所有郑和航海档案资料全部销毁，致使郑和七下西洋的海洋探索之举，几乎成为一种口头传说。在这样严峻的背景下，“罗懋登能不遗余力搜集民间传说，并在作品中容纳相关材料再现那幅波澜壮阔的远洋画卷，充分展示中华民族征服海洋的勇气和能力，集中体现了他认同海外探险、渴望了解异域和异物的思想”[①]。

《西洋记》里出现的海外国家有爪哇国、浡淋国、女儿国、撒发国等数十国。《西洋记》虽然是神魔小说，但是在描述与海洋国家交往时，采取的却是现实主义的写法。如第四十五回《元帅重治爪哇国，元帅厚遇浡淋王》，叙述道：“宝船齐开，一路前行，经过一个地方，叫作重迦罗。这个重迦罗也当不得一国，只当得个村落。四面高山，离奇耸绝。其中有一个石洞，前后三门，石洞中间可容二三万人，颇称奇绝。有一个年高有德的老者，头上一个头发髻儿，身上穿一件单布长衫，下身围一条稍布手巾，接着宝船，送上羚羊十只，鹦鹉一对，木绵百斤，椰子百个，秫酒十尊，海盐十担。老爷见他风俗淳厚，人物驯良，又且来意殷勤，吩咐军政司收下他的礼物。却又取出一顶摺巾、一件海青、一副鞋袜，回敬于他。老者拜谢而去。”[②]这里的接待形式和相互赠送礼物，都是非常客观现实的描写，没有丝毫的神魔色彩。

小说继续写道：“宝船又行，一行数日，经过许多处所：一处叫作孙陀罗，一处叫作琵琶拖，一处叫作丹里，一处叫作圆峤，一处叫作彭里。这些处所看见宝船经过，走出无万的番人来。一个个蓬头跣足，丑陋不可言。都来献

① 唐琰：《海洋迷思——〈三宝太监西洋记通俗演义〉与〈镜花缘〉海洋观念的比较研究》，《明清小说研究》2006年第1期。

② 本节所引述的作品原文均来自于陆树崙、竺少华校点、上海古籍出版社1985年版《三宝太监西洋记通俗演义》。

上礼物，却是些豹皮、熊皮、鹿皮、羚羊角、玳瑁、烧珠、五色绢、印花布等项。”当“老爷”（即郑和）得知这些礼物都是“掳掠些来往商货”所得后，批评他们：“智士不饮盗泉之水，君子不受嗟来之食。你这不义之物，我怎么受你的？只你们这一念归附之诚，却也是好处。”只接受对方一匹布，反赠对方许多礼物。“众人惊服，号泣而去。”船队继续前行，在“吉里地闷国”，郑和纠正了当地“妇人上船交易”的恶俗。船队到了浡淋国，这是个大国，港口有淡水。“老爷甚喜，吩咐石匠立一座石碑，刻‘淡沟’二字于其上。至今名字叫作淡沟。”凡是这些，都是现实主义的描写，反映了《西洋记》对于海洋世界探求的意识和精神。

《西洋记》中海外世界的探求性描述，还体现在对于中华文化海洋传播的寻觅上。第四十五回后半部分，写到了一个“番将”。番将说他“原籍广东潮州府人，姓施名进卿，全家移徙在这里”。小说其他章节中还多有这方面内容的描述，说明作者有很自觉的“中华文化”立场和意识。

（二）《西洋记》对海洋财宝传统观念的继承

海洋中蕴藏无穷的财宝，是古人根深蒂固的观念。海洋神仙岛珍宝和海洋鲛人泪珠之宝等都是这种观念的体现。这种观念到了《西洋记》里，通过四海龙王宝物的描述得到了传承。

龙是海洋的标志性形象，神魔小说对龙的描述已经构成了一个比较完整的“龙社会”。这在《上洞八仙传》等“八仙过海”小说里比较明显。而《三宝太监西洋记》则较多地突出了“龙的宝物”。在第二回里，四海龙王在听观音菩萨宣讲时，佛祖刚巧降临到了普陀山，也对龙王们有所点拨。龙王们为了表示感谢，献出了许多宝物。

> 那四个龙王齐声叫道：“弟子兄弟们今日个得闻爷爷的三乘妙典，五蕴楞严，免遭苦海沉沦，都是爷爷的无量功德，各愿贡上些土物，表此微忱。”老祖道：“贪根不拔，苦树常在，这却不消。”四个龙王又齐声叫道：“多罗多罗，聊证皈依之一念。”

四海龙王献上了什么宝物？

东海龙王敖广献上的是一挂“东井玉连环”。龙王介绍说：“这就是小神海中骊龙项下的。大凡龙老则珠自褪，小神收取他的。日积月累，经今有了三十三颗，应了三十三祖之数。"其作用极大："小神海水上咸下淡，淡水中吃，咸水不中吃。这个珠儿，它在骊龙王项下，年深日久，淡者相宜，咸者相反。拿来当阳处看时，里面波浪层层；背阴处看时，里面红光射目。舟船漂海，用它铺在海水之上，分开了上面咸水，却才见得下面的淡水，用之烹茶，用之造饭，各得其宜。"

南海龙王敖钦献上的是一个"波罗许由迦"。龙王介绍说："这椰子长在西方极乐国摩罗树上，其形团圈，如圆光之象。未剖已前，是谓太极；既剖已后，是谓两仪。昔年罗堕阇尊者降临海上，贻与水神。"其用处也极大。"小神海中有八百里软洋滩，其水上软下硬。那上面的软水就是一匹鸟羽，一叶浮萍，也自胜载不起，故此东西南北船只不通。若把这椰子锯做一个瓢，你看它比五湖四海还宽大十分。舟船漂海到了软洋之上，用它取起半瓢，则软水尽去，硬水自然上升。却不是拨转机轮成廓落，东西南北任纵横？"这宝物后来帮助下西洋的三宝太监船队顺利通过了"八百里软洋滩"。

西海龙王敖顺献上的是一个"金翅吠琉璃"。龙王介绍说："这琉璃是须弥山上的金翅鸟壳，其色碧澄澄，如西僧眼珠子的色。道性最坚硬，一切诸宝皆不能破，好食生铁。小神自始祖以来，就得了此物，传流到今，永作镇家之宝。"其作用也是极大："小神海中有五百里吸铁岭，那五百里的海底，堆堆砌砌，密密层层，尽都是些吸铁石，一遇铁器，即沉到底。舟船浮海，用它垂在船头之下，把那些吸铁石子儿如金熔在型，了无滓渣，致令慈航直登彼岸。""老祖也点一点头，想是也有用它处，轻轻地说道：'吩咐它南膳部洲发落。'"它后来帮助船队安全通过了"五百里吸铁岭"。

北海龙王敖润献上的是一只"无等等禅履"。龙王介绍说："这禅履是达摩老爷的。达摩老爷在西天为二十八祖。到了东晋初年，东土有难，老爷由水路东来，经过耽摩国、羯荼国、佛逝国，到了小龙神海中，猛然间飓飙顿起，撼天关，摇地轴，舟航尽皆淹没，独有老爷兀然坐在水上，如履平地一般。小神近前一打探，只见坐的是只禅履。小神送他到了东土，求下他这只禅履，永镇海洋。老爷又题了四句诗在禅履上，说道：'吾本来兹土，传法觉迷情。一花开五叶，结果自然成。'"其作用可保海洋安宁："小神自从得了这禅履之后，海不扬波，水族宁处。今后舟船漂海，倘遇飓飙，取它放在水上，便自风憩浪静，一真湛寂，万境泰然。"

四海龙王的献宝描写，充分证明当时社会上对于海洋里有无穷宝物的认识已经深入思维之中。

（三）《西洋记》中“软水洋”和“吸铁岭”等描述所显示的海洋水文观念

《西洋记》第十四回写道：“‘这软水洋约有八百里之远，大凡天下的水都是硬的，水上可以行舟，可以载筏，无论九江八河、五湖四海，皆是一般。惟有这个水，其性软弱，就是一片毛，一根草，都要着底而沉。’圣上道：‘似此软水，明日要下西洋，却怎么得过去？’”显然，这个描写受到了《西游记》“鹅毛飘不起”的流沙河的影响。但是《西洋记》使用了“软水”这个词，而“软水”是现今仍在广泛使用的科学名词。

小说第二十一回《软水洋换将硬水，吸铁岭借下天兵》直接对“软水洋”进行了描述。船队来到了“软水洋”海域，所有大小船只都落蓬下锚等候。“三宝老爷一向耽（担）心的是这个软水洋，一说起‘软水洋’三个字，就吓得他魂飞天外，魄散九霄，连声说道：‘来到此间，怎么是好？’”小说采用的破解之法非常简单，由国师碧峰长老撞入龙宫海藏，向东海龙王请教渡海之法。龙王告知当年“齐天大圣将我海龙王奏过天庭，封奏掌教释迦牟尼佛。故此奉佛牒文，撤去软水，借来硬水，才能过去。这今早晚两潮，有些硬水，间或的过得此水”。于是碧峰长老告别龙王，回到船上，下令所有船只起锚升蓬，一番作法后，船队安然渡过了软水洋。虽然这种神魔小说的故事情节设计不但荒谬，而且还胡扯进孙悟空的事情，因为西天取经走的是陆路，并不需要横渡软水洋，所以孙悟空借牒云云，显然是牵强附会，但是这里所说的“这今早晚两潮，有些硬水，间或的过得此水”，却很有科学道理，因为潮流的流向和强度，的确会改变海水的比重。

《西洋记》对海洋奇异水性的描述，除了“软水洋”，还有一个“吸铁岭”。第十四回写道：“过了白龙江，前面却都是海。舟船望南行……左手下是日本扶桑。前面就是大琉球、小琉球。过了日本、琉球，舟船望西走，右手下是两广、云贵地方，左手下是交趾。过了交趾，前面就是个软水洋；过了软水洋，前面就是个吸铁岭。”“这个岭生于南海之中，约五百余里远，周围都是些顽石坯。那顽石坯见了铁器，就吸将去了，故此名为吸铁岭。”这里的航路交代非常清晰而准确。到了第二十一回，船队渡过软水洋后，来到了“吸铁岭”。当然，海洋里并没有什么“吸铁岭”。“吸铁岭”意象应该来自于磁场科学的启发。小说的破解之道，仍然是借助超现实主义的“神魔”手法。国师碧峰长老说动玉帝，玉帝派遣三十六天罡领了天兵四队，把船上的所有“铁锚兵器，无论大小，无论多寡，一会儿都搬到西洋海子口上去了”。碧峰长老又请西海龙王敖顺把大小船只,“抬过吸铁岭铁砂河,径往西洋海子口上”。

“软水洋”和“吸铁岭”其实都是海洋中的特殊水文情况,《西洋记》进行了神魔小说化处理,虽然都是具有荒诞色彩的虚构想象,但也在一定程度上反映了作者的海洋水文意识。

三、《镜花缘》中的海洋人文意识

李汝珍创作的《镜花缘》,自清嘉庆二十三年(1818)问世以来,一直受到广泛的注意。1923 年胡适撰《〈镜花缘〉的引论》一文,对该书极为称赏。其后多有研究成果问世。据不完全统计,仅仅从 1923 年到 1999 年的近 80 年间,学界有关《镜花缘》的专题论文共 78 篇。20 世纪 80 年代后还出版了有关该书的研究专著 4 部,至于各种校注本、改编本的出版,也不下 30 种。[①]

最近十几年,开始有研究者关注《镜花缘》中的海洋观念、海洋文化思想和海洋文学方面的价值。

(一)《镜花缘》对《山海经》“神奇海洋想象”的传承

《镜花缘》对《山海经》的借鉴是十分明显的。有学者曾指出:“《镜花缘》里叙写的 30 多个海外奇国,除毗骞国、两面国、智佳国外,其余全是取自《山海经》中《海经》里的记载。”但是这种继承并非粗劣的简单模仿,而是有所创新。《镜花缘》依据《山海经》对海外奇国其人其事的简单记述,在两个方面加以创新。一是就《山海经》中所记奇国其人之形体特征,由旅人解说其生成缘故,以附会之法嘲谑人情世态。二是叙写其人在形体上与现实中的人了无差异的海外奇国的。在《山海经》里,既有君子国、淑士国、女子国等比较“正常”的人居社会,也有白民国等“奇形怪状”的生物世界。但是对于后者,《镜花缘》里只取其国名,完全丢弃其状如狐、有角之形体上异于人的意思。“在这些与现实人一样的国度里,游人身临其境,自然可以与其国人发生更多更深的接触,生出许多事情。这样,这部分章节也就成了作者更加自由地观照他生活于其中的真实的社会的用武之地,可以不必紧紧依附着先民臆想的奇国奇民之谈,不必拘泥地做些解说方式的嘲谑了,于是就

① 汪龙麟:《20 世纪〈镜花缘〉研究述评》,《东北师大学报(哲学社会科学版)》2000 年第 4 期。

有了另一番更为鲜活生动的小说世界。”①

《镜花缘》从多个方面继承了《山海经》的“海洋叙事”。“《镜花缘》亦可说是《山海经》的补叙之作，它依据《山海经》对海外奇国其人其事的简单记载，或直接引用，或依其名，或以其特异特征，加以扩充、丰富、发展，敷衍了一个完整流畅的故事情节。”②其实，《镜花缘》继承的岂止是故事构架，它主要继承的是《山海经》的海洋人文观念。

(二)《镜花缘》海洋君子国思想的传承

君子国是《山海经》营造的海洋意象之一。《山海经·大荒东经》：“(东海之外)有东口之山。有君子之国，其人衣冠带剑。”以《山海经》营构为自己叙述基本结构的《镜花缘》，在第八回已经有所叙及：“唐敖道：‘小弟闻得海外东口山有君子国，其人衣冠带剑，好让不争。……不知此话可确？’林之洋道：‘……那君子国无论甚人，都是一派文气。’”继承的基本上是《山海经》的话语。到了第十回结尾处，叙事终于又转向了君子国。“不多几日，到了君子国，将船泊岸。林之洋去卖货。唐敖因素闻君子国好让不争，想来必是礼乐之邦，所以约了多九公上岸，要去瞻仰。走了数里，离城不远，只见城门上写着‘惟善为宝’四个大字。”这里的“惟善为宝”指出了君子国“好让不争”“一派文气”的本质是一个“善”字。

接下来的第十一回，是对君子国的集中描写。小说以唐敖和多九公的亲身考察和体验为线索。一路上他们看到处处都是“耕者让畔，行者让路”光景，这“好让不争”已经成了君子国习惯性的社会行为。“而且士庶人等，无论富贵贫贱，举止言谈，莫不恭而有礼，也不愧‘君子’二字。”其文明程度已经到了非常高的水准。但是这里就出现了一个问题。唐敖和多九公当时的身份都是商人。商人求利，这与“好让不争”形成了矛盾，因此他们很想知道君子国在这方面的行为准则。于是他们来到闹市进行考察。“只见有一隶卒在那里买物，手中拿着货物道：‘老兄如此高货，却讨恁般贱价，教小弟买去，如何能安！务求将价加增，方好遵教。若再过谦，那是有意不肯赏光交易了。’”这让唐敖大为惊奇。因为“凡买物，只有卖者讨价，买者还价。今卖者虽讨过价，那买者并不还价，却要添价。此等言谈，倒也罕闻。据此看

① 袁世硕：《〈镜花缘〉和〈山海经〉》，《东岳论丛》2004年第3期。

② 邱海珍：《〈镜花缘〉对〈山海经〉的发展》，《中州大学学报》2008年第5期。

来，那‘好让不争’四字，竟有几分意思了”。可是更妙的是卖货人的回答：“既承照顾，敢不仰体！但适才妄讨大价，已觉厚颜；不意老兄反说货高价贱，岂不更教小弟惭愧？况敝货并非言无二价，其中颇有虚头。俗云：‘漫天要价，就地还钱。’今老兄不但不减，反要加增，如此克已，只好请到别家交易，小弟实难从命。”

这一番别开生面的“讨价还价”，让唐敖和多九公感叹不已。他们更感兴趣的是如何结局。于是他们继续观察。“谈之许久，卖货人执意不增。隶卒赌气，照数付价，拿了一半货物。刚要举步，卖货人那里肯依，只说‘价多货少’，拦住不放。路旁走过两个老翁，作好作歹，从公评定，令隶卒照价拿了八折货物，这才交易而去。”

这一番教义，让唐、多二人“不觉暗暗点头”。小说接着又写了多桩买卖交易，都是如此一番礼让减价。锱铢必较的商业行为，在君子国里却成了“一幅行乐图”。问题的关键是，这高尚的商业行为发生在君子国这个海洋国土上。因此《镜花缘》的这个情节设计，一方面反映出作者对于高尚商业行为的理想向往，另一方面也可以看出它继承了《山海经》等古代传统的“圣洁海洋”的思想。

（三）《镜花缘》海洋贸易的积极意识

海洋贸易是古代涉海叙事中一个比较薄弱的环节，但是在《镜花缘》中却有很正面的描写。小说第八回写林之洋对唐敖说道：“俺因连年多病，不曾出门。近来喜得身子强壮，贩些零星货物到外洋碰碰财运，强如在家坐吃山空。这是俺的旧营生，少不得又要吃些辛苦。”短短几句话，信息量却很大。一是这林之洋是个老海商，海上贸易是他的“旧营生”；二是海洋贸易主要内容是“贩卖货物”；三是海洋贸易的对象是“外洋”之地，也就是国际海洋贸易；四是从事海洋贸易的必要条件是“身子强壮”。唐敖一听，顿时就想一起下海去，除了赚些钱，更可以到“大洋看看海岛山水之胜，解解愁烦”。这就使得《镜花缘》中的海洋贸易，不仅仅是一种简单的海洋经济活动，而且还是一种海洋人文体验活动。

唐敖和林之洋一起出海，碰到了另外一个老海商多九公。这个多九公与唐敖一样，以前也曾求过应试，后来放下书本，脱了儒巾，出海经商，成为经验丰富的商船舵手。“他们都是从‘万般皆下品，唯有读书高’和‘君子不言利’的传统观念中解脱出来，由儒生直下而为社会‘末业’，更冲破了海禁成为海商的。作者通过塑造这类全新的人物形象，抨击了清朝统治者'强本抑末''闭关自守'的政策，表现出对民间海外贸易较为积极的态度。"①

《镜花缘》对海洋贸易是持肯定和赞赏态度的。正因为如此，《镜花缘》还非常详细地描述了海洋贸易的具体过程。小说第二十回写他们到了长人国，"林之洋卖了两样货物，并替唐敖卖了许多花盆，甚觉得利。郎舅两个，不免又是一番痛饮。林之洋笑道：'俺看天下事只要凑巧。素日俺同妹夫饮酒存的空坛，还有向年旧坛，俺因弃了可惜，随他撂在舱中，那知今日倒将这个出脱；前在小人国，也是无意卖了许多蚕茧。这两样都是并不值钱的，不想他们视如至宝，倒会获利；俺带的正经货物，倒不得价。人说买卖生意，全要机会，若不凑巧，随你会卖也不中用。'唐敖道：'他们买这蚕茧、酒坛，有何用处？'林之洋未曾回答，先发笑道：'若要说起，真是笑话！……'正要讲这缘故，因国人又来买货，足足忙了一日，到晚方才开船。"二十一回写到了白民国，"林之洋发了许多绸缎海菜去卖。唐敖来邀九公上去游玩"，不久后见林之洋同一水手从绸缎店出来。"多九公迎着问道：'林兄货物可曾得利？'林之洋满面欢容道：'俺今日托二位福气，卖了许多货物，利息也好。少刻回去，多买酒肉奉请。如今还有几样腰巾、荷包零星货物，要到前面巷内找个大户人家卖去。'"三十二回到了女儿国，林之洋发表了一段经商宏论："海外卖货，怎肯预先开价，须看他缺了那样，俺就那样贵。临时见景生情，却是俺们飘洋讨巧处。"已经完全是一副行家里手的样子了。

四、《常言道》里的"纯洁海洋"观念

《常言道》也为清末长篇小说。四卷十六回，题"落魄道人编"。书前有序，署"嘉庆甲子(1804)新正人日西土痴人题虎阜之生公讲堂"。"新正人日"指正月初七，这一天称为人节或人庆节。生公即梁僧竺道生。传说他在苏州虎丘寺聚石讲经，石皆点头。"落魄道人"的信息极少，从这句自序来看，似乎是苏州一带的人。序云："别开生面，止将口头言随意攀谈；进去陈言，只举眼前事出口乱道。言之无罪，不过巷议街谈；闻者足戒，无不家喻户

① 唐琰：《海洋迷思——〈三宝太监西洋记通俗演义〉与〈镜花缘〉海洋观念的比较研究》，《明清小说研究》2006年第1期。

晓。虽属不可为训,亦复聊以解嘲。所谓常言道俗情也云尔。"颇似作者语气,疑"西土痴人"与"落魄道人"为同一人。本书为寓言体讽刺小说,主要讽刺金钱万能论。它批判当时唯利是图的社会恶习。说金钱"无德而尊,无势而热,无翼而飞,无足而走,无远不往,无幽不至。上可以通神,下可以使鬼,系斯人之性命,关一生之荣辱。危可使安,死可使活,贵可使贱,生可使杀……真是天地间第一件的至宝"。有人评价为"痛快淋漓,又不乏机趣"。其叙事风格与《钟馗传》《斩鬼传》《何典》等小说属同一类型。它和《镜花缘》几乎同时问世,两书的艺术构思略有相近之处。[①]

《常言道》围绕"子母金银钱"展开。其基本结构是"小人国"和"君子国"对照描写。信奉金钱至上主义者钱士命(钱是命)、施利仁(势利人)都生活在小人国里。为了得到"子母金银钱",他们无所不用其极。与之形成鲜明对照的是生活在君子国的文明人。

小人国和君子国的位置都在海中。这两个海洋国家不同的金钱观和文化自觉成了海洋叙事的一种隐喻。小说以明代崇祯年间的时伯济(时不济)的海洋经历展开。时伯济出生官宦之家。父母兄弟子女,一家八口,"共处一堂,天伦叙乐,骨肉可欢,布衣甚暖,菜饭甚香。上不欠官粮,下不欠私债,无忧无虑,一门甚是快活"。但是时伯济静极思动,想出门去游历一番,不料在海边赏景的时候,掉落水中,却得海里龙神保护,没有被淹死,从此开始了海洋奇遇记。经过几天几夜的漂流,来到了一个海岛,那就是小人国。岛上的钱士命和施利仁获知时伯济曾经拥有子金银钱,顿时起了贪心。因为钱士命自己拥有母金银钱。如果子母金银钱能够合体,那将会拥有无穷的财富。于是"钱士命即(急)忙拿了家中的金银钱,同施利仁来至海边,两手捧了金银钱,一心要引那海中的子钱到手。但见手中的金银钱,忽然飞起空中,隐隐好像也落下海中去了"。不但没有得到时伯济的子金银钱,反而连自己的母金银钱也掉入海中了,大为懊丧。"钱士命独自一个在海滩,心忙意乱,如热石头上蚂蚁一般,又如金屎头苍蝇相似,一时情极,将身跳入海中,淘摸金银钱。那时白浪滔天,钱士命身不由主,又要性命,连叫几声救命,无人答应。逞势游至海边,慌忙爬上岸来,满身是水,宛似落水稻柴无二。"

---

① (清)落魄道人:《常言道》,《古本小说集成》编委会编《古本小说集成》,上海古籍出版社,1994年,《前言》第2页。

可是故事情节到了这里，却被很简单地解决了。当天夜里，钱士命坐在梦生草堂里，见到“满天蝴蝶，大大小小，在空中飞舞，看得钱士命眼花缭乱。忽而蝴蝶变作一团如馒头模样，落在钱士命口中，咽又咽不下，吐出来一看，却是两个子母金银钱”。这“子母金银钱”如此容易被得到，说明作者无意精心展开故事，而是把重点落在钱士命得到“子母金银钱”后的作为上。不久后其中一枚金银钱被人讹去，又上演了种种争夺的丑剧。

而时伯济则在燧人的帮助下，逃出了钱府。可是“只听得小人国内遍地的多要拿他，他堂堂六尺之躯，立脚不住，竟无存身之所。他欲要埋名隐姓，小人国内的人认识的居多，必须逃出小人国界”。这一逃，就逃到了大人国里。“那大人国的风土人情，与小人国正是大相悬绝。地土厚，立身高，无畏途，无险道。蹊径直，无曲折，由正路，居安宅。人人有面，正颜厉色；树树有皮，根老果实。人品端方，宽洪大量，顶天立地，冠冕堂皇。重手足，亲骨肉，有父母，有伯叔，有朋友，有宗族，存恻隐，知耻辱，尊师傅，讲诵读。大着眼，坦着腹，冷暖不关心，财上自分明。恤孤务寡，爱老怜贫。广种福田留余步，善耕心地好收成。果然清世界，好个大乾坤。”这是与小人国完全不同的世界，真是“高低两地各攸分”了。

一进入大人国，时伯济就遇到了“大人”。这个大人“是一个顶天立地的大人，家住大人国真城内，正行道路上。这人素不好名，故尔没有名字，人人都叫他大人。他生平只有两个朋友，一个叫谦谦君子，一个叫好好先生”。他的府邸，上书“正大光明”四字。左右挂一副对联，上联是“孝弟忠信”，下联是“礼义廉耻”。可见是处处与小人国对照着写的。

故事里，“大人”最终灭了小人国，钱士命之流也命丧金银钱。故事的结局象征道德和文明最终会战胜金钱至上主义。时伯济也改名为时运来，从海中回到老家，“一家欢乐得双钱福缘善庆”，成了一个美好的大团圆结局。

《常言道》是一部寓言性讽刺小说，其主旨是批判金钱崇拜观念。可是小说把故事空间设置在海洋之中。虽然小人国也在海中，可是小说显然是倾向于大人国的政治经济人伦生态的。“大人国”“大人之堂”意象也源自于《山海经》。这里的“大人”，既指身材高大的人，也指品德高洁的君子。它的含义与“君子国”是一致的，代表了一种“圣洁海洋”的观念。

五、结语

自先秦至清末，没有纯粹的以海洋活动作为观照对象的长篇小说的出现，固然是一个遗憾。尤其是本来有可能成为中国古代真正进行海洋书写的“郑和下西洋”题材，却被写成了一部一般水平的神魔小说，更让人有捶胸顿足之痛。但是上述的几部长篇小说中的海洋因素的存在，至少可以说明，在一些作家的文学世界的构建中，“海洋”仍然是重要的构成。在这些作家的笔下，“海洋”不仅是一个文学题材空间，而且还是许多思想观念的寄寓体和象征物。尤其当“海洋”被作为“内陆”的观照对象出现的时候，“海洋”的各方面美质都显得要比“内陆”优秀许多。这些长篇小说都出现在明清时期，这个时期中国已经有了经济社会的萌芽，传统的社会价值观发生了巨大的变化，知识分子群体开始受到猛烈的冲击。所以这些长篇小说，一方面反映出人们对于“内陆社会”（也就是作家们所处的现实社会）的失望和不满，另一方面也表露出他们开始憧憬、向往，甚至设想新的社会空间的出现和存在。在这样的背景下，辽阔无比、充满传说，可以让人浮想联翩的“海洋”就成了很好的描述空间。这几部长篇小说的共同特点是“游历”性书写，而这种“游历”，正是寻找新空间、对新空间进行对比性考察和探求的“合理”形式。

第七章　古代涉海叙事中“海洋家国”思想的书写与衍变

考察古代的海洋人文思想，有一个维度无法绕过也不能绕过。那就是“海洋家国”思想。

这里的“家国”包含两层意思。第一层是“家园”的意思，也就是“海洋社会”“海洋社区”这样的群居地区。第二层是“海洋国家”的意思，是一种国家（部落）结构的海洋组织形态。

一、“海洋家国”概念辨析

在中国的政治和社会实践中，古代“海洋家国”曾经存在过。

辽东半岛和山东半岛等沿海地区大量出现的贝丘遗址，说明早在新石器时代，中国沿海地区就已经有海洋家园的存在。自那以后，中国的海洋、海岛和沿海地区，始终不乏家园的存在。一部中国海洋文明史，实际上就是中国海洋家园的存在史、发展史。

那么古代的“海洋国家”是否存在过呢？我们的回答是：曾经存在过。但这个“海洋国家”，又不同于一般意义上的“国家”概念。

古代“海洋国家”，指的主要是“方国”，也就是部落型邦国。

如果考查“国”的词义，可知“国”最早作都城、城邑讲。甲骨文的“或”即“国”。“或”从“戈”从“口”。戈是武器，亦是军队；口为四方疆土，亦像城。“国”本身近于城墙之形，孙海波释“或”谓“国象城形，以戈守之，国之义也，古国皆训城”，徐中舒等认为“孙说可从”。在金文中，“或”可作邦国或疆界解，如《毛公鼎》铭文“康能四或”“乃唯是丧我或”。古代典籍中也有不少关于“国家”“万邦”或“万国”的记载，如《尚书·立政》“其惟吉士，用劢相我国家”，《诗·大雅·文王》“仪刑文王，万邦作孚”，《左传·哀公七年》“禹合诸侯于涂山，执玉帛者万国”，《战国策·齐策》“臅闻古大禹时，诸侯万国。……及汤之时诸侯三千。……当今之世南面而称寡者乃二十四”，《荀子·富国》“古有万国，今无十数焉”，《吕氏春秋·用民》“当禹之时，天下万国”。其中既有邦国，也包括方国、酋邦等。

“方”在甲骨卜辞中有“多方”之称，金文沿用则有“井方”“蛮方”之称。在传世文献中，《周易》有“高宗伐鬼方”的记载。《诗经·大雅·大明》“厥德不回，以受方国”。而《尚书·汤诰》：“王归自克夏，至于亳，诞告万方。”这里的“万方”如“万邦”，应是概指。商在尚未取代夏之前，是方国，灭夏以后就成为王国。同样，周灭商之前是方国，灭商后成为王国。“春秋五霸”“战国七雄”分别是春秋、战国时期实力较强的方国。[①]

中国在远古时代曾经也出现过许多海洋文明气息浓厚的滨海诸侯和部落性国家。正如有学者所指出，以地处北方东夷族和南方百越族建立起来的数个“海洋王国”为核心，远古时期中国海洋文明发展出典型的双核式空间结构。先秦时期，北方出现的齐国(前 893—前 221)、燕国(前 864—前 222)、莒国(前 1046—前 431)、莱国(前 11 世纪—前 567)，南方建立的吴国(前 12 世纪—前 473)、越国(前 2032—前 306)，以及汉朝时期的南越国(前 207—前 111)、闽越国(前 202—前 110)、东瓯国(前 192—前 138)、东越国(前 135—前 110)，皆是特征鲜明的海洋王国，受中央王朝干涉较少，形成了明显区别于陆地文明“车马、金玉、衣冠、农耕”，以“舟楫、珠贝、纹身、商贸、海战”为表征的中国海洋文明雏形。[②]

可惜的是这种海陆兼备的家国意识后来并没有成为全社会的集体意识，古代中国逐渐成为以大陆文明为主的内陆型国家。只是在一些涉海叙事作品中，“海洋家国”思想有或隐或显的存在。但是“海洋家国”的书写从来没有形成清晰的逻辑线索，也从来没有被明确提倡。所以实质上，或者说更多时候，这种“海洋家国”叙写与其说是一种政治社会结构的构建，还不如

---

① 袁建平：《中国早期国家时期的邦国与方国》，《历史研究》2013 年第 1 期。

② 高乐华：《中国海洋文明地理空间结构研究》，《中国海洋大学学报(社会科学版)》2016 年第 5 期。

说是一种文化意象的营造。

所以需要说明的是，本章使用的“海洋家国”一词，并非一个政治概念，更不是一个行政管理概念，而是一个文化概念。它指的是涉海叙事文本出现的由人居、行政、文化等多种元素构成而又相对孤立的人文单位。有时候它以“国”的名称出现，更多时候则以“村”“岛”等示人。在表达方式上，往往是象征性叙写，所以具有乌托邦性质。

二、先秦汉魏时期“海洋家国”意象营构

先秦时期，“国家”概念还处于“邦国”状态，就是众多诸侯国（部落）拥戴一个天子的松散型联邦。反映在涉海叙事中，这个时候出现的“海洋家国”中的“国”，也更多地体现为“方国”的形态。

先秦典籍《山海经》所记载的众多“国”就都属于方国。其中有许多与海洋有关系。它们也就成了中国古代的第一批“海洋家国”。如《山海经·海外南经》记载说：“讙头国……其为人人面有翼，鸟喙，方捕鱼。”类似的描写在《大荒南经》也出现过。“有人焉，鸟喙，有翼，方捕鱼于海。大荒之中，有人名曰驩头。……驩头人面鸟喙，有翼，食海中鱼，杖翼而行。”这里的“讙头国”便是海洋“方国”之一。里面的居民以捕鱼为生。

《山海经·海外南经》还有一条“长臂国”的记载：“长臂国在其东，捕鱼水中，两手各操一鱼。一曰在焦侥东，捕鱼海中。”“长臂国”也是《山海经》所记载的海洋方国之一，而且也是一个渔民部落。

《山海经·大荒南经》所记载的“张宏之国”，则更是一个信息量很大的海洋家园了：“有人名曰张宏，在海上捕鱼。海中有张宏之国，食鱼，使四鸟。”这个“张宏之国”不但是位于海洋之中的方国，而且还是从事早期张网作业的渔业群落。

另外《海经·大荒北经》“又有无肠之国，是任姓。无继子，食鱼”和“有人方食鱼，名曰深目民之国，盼姓，食鱼”中的“无肠之国”与“深目民之国”，都是以海洋渔民为主的部落群居地。

如果说《山海经》里所记载和描述的这些“海洋家国”，虽然有些稀奇古怪，但基本上还是属于一种“客观存在因素”的话，那么《列子》和《海内十洲记》等秦汉典籍所描述的“海洋家国”，则更多地偏向于一种“文化家国”，成

了文学意象营构。

《列子·汤问第五》中的“神仙五山”和“龙伯之国”以及东方朔《海内十洲记》里描述的神仙岛，虽然都呈现为“国”的形态，但这种“海洋国家”是秦汉浓厚的海上神仙思想的一种间接反映，所以它们是仙语文化的一种具象性表述。

《列子·汤问第五》：“渤海之东不知几亿万里……有五山焉：一曰岱舆，二曰员峤，三曰方壶，四曰瀛洲，五曰蓬莱。其山高下周旋三万里，其顶平处九千里。山之中间相去七万里，以为邻居焉。其上台观皆金玉，其上禽兽皆纯缟。珠玕之树皆丛生，华实皆有滋味，食之皆不老不死。所居之人皆仙圣之种，一日一夕飞相往来者，不可数焉。而五山之根无所连箸（著），常随潮波上下往还，不得蹔（暂）峙焉。仙圣毒之，诉之于帝。帝恐流于西极，失群仙圣之居，乃命禺彊使巨鳌十五举首而戴之。迭为三番，六万岁一交焉。五山始峙而不动。而龙伯之国有大人，举足不盈数千而暨五山之所，一钓而连六鳌，合负而趣归其国，灼其骨以数焉。于是岱舆、员峤二山流于北极，沈于大海，仙圣之播迁者巨亿计。”[①]

这里列子描述了五座神仙海岛，但是如果我们撇去它上面的仙语文化色彩，那么就可以把它们还原成一个“海洋家国”。上面有人居住，物产丰富，岛民之间还经常走动交往。他们接受“帝”的统治，而这个“帝”乃是海陆两地的统治者，说明这些岛国还不是独立的存在，更接近于“邦国”“方国”这样的部落群体的性质。同文中的“龙伯之国”也是如此。

公元前221年，秦始皇统一了全国，中国从此进入“一统”的国家形态，“方国”概念逐渐退出历史舞台，但是在秦汉魏晋诞生的涉海书写中，方国层次的“海洋家国”仍然不断地被描述，只不过这个时候的“海洋家国”与其说是行政管理单位，还不如说是文化意义上的叙述空间了。

东方朔《海内十洲记》里的“神仙岛”就是如此。它虽有客观的海上家国的影子，但本质上已经属于海上神仙话语的文化体现了。譬如：“瀛洲在东海中，地方四千里，大抵是对会稽，去西岸七十万里。上生神芝仙草。又有玉石，高且千丈。出泉如酒，味甘，名之为玉醴泉，饮之，数升辄醉，令人长生。洲上多仙家，风俗似吴人，山川如中国也。”[②]这个“瀛洲”岛非常接近于

① 《列子》，中华书局，1985年，第61—62页。

② （汉）东方朔：《海内十洲记》，《汉魏六朝笔记小说大观》，上海古籍出版社，1999年，第65页。

世俗社会。“大抵是对会稽”,“会稽”即浙江绍兴一带。岛上居住的虽然也是“仙家”,但是他们的风俗却“似吴人”。会稽、吴地属于江浙地区。这段话明确暗示,“瀛洲”岛就在江浙东面的海中,它们之间有非常密切的关系。所以这段描写和记载,与其说是“仙家”和“俗人”两种文化形态的区别,还不如说是海洋社会和内陆社会两种社会家园的交往。

无论《海内十洲记》的真正作者是不是东方朔,《海内十洲记》里的“十洲”,很多都具有“海洋家国”的影子,则是可以确定的。西汉时期还有一部也是署名为东方朔的《神异经》,里面也有关于“海洋家国”的记述。《神异经·西荒经》:“西海之外有鹄国焉,男女皆长七寸。为人自然有礼,好经纶拜跪。其人皆寿三百岁。其行如飞,日行千里。百物不敢犯之,唯畏海鹄,过辄吞之,亦寿三百岁。此人在鹄腹中不死,而鹄一举千里。”[①]这个“鹄国人”的故事流传十分广泛,有人还编出了非常曲折的故事。故事说鹄人生活在海里的一个石头岛上,环岛一周不过几公里,岛上却有鹄人 30 万。岛上落脚之地狭小,而鹄人却越来越多。脚下的国土非但未曾增长半寸,反而在海浪的剥蚀中日渐萎缩,他们只得缩小身形来生活。随着人丁越来越多,他们的身形就一缩再缩。鹄国的王,往往是由国内最矮小之人来充任,皆因鹄国以矮小为荣,以魁梧为耻,所以矮小者历来受到敬重。鹄国的王出行时,手中必持一根铁杖,铁杖上布满弯钩。海风起时,那些弯钩就会适时钩住礁石或树木,国王借此铁杖稳住身形。[②]

这个后人演绎的故事突出了鹄国人的矮小,却忽视了他们“为人自然有礼,好经纶拜跪”的一面,说明鹄国这个“海洋国家”文明程度非常高。故事还暗示,海洋生活十分艰难,因为国人经常被海洋大鸟“海鹄”生吞。尽管如此,鹄国人还是坚强地活着,纵然被“海鹄”吞进肚子,还能存活 300 年。

显然这是一个寓言化的海洋故事,这样的“海洋国家”不可能存在。它以海洋神话的形式表达了海洋世界的奇异性。它是《山海经》里出现的“君子国”意象的拟写。

《神异经·东荒经》还描述了一个发生在名为“沧浪之洲”的海洋方国里的“强木”故事。虽然包含有比较丰富的客观现实因素,但其实也是一种对于美好追求的虚拟想象。“东海沧浪之洲,生强木焉,洲人多用作舟楫。其

---

① (汉)东方朔:《神异经》,《汉魏六朝笔记小说大观》,上海古籍出版社,1999 年,第 55 页。

② 盛文强:《海怪简史》,中央编译出版社,2016 年,第 52 页。

上多以珠玉为戏物，终无所负。其木方一寸，可载百许斤。纵石镇之不能没。”[①]表面上看，这是一个现实版的海洋社会谋生叙写。这个“沧浪之洲”是一个鲜活的“海洋岛国”，岛国上的人用岛上特产强木来造船。但是其文学的意象色彩仍然是非常明显的。他们造出来的船，虽然很小，载重量却非常大，就算船上装满了石头，也不会沉没。这样的船，在西汉时期是不可能出现的。那时海上灾难非常多，船沉没是经常性的事故，幻想有“不沉之船”出现是海上人的共同心愿。

进入南北朝时期后，整个社会文明基本上已经完全内陆化，但“海洋家国”的书写并没有消失。前秦王嘉《拾遗记》中的“宛渠国”就是一例：“始皇好神仙之事，有宛渠之民，乘螺舟而至。舟形似螺，沉行海底，而水不浸入，一名‘沦波舟’。其国人长十丈，编鸟兽之毛以蔽形。始皇与之语，及天地初开之时，了如亲睹。”[②]这个故事幻想的海洋中的“宛渠国”，有非常高超的造船技术，能够造出后世潜水艇一般的潜水器。它比《神异经》中的“强木船”更加神奇，所以其想象性和意象性也就更加明显。但是如果我们透过这个故事的“文学想象”，撇去它身材矮小等虚诞因素，那么是不是也可以看到这样一种信息：海洋社会里的民众，已经更加“家国”化，他们以一定的组织结构抱团生存和发展，而且已经有了高度的文明，能够造出航行于大海的舟船了。

三、唐宋时期“海洋家国”的纪实性书写

先秦汉魏之后，大一统的国家形态成为中国的基本形态，先秦时期那种松散又规模很小的“方国”再也没有存在的空间，所以秦汉以后出现的“海洋家国”，基本上都是一种“文化营构”了。

唐宋时期的海洋书写就是如此。

唐宋是中国海洋开发的重要节点。南海的开发就主要从唐朝开始。这从韩愈《南海神庙碑》等文中可以得到证明。宋朝的海运非常发达，尤其南宋定都杭州后，由于紧邻东海，海洋的开发利用得到进一步的开展。

---

① （汉）东方朔：《神异经》，《汉魏六朝笔记小说大观》，上海古籍出版社，1999年，第50页。

② （前秦）王嘉：《拾遗记》，《汉魏六朝笔记小说大观》，上海古籍出版社，1999年，第520页。

唐宋海洋事业的发展，在涉海叙事中有显著的体现。据不完全辑录，唐宋笔记小说中与海洋有关的书籍多达 37 部，涉海故事达一百多篇。其中也有多篇与“海洋家国”想象有关的书写。虽然与《山海经》里大量的海洋方国和《海内十洲记》里的“海洋神仙方国”相比，唐宋时期涉海叙事所描述和构建的“海洋家国”显得数量不多，但一直绵绵未绝，而且具有鲜明的写实倾向，具有特殊价值。

段成式《酉阳杂俎》有一篇《长须国》。故事发生在唐朝时候一个名叫“长须国”的海洋国家里。这个海洋国家在中国海域与新罗海域之间，所谓“东海第三汊第七岛”是也。这个国家人人都留长须。“人物茂盛，栋宇衣冠，稍异中国。……其署官品有正长、戢波、目役，岛逻等号。”其使用的语言，与“唐言”相通，说明它也是在汉文化圈范围之内的。这个国家本来文明富裕，人民安居乐业，但是有一天，忽然大祸降临，“君臣忧戚”，惶惶不可终日。原来这是一个“虾国”，这里的臣民都是海虾。海龙王这个月的食谱就是海虾，因此“龙须国”有灭顶之灾。最终得“中原士人”相救，得以幸免。[①]这是一个变异性海洋书写故事，这种将海物进行人性化变异处理，或者说将人情世界变异为海洋生物世界的书写方法，在古代涉海叙事里有大量存在。不要以为这是一种天方夜谭式的胡编乱造，其实这是海洋社会严酷生存环境的一种曲折反映。“海洋家国”孤悬海中，国土面积小，国家实力有限，所以经常遭受各种强力的欺侮，随时有灾祸降临。何况这些“海洋家国”中，有许多还远远达不到“国”的程度，更多的是一些部落性群居，甚至干脆就是后世所说的渔村渔岛，战战兢兢朝不保夕的生存境遇更为普遍，所以《长须国》里“虾人”的遭遇，其实就可以理解为这种海洋生存形态的体现。

当然，在唐宋时期的涉海叙事中，有些“岛国”也显得很有势力。段成式《酉阳杂俎》中另有一篇《叶限》，里面出现的“陀汗国”就是如此。故事描述一位名叫叶艰的少女，长受继母欺凌，所幸有一条鱼安慰。这条鱼是她无意中所得，养于后池，却是通灵之物。后继母使诈杀了这条鱼并吃了它。叶艰痛哭不已，因此感动了神灵，最终善恶得报。这本是一则因果善报的普通故事，却出现了一个海洋国家陀汗国。这个陀汗国位于南海，“兵强，王数十岛，水界数千里”。这是一个非常强大的海洋国家。这个陀汗国王帮助叶艰成为一位“上妇”。作者段成式说这个国家的情况，是他原来的家人李士元

① (唐)段成式:《酉阳杂俎》,中华书局,1981 年,第 132－133 页。

说的。李士元是南海本地人，“多记得南中怪事”[①]。这个普通的因果报应故事，由于这个海洋国家的存在，顿时变得很有意思。

宋人朱彧的《萍洲可谈》也有许多南海海洋国家的记叙。其卷二《三佛齐》记载：“海南诸国，各有酋长，三佛齐最号大国，有文书，善算。商人云，日月蚀亦能预知其时，但华人不晓其书尔。地多檀香、乳香，以为华货。三佛齐舶赍乳香至中国，所在市舶司以香系榷货，抽分之外，尽官市。近岁三佛齐国亦榷檀香，令商就其国主售之，直增数倍，蕃民莫敢私鬻，其政亦有术也。是国正在海南，西至大食尚远，华人诣大食，至三佛齐修船，转易货物，远贾幅凑，故号最盛。”[②]

“三佛齐”是两宋时期南洋地区的一个海洋“强国”，与中国交往非常密切。宋人周去非《岭外代答》记载说：“三佛齐国在南海之中，诸蕃水道之要冲也。东自阇婆诸国，西自大食、故临诸国，无不由其境而入中国。”[③]但它到底指现在的哪一个国家，尚未有定论。有人说可能指现在马来半岛，也有人认为“三佛齐”一词中“三”字或许别有深意，可能代表苏门答腊岛、爪哇岛和马来半岛三个地区。英国汉学家杜希德在沉船考古文献基础上提出，三佛齐或许意味着“三个佛齐”。不过，更多学者认为《诸蕃志》等文献中的三佛齐位于今天印度尼西亚苏门答腊岛。[④] 可见朱彧笔下的“三佛齐”，不是虚构的文学想象，而是一种写实性的记载。

“三佛齐”等南洋诸国在宋代的涉海叙事中有很丰富的记载。周去非《岭外代答》中就有“海外诸蕃国”的众多描述，其中占城国、真腊国、蒲甘国、阇婆国、故临国、注辇国等记载相当详细。另外还有“东南海上诸杂国”和“航海外夷”的描述，都为后人保留了当时许多域外海洋国家的信息。这说明两宋尤其是南宋时期，中国有过一个通过海洋进行海外交流的文化互动热潮。

这种写实性倾向同样体现在宋人洪皓《松漠纪闻》中的“渤海国”叙写中。“渤海国去燕京女真所都，皆千五百里，以石累城足，东并海。”这里有鲜明的地域特色：“其王旧以大为姓，右姓曰高、张、杨、窦、乌、李，不过数种，部

---

① （唐）段成式：《酉阳杂俎》，中华书局，1981年，第200—201页。

② （宋）朱彧：《萍洲可谈》，《宋元笔记小说大观》，上海古籍出版社，2001年，第2311页。

③ （宋）周去非：《岭外代答》，中华书局，1985年，第22页。

④ 汪汉利：《三佛齐：宋代海上丝绸之路重要节点》，《浙江海洋大学学报（人文科学版）》2017年第6期。

曲奴婢无姓者，皆从其主。妇人皆悍妒，大氏与他姓相结为十姊妹，迭几察其夫，不容侧室及他游，闻则必谋置毒，死其所爱。一夫有所犯而妻不之觉者，九人则群聚而诟之。""男子多智谋骁勇，出他国右，至有'三人渤海当一虎'之语。"[①]渤海国是真实的历史存在，是唐朝册封的一个地方政权。无论关于渤海国的历史评价如何，它是中国历史上曾经真实存在过的一个海洋"方国"，而且存在了200多年，则是不争的事实。它的国民起初是靺鞨、契丹、奚人、高句丽和汉人等多民族混合，后来形成了独立的渤海族。在"海东盛国"时代，其民族认同感得到增强，同时被他者所承认。"渤海族"在渤海国灭亡之后，仍然较长时间活跃在辽金治下，直到金末元初方消亡。[②] 洪皓《松漠纪闻》中的"渤海国"人，就是"渤海族"人，他们的骁勇强悍跃然纸上。

在唐宋的涉海叙事文学中，除了有关海洋"国家"的记载，还有许多海洋"家园"的可贵资讯。北宋徐兢《宣和奉使高丽图经》中的"沈家门"，就是一个现实性的由渔民组成的海洋小家园。徐兢对此的记载，也是非常写实的。"其门山与蛟门相类。而四山环拥，对开两门，其势连亘，尚属昌国县。其上渔人樵客，丛居十数家，就其中以大姓名之。申刻，风雨晦冥，雷电雨雹欻至。移时乃止。是夜，就山张幕，扫地而祭。舟人谓之祠沙，实岳渎主治之神，而配食之位甚多。每舟各刻木为小舟，载佛经糗粮，书所载人名氏，纳于其中，而投诸海。盖禳厌之术一端耳。"[③]后来沈家门发展成为世界著名的渔港，但是在北宋的时候，它仅仅是一个只有"十数家"渔民和樵客的小渔村。可是他们已经有了比较仪式化的海洋民间信仰习俗。徐兢《宣和奉使高丽图经》中有关"沈家门"的描述，是古代涉海叙事中"海洋家国"人文意识的重要资讯。

宋人张师正《倦游杂录》中有关海洋"珠人"的记载，也属于"海洋家园"的信息。"海滩之上，有珠池，居人采而市之。……珠池凡有十余处，皆海也，非在滩上。自某县岸至某处，是某池，若灵渌、囊村、旧场、条楼、断望，皆池名也，悉相连接在海中，但因地名而殊矣。断望池接交趾界，产大珠，而蜑往采之，多为交人所掠。海水深数百尺已上方有珠，往往有大鱼护之，蜑亦

---

① (宋)洪皓:《松漠纪闻》,《宋元笔记小说大观》,上海古籍出版社,2000年,第2792—2793页。

② 苗威:《渤海族的凝聚及其消亡》,《延边大学学报(社会科学版)》2017年第5期。

③ (宋)徐兢:《宣和奉使高丽图经》,中华书局,1985年,第119页。

不敢近。"[①]这里还出现了"蜑"。"蜑"即疍民。与张师正同时代的周去非《岭外代答》中有详细记载:"以舟为室,视水如陆,浮生江海者,蜑也。钦之蜑有三:一为鱼蜑,善举网垂纶;二为蚝蜑,善没海取蚝;三为木蜑,善伐山取材。"这里除了"木蜑",其他两类,"鱼蜑"和"蚝蜑",都生活在海洋中。"夫妇居短篷之下,生子乃猥多,一舟不下十子。儿自能孩,其母以软帛束之背上,荡桨自如。儿能匍匐,则以长绳系其腰,于绳末系短木焉。儿忽堕水,则缘绳汲出之。儿学行,往来篷脊,殊不惊也。能行,则已能浮没。蜑舟泊岸,群儿聚戏沙中,冬夏身无一缕,真类獭然。蜑之浮生,似若浩荡莫能驯者,然亦各有统属,各有界分,各有役于官,以是知无逃乎天地之间。广州有蜑一种,名曰卢停,善水战。"[②]"海洋疍民"是一种特殊的海洋社区现象,一直延续到近代,各代涉海叙事多有描述。他们世世代代生活在海上,很少与外界交往,有自己独特的生活习性和文化信仰,是一个非常典型的海洋社区形态。

唐宋时期的海洋家国书写还有一种形态,即"海外避世家园"。宋张邦基《墨庄漫录》中记叙了这样一个故事。在汪洋大海之中,生活着一群三四百人构成的"中原人"。他们"自唐末巢寇之乱,避地至此"。他们在岛上过着类似神仙的生活,可是却又"'笑秦',意以秦始皇遣徐福求三山神药为可笑也"。因为他们坚持认为"我辈号处士,非神仙,皆人也"。可是岛上异常富饶,"山中良金美玉,皆至宝也,任尔取之"。它的具体位置在"明州海次"[③],也就是东海之中。可见在宋朝,东海是中华海洋文明的代表性区域。

四、明清小说中的"岛国"想象和书写

进入明清后,由于两朝政府都进行了长达百余年的"海禁"政策,"片舟不得入海"的现实使得有关"海洋家国"书写的内容和方向都有了很大改变。两宋以来的写实性"海洋家国"没有被传承,有关"岛国"的叙事更多的是一种想象性虚拟。

---

① (宋)张师正:《倦游杂录》,《宋元笔记小说大观》,上海古籍出版社,2001年,第750页。

② (宋)周去非:《岭外代答》,中华书局,1985年,第29页。

③ (宋)张邦基:《墨庄漫录》,《宋元笔记小说大观》,上海古籍出版社,2001年,第4664—4665页。

冯梦龙《情史》卷二十《情妖类》有一篇《猩猩》[1]，叙写金陵商客富小二在从事海洋贸易的时候，不幸遇上了风暴，商船沉没，他自己被风浪冲到了一个海岛上。这个海岛其实是一个土著居住的岛国。岛国上的人"披发而人形……遍身生毛，略以木叶自蔽……言语极啁啾，微可晓解"。他们居住在岛上的洞穴里，以生果为食。虽然是蛮荒岛国，却也有相当的文明程度。"亦秩秩有伦，各为匹偶，不相杂揉。"岛国的人待人非常热情，"逢人皆喜挟以归"，绝对不会欺负外人，而且还处处为人着想。见富小二流落至此，寂寞无侣，他们竟然主动"共择一少艾女子以配"。所以这个海商富小二虽然遭遇了海难，却在这个陌生的岛国里处处感受到了温暖。他和岛女日久生情，"旋生一男"，组成了新的家庭，开始了一种崭新的海岛生活。这个岛国上的人，虽然长相犹如猩猩，浑身长毛，但是勤劳、善良、多情。他们的后代也具有优秀品质。富小二的儿子后来随父回到了大陆，"赋性极驯"，而且在父亲的指导下，还能主持负责一家"茶肆"的运营。

"猩猩国"的故事比较温情，但是"鬼国母"的故事却较为凄凉了。冯梦龙《情史》卷九《情幻类》的《鬼国母》[2]，其故事开头与《猩猩》相似，也是说有一个叫杨二郎的建康巨商，"数贩南海，往来十余年，累赀千万"，有一次遭遇海难。虽然富小二的海难是遇到风暴，杨二郎是遇到了海盗，但遭遇都差不多，"同舟尽死，杨坠水得免，逢木抱之，浮沉两日，漂至一岛"。故事的核心也是在上岛后展开的。富小二在岛国遇见的是猩猩状的土著，杨二郎在山洞中看见的却是"男女多裸形，杂沓聚观"。杨二郎也在这个岛国住下来了，也与一名岛女成婚，开始了新的生活，"饮食起居与世间不异"。但是后来杨二郎却发现，这是一个"鬼国"，岛上的人全是死于海难的鬼魂。自古以来，海洋社会充满了风险，死于海难的人不计其数，所以《鬼国母》虽然是一种虚拟描写，其实却有血泪斑斑的现实基础。

冯梦龙《情史》卷二十一《情妖类》中的另外两篇，《焦土妇人》和《海王三》，对于"海洋家国"的描写，更具有现实主义的震撼力量。在《焦土妇人》[3]里，"海洋家国"呈现为一种"海洋社区"的形态，类似于《山海经》里的"邑""市""堂"或"山(即岛)"。只是《焦土妇人》里的"海洋社区"规模更小，

---

① (明)冯梦龙:《情史》，岳麓书社，2003年，第479页。
② (明)冯梦龙:《情史》，岳麓书社，2003年，第175页。
③ (明)冯梦龙:《情史》，岳麓书社，2003年，第477页。

而且还是一个“女儿国”。故事叙写泉州一个海商，遇见风暴，落水后靠一根木头漂浮至一个海岛。海岛上的女人，“举体无片缕，言语啁啾不可解”，见有男人上岛，非常高兴，把他拉进山洞，白天供他“异果”，到了夜里则“共寝”。这样的日子过了七八年，两人生育了三个儿子。可是这个海商归去的心始终没有消磨，终于觅得一个机会逃走了。“妇人奔走，号呼恋恋，度不可回，即归取三人，对此人裂杀之。”一场惨绝人寰的悲剧因此而产生。

《海王三》[①]的故事与此类似，叙写一个海商在泉州南部海域遭遇风暴，被海浪带到了一个岛上。岛上的女人“留与同居，朝夕饲以果实”，这样一年多后，生育了一个儿子。与《焦土妇人》不同的是，这个孩子后来被海商带到了内地，过起了普通人的生活。但海岛上的女人仍然孤苦伶仃，则是一样的。

这两个海岛，生活的都是女人，与世隔绝，以野果为生，虽然看起来很荒谬，其实有深刻的现实背景。海洋生活艰辛，海难事故频发，生命得不到保障，所以海洋社会里往往多丧夫失子的女人，“女儿国”社会其实是斑斑血泪写就的。

清代的“海洋家国”叙写也呈现为虚拟性。一些所谓“游历性”描述似乎是写实，其实也是想象的。这在李汝珍的《镜花缘》中体现得非常明显。《镜花缘》借用《山海经》中海洋方国的名称，写了30多个海外奇国。作者使用的手法主要有两种。一种是就《山海经》中所记奇国其人之形体特征，诸如“长臂”“结胸”“毛民”“无肠”等，作者解说其生成缘故，并以附会之法嘲谑人情世态。另一种类型是叙写其人在形体上与现实中的人了无差异的海外奇国，如君子国、淑士国、女子国、黑齿国、歧舌国，其人都与现实中的人完全一样。这一类国度几乎全是文明之邦，有些地方的人不仅都读书，还颇有些学问才艺。作者通过描述他们来嘲谑世情。[②] 对于《镜花缘》的这些描写，各人评价不一样，但是它属于一种“海洋家国”描述，则是肯定无疑的。

---

① (明)冯梦龙:《情史》，岳麓书社，2003年，第478页。

② 袁世硕:《〈镜花缘〉和〈山海经〉》，《东岳论丛》2004年第3期。

五、晚清小说中“海洋政治国家”的想象和书写

刘鹗《老残游记》开头有“危船一梦”的寓言式设置。对那条船，他是这样描述的：“这船虽有二十三四丈长，却是破坏的地方不少：东边一块，约有三丈长短，已经破坏，浪花直灌进去；那旁，仍在东边，又有一块，约长一丈，水波亦渐渐浸入；其余的地方，无一处没有伤痕。”

将《老残游记》译成英文向西方进行介绍的谢志清，特地加注说明：“二十三四丈长”代表1911年辛亥革命前中国的二十三四个行省，“约有三丈长的”破漏，代表当时的满洲正受“日俄窥伺”，“东边的伤痕”则是指“受英、德虎视眈眈的山东”。[①]

这是晚清时期“海洋政治国家”书写的一个典型例子。

政治小说是清末文坛的一大奇观。连梁启超都曾经热衷于此，亲自创作《新中国未来记》这样的“政治乌托邦”小说。根据江苏省社会科学院文学研究所编《中国通俗小说总目提要》、阿英编《晚清小说目录》和上海图书馆编《中国近代期刊篇目汇录》等资料，可知晚清政治乌托邦小说多达20多部。

其实从清代中叶前后开始，“海洋政治小说”已经被有意“国家化”。沈起凤《谐铎》中的《蜣螂城》[②]叙写一个海洋岛国，以臭为美，把一个“竟体芳兰”的书生荀生视为异类。荀生在这样的社会环境里渐渐“同质化”，也变成一个浑身臭气的俗人。显然，这个“蜣螂城”虽然也是“海洋家国”，但是再也没有“海洋君子国”“海洋大人堂”的优秀品质了，甚至都比不上普通的海洋社区，“蜣螂城”成了当时中国政治生态的一种比喻。

宣鼎《夜雨秋灯录》中的《北极毗耶岛》[③]则是另外一种形态的“海洋家

---

① [美]夏志清：《中国现代小说史》，复旦大学出版社，2005年，第357页。

② (清)沈起凤：《谐铎》，人民文学出版社，1985年，第149—150页。

③ 宣鼎《夜雨秋灯录》版本比较复杂，岳麓书社1985年版、齐鲁书社1986年版(2000年再版)、重庆出版社1996年版均不见《北极毗耶岛》一文，但上海古籍出版社1987年恒鹤(曹光甫)点校本、长春时代文艺出版社1987年宋欣点校本等以真本(上海申报版)为底本的版本，均收有此文。本文依据长春时代文艺出版社1987年宋欣点校本版。(清)宣鼎：《正续夜雨秋灯录》，时代文艺出版社，1987年，上册，第204—208页。

国”书写。这个故事有明确的时代概念:“道光”年间;有确切的故事空间:天津口外两日海路的一个岛屿;有故事经历者:松江朱笏岭某科孝廉。故事叙述孝廉经海路赴京兆试,途中遭遇海难,被风浪逐至一个海岛。该岛城郭巍峨,人民熙攘,“无异中华”。但是他们极为尊重孝廉,因来自“天朝”的他能为岛人传授六经。“乞每晨隔壁口授,使若辈同声习之,即沾花化雨无量。”孝廉答应了。他的学生在山洞内,他隔着洞门传授。“师生虽不面,然久亦闻声而辨某某,名则皆咬牙吃舌字”,甚有古意。岛主酒酣之时,拔剑歌舞:“谁言山苍苍,我有飞虹梁。谁言海茫茫,我有青雀舫。”原来岛上是中国上古初民的后代,他们在远离本土的海上建立起一个海洋国家,文明程度极高。

到了晚清时期,中国社会进入急剧变革期,很多人开始考虑未来“新中国”的“国家形态”,“海洋国家”意识再次成为政治话语。陈天华《狮子吼》[①]设想未来的“中国”是一个建立在东海大岛上的“海洋国家”。他构思、描述了一个叫“舟山民权村”的“共和国雏形”。这部作品虽然没有最终完成,但陈天华建立“海洋共和国”的思想是非常清楚的。

晚清时期还出现了另外一个“海洋国家”的小说构想,那就是何迥《狮子血》。[②]《狮子血》又名《支那哥伦波》,叙述山东人查二郎率人经略海洋,在海外建立起一个“海洋国家”的故事。它不但是一部中国很罕见的海洋冒险小说,而且还有“开拓海洋国土”的意识。

无独有偶,这种“开拓海洋疆土”的思想在清末老骥氏《大人国》[③]里也有所体现。小说叙述一艘海船遇上风暴后,船民上了一个巨人居住的海岛。船民依仗手中先进的武器,企图制伏巨人,将该岛占为己有,为自己所在国开拓疆土。虽然该小说叙述人自称是英国人,反映一种英国人的海洋殖民思想,但是如果将它与陈天华《狮子吼》、何迥《狮子血》联系起来考察,可知建立海洋国家、开拓海洋国土,已经成为当时许多人的共识。

---

① (清)陈天华:《狮子吼》,《猛回头:陈天华 邹容集》,辽宁人民出版社,1994年,第86—169页。

② (清)何迥:《狮子血》,江苏省社会科学院文学研究所编《中国通俗小说总目提要》,中国文联出版社,1990年。

③ (清)老骥氏:《大人国》,《月月小说》第六号、第七号、第八号连载,光绪丁未二月发行。

六、结语

“海洋家国”是一种政治概念，“海洋家国”书写则是一种文学形态。这里的“家国”不同于一般意义的“国家”概念，更多的是“家园”的意思。它是一种“海洋社会”单元，也是一种海洋文学意象。随着国人对于海洋认识的不断变化，这种书写也从实到虚、从虚到实、虚实混合，经历了种种曲折丰富的变化。

从上述的梳理中，还可以看出，每到形势板荡，总有人会想到“海洋家国”。“海洋家国”成为许多人的政治和人伦向往之处。进入清朝后半叶，眼见“强敌”总是从“海上”而来，这种向往越发显得具有现实意义。

“中国海洋文明存在于海陆一体结构中。中国既是陆地国家，又是海洋国家，中华文明具有陆地与海洋双重特性。中华文明以农业文明为主体，同时包容游牧文明和海洋文明，形成了多元一体的文明共同体。海洋文明是中华文明的源头之一和有机组成部分。”[①]而今，中国正大踏步从“黄色海洋”走向“深蓝”，“海洋家国”思想或许会渐渐成为“国家意识”和“全民意识”。

① 杨国桢：《扎实推进中国海洋文明研究》，《人民日报》2015年11月17日第7版。

第八章 古代涉海叙事中的海洋经济活动信息

海洋经济是一个广泛的概念。根据2003年5月中国国务院发布的《全国海洋经济发展规划纲要》,“海洋经济”指的是“开发利用海洋的各类产业及相关经济活动的总和”。现代的海洋经济主要包括海洋渔业、海洋交通运输业、海洋船舶工业、海盐及海洋化工业、海洋油气业、滨海旅游业等。但是在中国古代,海洋经济活动内涵相对要狭窄一点,主要指海洋渔业、海洋贸易和与之有关的海洋交通运输等。

古代中国没有明确的海洋经济概念,所以相关信息都分散在各种文献中,需要后人悉心钩稽。其中涉海叙事文献就有多方面的记载和描述。早期的海洋经济信息都是非常分散又模糊的。例如《山海经》中有捕鱼活动的碎片描述,但还远不能说是已经形成了叙事。比较成熟的涉及海洋经济活动信息的叙事文本出现于宋朝。宋洪迈《夷坚志》中的《王彦大家》里有“忽议航南海营舶货”之句,这是非常清晰的海洋贸易信息。

本章主要介绍涉海叙事古文献中所包含和反映的海洋经济活动信息。为了叙述的清晰明了,本章拟以浙江、福建、江苏等重要沿海地区为基本对象。古代海洋经济活动的重要地区两广(南海)一带,因另有专章予以介绍,故没有在这里列入。

一、古代海洋经济活动的“浙江信息”

浙江区域自古以来就是中华海洋文明的重要发源地和聚集区。尤其自南宋开始，朝廷的祭海地点从山东半岛南移至会稽（绍兴）海边，东海实际上取代“北海”，成为中华海洋文明的核心区域。

处于中华海洋文明核心区域的浙江，拥有非常丰富的海洋文献资源。涉及海洋交通方面的有三国时期的《扶南异物志》和《吴时外国传》，南宋时期的《诸蕃志》和《岭外代答》，元代有《真腊风土记》，明代有《瀛涯胜览》和《海运志》等。与海洋建设有关的有唐时的《海涛志》、五代时候的《海潮论》、明代的《海塘录》和清代的《海潮说》等。这些海洋文献，有的是浙江人所撰写，有的涉及浙江的海洋活动。[①]

（一）宋郭彖《睽车志》中的“四明巨商”

宋人郭彖的笔记著作《睽车志》中，有这样一则故事，说南宋绍兴辛未年（1151），四明（宁波）“有巨商泛海行”。其间遭遇风暴，商船被风浪刮到了一个陌生的海岛。这个海岛“绝无居人”，却“有梵宫焉，彩碧轮奂，金书榜额，字不可识”。梵宫周围还种植有一种“干叶如丹”的珍稀小竹。这个宁波巨商恳请梵宫的僧人让他带一两支回去，“欲持归中国为伟异之观，僧自起斩一根与之”。这就是普陀落伽（迦）山“观音坐后旃檀林紫竹”的来历。[②] 这个故事的主旨也许不在描述海洋经济活动，但是它说明南宋期间宁波一带已经出现了从事海洋贸易的“巨商”。

（二）宋洪迈《夷坚志》中的“海山异竹”

宋洪迈《夷坚志》中的“海山异竹”，叙述一个温州海商，有一次遭遇风暴，连人带船被刮到了一个荒岛。这个岛上没有其他什么东西，却有大批的竹林。这个温州商人就砍伐了十竿，“拟为篙棹之用”。刚刚砍到第十株竹子时，忽然有一个白发老者出现，连连催促他们回去。“此是何世，非汝所当留，宜急回，不可缓也。”在老者的指点之下，他们顺利地回到了故乡的港口。十株竹子已经用去了九支，只剩下一支了，却被内行人告知这不是一般的竹子，而是“聚宝竹”，“每立竿于巨浸中，则诸宝不采而聚”，它们只长于“宝伽山”。[③] 后来他们再去寻找，自然再也找不到这“宝伽山”之所在了。

---

① 张杰、程继红：《浙江海洋古文献考略》，《浙江海洋学院学报（人文科学版）》2013 年第 5 期。

② （宋）郭彖：《睽车志》，《宋元笔记小说大观》，上海古籍出版社，2001 年，第 4105—4106 页。

③ （宋）洪迈：《夷坚志》，重庆出版社，1996 年，第 107 页。

这个故事属于普通的海洋奇遇叙事,它反映了古人坚信不疑的"海洋财富"的观念。但是文中开头"温州巨商张愿,世为海贾,往来数十年,未尝失时"这几句话,却包含了丰富的信息。这是海洋小说中明确出现了温州海商的形象,而且还是几十年从事海洋贸易的巨商。说明早在南宋时期,温州一带的海洋经济贸易活动已经相当繁荣。它与郭彖《睽车志》中"四明有巨商泛海行"的记叙形成了互证。

(三)宋张邦基《墨庄漫录》"明州陈生求附大贾航海"故事

宋张邦基《墨庄漫录》中也有一则与海洋贸易活动有关的故事。故事说明州(宁波)有个士人陈生,有一年"赴举京师",但由于家贫,缺乏盘缠,"乃于定海求附大贾之舟,欲航海至通州而西焉"。这个定海即现在的宁波镇海。故事里的陈生上了海船,但是在大洋中遭遇了风暴,从而有了一连串奇遇。[①] 这篇故事是宣扬"海上神仙"生活的,但是文中"大贾之舟"等语,却也蕴含着北宋时期就有宁波海船从事海上运输活动这样的可贵信息。

(四)清袁枚《续子不语》中浙江对日海上贸易信息

清袁枚《续子不语》中的《浮海》,也是一则反映浙江人从事海上贸易活动的笔记小说。故事说温州府诸生王谦光,由于家贫,不能自活,只好去投靠"通洋经纪之家"。"通洋经纪"指的是从事国际海洋贸易的人。故事里的国际海洋贸易,主要是对日贸易。王谦光"见从洋者利不赀,亦累资数十金同往"日本了。虽然到了日本之后,故事的重点不再是经济而是变成了文化交流,王谦光以一手好文笔受到了日本人的尊重,但是这篇《浮海》所包含的清代对日海洋贸易信息,仍然是值得重视的。

(五)有关温州的古代其他海洋经济活动信息

自古以来,温州一带海洋经济活动尤其海盐经营非常兴盛,这在涉海叙事中多有记载和反映。宋李心传《建炎以来系年要录》卷三一"温台积引"记载说:"(建炎四年二月)甲午,尚书省言:'淮盐道路不通,商人皆自京师持引钞至两浙请盐。故温、台州积下引钞至多,有至二三年者,乞令行在榷货务换给新钞,赴闽、广算请,每袋贴纳通货钱三千。'"元无名氏《宋史全文》卷

---

① (宋)张邦基:《墨庄漫录》,《宋元笔记小说大观》,上海古籍出版社,2001年,第4664—4665页。

三三记载“温、台盐商数百群”。明刘辰《国初事迹》也对“温州盐客”予以专门描述：“两淮、两浙盐场俱系张士诚地面。太祖……得诸暨，于唐口关立抽分所；得处州，于吴渡立抽分所。许令外境客商就两界首买卖。于是绍兴、温州客人用船载盐于唐口、吴渡交易。抽到盐货，变作银两及置白藤、硫黄等物，以资国用。”

海盐经营的政策性非常强，所以一些记载虽然缺乏叙事的审美性，却很有海洋经济方面的人文思想价值。明黄训《名臣经济录》卷二三引梁材《题盐法议》一文记载说：“两浙每正盐一引连包索共计二百五十斤，原定价银四钱，近减五分，该银三钱五分，余盐通融二百斤为一引，嘉兴批验所银五钱，杭州批验所四钱，绍兴批验所四钱，温州批验所二钱。”《钦定大清会典则例》卷四七则详细记载了海洋经商活动的税务情况：“温州（等地）……船税：凡出洋贸捕船，梁头四尺、五尺，每寸征银一分；六尺以上，每寸递加二厘；至满丈，每寸征银二分二厘；丈一尺以上，每寸又递加二厘；至丈有五尺，每寸征银三分；丈六尺，每寸三分四厘；丈七尺、丈八尺，均每寸四分。采捕渔船，各口岸不同，视其大小纳渔税银，自二钱至四两八钱八分。免税例：凡鱼鲜类十有九条，四百斤以上者，征税；四百斤以下者免税。”这些记载对于海洋史的研究都是很有价值的。

二、古代海洋经济活动的“福建信息”

福建处于东海和南海的交汇处，又位于对外海上交流的中心区，所以自古以来就是中国海洋文化的核心区域。早在《山海经》时代，就有“闽在海中”的记载。与北海的海洋历史文化和东海的海洋人居文化不同，福建一带的海洋文化具有浓郁的海上商业活动特质。“在中华文明的区域文化结构中，闽文化是极具商业精神的，福建商人在长期的海洋经济活动中表现出了无比的创造力。”[①]福建海洋文化的这种特质，从一些古代海洋笔记材料中也可以得到佐证。笔者在多年涉海叙事材料的搜集中，搜寻到了多条相关资料。这些涉海记载和描述，有的涉及闽商形象，有的涉及闽商活动，有的与闽地的风俗有关，它们都反映出大量的闽地海洋人文意识信息。

---

① 苏文菁：《论福建海洋文化的独特性》，《东南学术》2008年第3期。

(一)唐段成式《酉阳杂俎》中的"闽岭鲎"

唐朝时期的"岭南"地区,已经完全纳入中国的核心版图。随着泉州成为唐时最著名的口岸之一,现今福建沿海一带的"闽岭"地区,海洋文明已经高度发达。段成式《酉阳杂俎·鲎》可资证明:

> 鲎,雌常负雄而行,渔者必得其双,南人列肆卖之,雄者少肉。旧说过海辄相负于背,高尺余,如帆,乘风游行。今鲎壳上有一物,高七八寸,如石珊瑚,俗呼为鲎帆,成式荆州尝得一枚。至今闽岭重鲎子酱。鲎十二足,壳可为冠,次于白角。南人取其尾,为小如意也。①

段成式是唐代著名志怪小说家。他是山东东牟人。东牟这个古地名在魏晋南北朝几废几复,辖境相当于今山东蓬莱、栖霞、海阳以东地区。到了唐朝,改称登州。这是一个靠近海洋的地方,所以段成式对于海洋是比较关注的。他的笔记小说集《酉阳杂俎》里共有12则与海洋有关的笔记,视野涉及北海、东海和南海。这在古代笔记小说中,是相当不凡的成就了。

《鲎》是其中一则,与福建有关,因为里面出现的地名,虽然前面用的是"南人",但是后面明确是"闽岭"。所以在这个叙事语境里,"南人""闽岭"确指福建沿海一带无疑。

与许多笔记作品一样,这则《鲎》篇幅很短,仅仅约百字,但如果运用文本细读法予以仔细阅读,就可以读到大量海洋文化信息。"雌常负雄而行,渔者必得其双。"这说明唐朝时候,"闽岭"人对于鲎这种古老的海洋生物的习性已经有了相当深的了解。现代海洋生物学告诉我们,鲎为暖水性的底栖节肢动物,栖息于20～60米水深的砂质底浅海区,在捕捞技术非常简陋的唐代,要捕捉它们并不容易,可是"闽岭"人已经掌握了它们成对成双生活的习性,说明那时候"闽岭"人的捕捞技术已经相当先进。

"南人列肆卖之","肆"是菜市场,是交易的场所,"列肆卖之",说明"闽岭"人捕捞到的鲎数量相当多,可以证明唐朝时候闽地渔业的发达。

"至今闽岭重鲎子酱",这是这段笔记中最重要的一句话。"至今"表明

① (唐)段成式:《酉阳杂俎》,中华书局,1981年,第164页。

闽地对于鲎的认识，其实要远远早于唐朝。因为这里的“今”，指的是段成式生活的唐代，“至今”显然包括唐以前的历史时期了。许多人认为，从海洋中获取生活资源是东夷人所开创的。但是从“闽岭”人对于鲎这种古老海洋生物的认识和利用来看，他们从海洋中得到生活资源的历史已经源远流长。“鲎子酱”是对于海洋水产资源的一种高级利用形态。“闽岭”人“重鲎子酱”表明，他们认识鲎、捕捞鲎、交易鲎的历史是非常悠久的，一直发展到形成了一种吃“鲎子酱”的生活习俗。所以这段记载对于研究闽地海洋文化和生活、生产习俗，具有直接的证明作用。

(二)唐张读《宣室志》中的“闽越巨室”

张读要比段成式晚生 30 年左右。他的高祖张鷟、祖父张荐、外祖牛僧孺皆为小说名家，而且走的基本上都是志怪小说的路子。张读深受他们的影响。他的小说集《宣室志》，书名看起来似乎没有志怪气味，其实取意于汉文帝在宣室召见贾谊问鬼神之事，所以他的小说多记神仙鬼怪狐精，是对魏晋志怪小说的一大传承和发展。

张读是深州陆浑人。深州位于河北省东南部，既远离海洋，又与福建天南海北相隔，但是《宣室志》中的《陆颙》一文，却将他们联系在了一起。[①]

《陆颙》讲述一个名叫陆颙的吴郡人最终成为“闽越巨室”的故事。这个陆颙，从小特别喜欢吃面。奇怪的是，虽然他每天吃许多面，人却非常瘦弱。长大后，他成为一个太学生，依旧喜欢吃面。有一天，有来自“南越”的胡人上门来造访，竭尽笼络友好。就算陆颙避居渭水，杜门不出，也挡不住南越胡人的进一步造访。胡人说，陆颙之所以那么喜欢吃面，是因为肚子里面长有一条“消面虫”，此虫为天下奇宝。胡人用药饵把它从陆颙的肚子里逼出来，用巨款购得。陆颙因此而大富，成为长安的“豪士”。可是胡人告诉他，这仅仅是“消面虫”价值的一小部分，它真正的珍贵之处，需要在海洋中才会显示出来。

上述的故事情节，已经颇具志怪色彩了，可是这个故事的迷人之处在于海洋。那些胡人带陆颙来到了海里，在一个岛上搭起草棚居住下来。然后“置油膏于银鼎中，构火其下，投虫于鼎中炼之，七日不绝燎”。到了第八天，奇迹发生了。先是一个衣青襦的男童，“自海中出，捧白玉盘，盘中有径寸珠

① (唐)张读：《宣室志附补遗》，中华书局，1985 年，第 2—4 页。

甚多，来献胡人”。意思是用这些“径寸珠”免去“消面虫”的煎熬。胡人不满意，大声叱之，男童退去。过了一会儿，“又有一玉女，貌极冶，衣霞绡之衣，佩玉珥珠，翩翩自海中而出，捧紫玉盘，中有珠数十，来献胡人”。胡人仍然不满意而骂之，玉女也退下了。最后，“有一仙人，戴碧瑶冠，被霞衣，捧绛帕籍，籍中有一珠，径二寸许，奇光泛空，照数十步。仙人以珠献胡人，胡人笑而授之。喜谓颙曰：‘至宝来矣。’即命绝燎。自鼎中收虫，置金函中”。虽然被煎熬了那么长时间，这虫却仍然跳跃如初，毫发无损。故事没有说明为什么“海中人”要用至宝换取虫儿免去痛苦，这是这篇小说的一大漏洞。但是故事高潮却是在这个时候来临的。胡人把海仙人送的珠宝吞下肚子，然后带陆颙跳入海中。“其海水皆豁开数步，鳞介之族，俱辟易而去。乃游龙宫，入蛟室，奇珍怪宝，惟意所择。才一夕，而获甚多。……可以致亿万之资矣。”上岸后，陆颙分得了一部分，“径于南粤货金千镒，由是益富。其后竟不仕，老于闽越，而甲于巨室也”。

这个故事中的“南越”，指的是南越国。南越国的中心虽然在两广，但是也包括了福建的沿海部分。这个故事的核心空间就是南越的沿海，所以将这个南越理解为闽南，也不算是离谱的。况且，历史上的福建沿海，由于泉州的关系，在对外海上交流上影响巨大。而这个故事的主体是从事海上贸易的“南越胡人”，他们经海上与内地联系。当然，最关键的是文中有“老于闽越，而甲于巨室也”，直接点出“闽越”，当确指福建一带无疑的了。这个故事中的“南越海商”非常活跃，很有势力和见识，可见闽商形象之一斑。

（三）清沈起凤《谐铎·鲛奴》中的“闽鲛”形象

沈起凤是清代著名戏剧家和小说家，《谐铎》是他的小说代表作。这个生长于苏州，可以闻得到海腥海味的才子，在他洋洋洒洒的叙事想象中，自然不会放过气象万千的海洋世界。《谐铎·鲛奴》[①]就是这方面的佳作。

这篇作品的价值在于塑造了一个血肉丰满的“鲛奴”形象。鲛人、鲛珠、鲛绡意象，在古代涉海叙事中经常出现，可是“鲛奴”则很罕见。而且这个“鲛奴”又是从福建沿海带来的，可以称之为“闽鲛”，就更有意思了。

“茜泾景生，喜闽三载。”这是小说的开头句。茜泾在江苏太仓，离沈起凤的家乡不是很远。他把故事当事人的家安置在这里，或许是想提高这个

---

① （清）沈起凤：《谐铎》，人民文学出版社，1985年。

故事的可信度吧。或者说虽然这是一个超现实的故事文本,但是沈起凤希望读者相信它的真实性。因此"喜闽三载,后航海而归"等资讯,也应该从这个角度予以理解。这个江苏茜泾人景生,在福建生活了三年。可是作品不是用"居闽三载""滞闽三载"来表达,而是用了"喜闽三载"。一个"喜"字,突出了景生对于福建这个地方的喜欢和对三年福建生活的满意,这实际上为"闽鲛"的优秀品德提供了一个"环境生成基础"。三年过去了,景生要回家了。"后航海而归",他走的是海路。这反映出福建海运的发达。但是在离开福建的时候,他看见沙岸上,"一人僵卧,碧眼蜷须,黑身似鬼"。询问得知,这是一个"鲛人",因为在为水晶宫琼华三姑子编织紫绡嫁衣的时候,不慎"误断其九龙双脊梭",被这个三姑子逐出了水晶宫。本来现实主义的叙事突然变成了超现实故事。这种现实和超现实的自由转换,正是古代涉海叙事的常用手法。

景生把这个鲛人带回了茜泾老家。"其人无所好,亦无所能。饭后赴池塘一浴,即蹲伏暗陬,不言不笑。"这样的形象刻画,显然是按照"鲛"和"奴"的身份量身定做的。但是这一切仅仅是引子,景生浴佛日中看中万珠,万珠母亲要求"万颗明珠"作为聘礼,害得景生相思成疾奄奄一息也是引子,故事的核心是珠,而这珠只有鲛奴可以提供。这篇小说最精华的部分在于鲛奴提供珠泪的形式设计。在故事中,鲛奴一共有两次出珠,第一次在听了景生说自己终当为情死,但放心不下鲛奴时,"鲛人闻其言,抚床大哭,泪流满地。俯视之,晶光跳掷,粒粒盘中如意珠也"。第二次是景生发现珠数不够过万,希望鲛奴再哭一次,于是带他来到海边,让他南望故乡。"鲛人引杯取醉,作旋波宫鱼龙曼衍之舞……喟然曰:'满目苍凉,故家何在?'奋袖激昂,慨焉作思归之想,抚膺一恸,泪珠迸落。生取玉盘盛之,曰:'可矣。'鲛人曰:'忧从中来,不可断绝。'放声一号,泪尽乃止。"这真是惊心动魄之哭。其核心因素在于对故乡的眷恋。而这"故乡",正是"闽海"!所以,如果撇去故事身上的种种饰词,那么展现出来的其实就是背井离乡的福建人对于故土"闽海"的深厚感情。这种感情,恰恰可以与清慵讷居士《咫闻录》之《海中巨渔》的"闽家万里"和袁枚《续子不语》之《落漈》中的"闽人归乡"联系在一起。

(四)清慵讷居士《咫闻录》等中的"闽家万里"

清慵讷居士《咫闻录》[①]大约成书于嘉庆年间。慵纳居士的生平不详,但从《咫闻录》的《自序》"今夏赋闲羊城旅馆",卷十二《沙包先生传》中"余侨居羊城"和卷十一《萧某》"吾浙罕有所见"等文字来看,他是浙江人,四海为家,游幕各地,更多时候是侨居广东羊城,所以对南海一带比较熟悉。《咫闻录》卷一《郑秀才》、卷四《飞云》、卷八《海鳅鱼》、卷十一《铁人为邪》和卷十二《向福来》,都是反映南海风情的。

《海中巨鱼》见《咫闻录》卷四,叙述海商在一次"放大洋"时,遇上风暴,"浪高风急,水如飞立,横冲直击,左倾右侧。舟中人颠仆头眩,呕逆不绝"。正在危急关头,"忽见水若蓝色,突起一山,横于舟前,约长千丈,乍沉乍浮,至夜始消。"这个怪物的出现虽然让海商们一时避免了倾船的危险,但似乎又让他们陷入了另外一种灾难。因为第二天,虽然风暴离去了,"满海无风,而船浮出水面,胶滞不前",似乎有什么东西阻挡着船前行的水路。"倏而水面高百丈余,咂水有声,舟如横侧入深洞中,昏黑不测。舟子曰:'入鱼腹矣。'"这怪物是一条大鱼,他们连人带船居然被吸入了大鱼的腹中!正当他们相聚而泣感觉死亡来临的时候,"忽闻大潮声起,将船涌出水上,高十余丈,飞至山前沙滩而坠。"他们和船一起又被大鱼喷了出来。他们死而复生,惊魂未定,向人打听所在,对方说:"此伊蓝埠也,地属琉球,去闽广万余里矣。"

这就是这篇故事中最值得关注的地方。海上遇见大鱼的故事,或者说有关记叙海里大鱼的故事,在古代涉海叙事中是比较常见的,所以这个故事的主旨不是"大鱼",而是"去闽广万余里"。为什么不说"去浙"等其他地方而独指"闽广"?说明当时从事海上贸易的商人,主要来自于闽地和广东一带。这是很好的一条证据。而故事结尾"遂易薪米,将船修补而归"的叙述,恰恰又可以证明,闽商虽然离家万里,纵横大海,但是有非常强的家乡观念,总是想方设法回归故里。

清袁枚《续子不语》[②]中的《落漈》也可以证明这一点。

"海水至澎湖渐低,近琉球则谓之'落漈'。落漈者,水落下而不回也。

---

① (清)慵讷居士:《咫闻录》,重庆出版社,1999年。

② (清)袁枚:《续子不语》,岳麓书社,1992年。

有闽人过台湾，被风吹落漈中，以为万无生理。忽闻大震一声，人人跌倒，船遂不动。”又是闽人！而且穿越的是台湾海峡，这已经可证闽人闯荡海洋生生不息。而故事后面还说，这些人触岛后，上了荒岛。岛上“鬼声啾啾不一。居半年，渐通鬼语”，方知这里聚居的都是死于海难者。这些漂泊大洋中的鬼魂，得知上岛来的是闽人后，大喜，一边鼓励他们“修补船只，可望生还”，一面反复叮嘱：“幸致声乡里，好作佛事，替我等超度。”连鬼魂也相信闽人航海技术超人，纵然风浪险恶，万里海域可以安全生还，足见闽人在海洋世界中的地位何等显赫。

(五)清钮琇《觚剩·海天行》中的“闽船”

钮琇是江苏吴江人。他的笔记小说集《觚剩》在文学史上享有盛誉。《海天行》[1]记述明代海忠介公(即海瑞)之孙述祖的一段海上奇遇。海瑞是海南岛人，所以他孙子对于海洋也非常熟悉，而且他“倜傥负奇气，适逢中原多故，遂不屑事举子业，慨焉有乘桴之想”。于是他以“千金家产”，建造了一条大船。这条大船“其舶首尾长二十八丈，以象宿；房分六十四口，以象卦；蓬张二十四叶，以象气；桅高二十五丈，曰擎天柱，上为二斗，以象日月。治之三年乃成，自谓独出奇制，以此乘长风破万里浪，无难也”。从他的情趣和志向来看，其颇有海上冒险家的风采。这种闯荡大海的气概，在古代是非常难能可贵的。

述祖聘请和邀约船员以及海商共38人，满载货物，扬帆出海，去海外诸国进行“互市”。但是他选择的时机不对。他在二月起锚，而二月正是多风暴时节。因此他们出海第一天傍晚的时候就遇险了。“飓风陡作，雪浪粘天，蛟螭之属，腾绕左右。”水手根本无法掌控船的方向，只好随风飘荡。不知过了多少时间，终于抵达了一个没有任何人认识的地方。所有的故事都是在上岛后展开的。这是古代涉海叙事的基本套路。钮琇在这方面没有什么创新之处，但是上岛后展开的故事，却很有新意。此类其他小说，都写上岛后遭遇坎坷，《海天行》却是另辟蹊径，写述祖的船被龙王征用为上天送贡物的货船，述祖也因入过“天界”，不再是凡人了，所以在同船出海的其他人都被变成“人面鱼”之后，独有他不但人貌依旧，而且还得到了大量珠宝的赠送，并被安全地送回了家。

---

① (清)钮琇：《觚剩》，上海古籍出版社，1986年。

如果故事到此结束，那么这是一则天方夜谭式的海洋幻想故事，在古代涉海叙事中，并非特别出色，只不过是将古代的“仙槎”故事换了一种叙述而已。但是在故事的最后，却有这样几句话：“三十八人俱化为鱼，唯首未变。述祖大恸。前取舟官引至一室，慰谕之曰：‘汝同行人，命应皆葬鱼腹，其得身为鱼，幸也。汝以假舟之故，贷汝一死，尚何悲哉！候有闽船过此，当俾汝归。’日给饮食如常。居久之，忽有报者曰：“闽船已到！”王召见，赐白黑珠一囊，曰：‘以此偿造舟之价。’”

我认为这段话中出现的“闽船”，是这篇涉海叙事珍贵的海洋人文信息。它证明在钮琇生活的清康熙年间，福建的海上跨境贸易已经非常发达。他们的海上贸易船队纵横大海，以致形成了势力性标志的“闽船”意象。

（六）晚晴王韬的《遁窟谰言・岛俗》的“通事闽人”

由于中国文化的“内陆”因素非常强势，海洋人文信息在正史中是难觅影踪的，它们散见于各种笔记等资料中。王韬《遁窟谰言・岛俗》[①]的“通事闽人”就是一例。

王韬写过很多涉海小说，有许多还是“国际海洋”题材。这篇《岛俗》并非他的代表作，但是在反映闽人闽事海洋人文信息方面，它却特有价值，因为它里面出现了“通事闽人”。

“白茆堰张氏，有一船号‘乾泰’，屡至山东莱阳销货，又置豆饼、羊皮等货而返。”这是小说的开头。“白茆堰”在江苏常熟。王韬是苏州人，所以对苏地很熟悉。江苏的海船带着货物去山东莱阳销售，又从莱阳带豆饼、羊皮等货回江苏。这里就有很可贵的海洋贸易资讯。

接下来的故事，仍然脱不掉“遇风浪上荒岛”的老套。虽然这次上的是“港汊”而非荒岛，也算是一种改变，但“寂无居人。及入内，见烟从山下出，登岸探之，异言异服者，麇聚而视”的情景，与其他类似小说也差不多。然而就在这种看似老套的描述中，珍贵的信息出现了。

> （张氏）舟人以笔写高丽、流球、日本、吕宋等号，与彼认识，彼皆摇首。顷又有通事至，闽人也，言此处一岛，并无所属，而最近于日本，故言语文字，风俗衣冠，皆同于日本。

---

① （清）王韬：《遁窟谰言》，河北人民出版社，1991年。

这里出现的“通事”，也就是后世的翻译。张氏他们的船被风刮到了日本一带，而这个闽人可以充当翻译。这说明在清代中叶以后，福建与日本的海洋贸易和其他往来非常密切，以至于有精熟日语的通事出现。

综上所述，古代涉海叙事笔记涉及闽地、闽人、闽海的很多。许多故事本体其实与福建的联系并不是很密切，但作者们还是将福建因素纳入叙事之中，这充分说明，福建沿海一带是中国海洋文化的发达地区。究其原因，与福建地区悠久发达的航海文化有关。“闽越优越的航海条件与悠久的航海传统，使得与东越和南越的海上往来内地联系更为方便。闽越人借助海上航行技术的优势，当时在中国东南地区有活跃的表现。秦汉时期几次重要战事借助航海条件实现了远征的成功。古代中国因风浪影响航运的最早的历史记录，也发生在闽越。闽越人的突出贡献，在东方海洋开发史上书写了引人注目的篇章。”①

三、古代海洋经济活动的“江苏信息”

自古吴越一家，江浙难分，它们同属东海文化圈。虽然涉海叙事古文献中的江苏海洋经济活动信息，比起浙江、福建等地来，要稍微单薄一些，但是也有许多珍贵的记载。

(一)明朱国祯《涌幢小品》中的“两海运”和陆粲撰《庚巳编》中的“海外巨艑”

明人朱国祯《涌幢小品》里有一则《两海运》：“朱清、张瑄，太仓人，皆为元海运万户。国初则朱寿、张赫，怀远人，亦海运，皆封侯。何同姓乃尔。”②这则笔记虽然非常短小，几乎没有展开叙事，但是信息量却是异常丰富。元朝时候的太仓人朱清和张瑄，主掌海运万户府。更需要重视的是，明初怀远人朱寿和张赫，也依靠海洋运输业，竟然得以“封侯”。怀远地处皖北，并不临海，但也有人从事海洋经济活动取得了极大的成功。

明人陆粲撰《庚巳编》有一篇《海岛马人》。故事说明朝时期，有一天“有巨艑自海外漂至崇明”。这是一艘被风暴刮到崇明岛的大船，船员被救后，

① 王子今：《秦汉闽越航海史略》，《南都学坛》2013年第5期。

② (明)朱国祯：《涌幢小品》，中华书局，1959年，第303页。

说起途中遭遇，说是曾经漂至一座荒岛，在岛上遇见了“人形而马头”的异物云云。[①]叙述思维属于海洋想象，但是其中“巨艑”的信息，则可以证明明代已经有大船从事海洋经济活动。

（二）明冯梦龙《情史》中的“数贩南海”和“金陵商客富小二泛海大洋”

冯梦龙是小说家，《情史》是他编著的一部中短篇小说集。作为一个距离海洋很近的，又是历史上吴越海洋文化圈里主要据点的苏州人，冯梦龙的作品里有好多篇涉海叙事。其中反映出明代海洋经济活动情况的有《鬼国母》和《猩猩》两篇。

《鬼国母》叙写“建康巨商”杨二郎，本来是一个普通的“牙侩”，也就是现代社会里的经纪人。但是他所经纪的对象，却是海商。后来他自己也开始从事海洋商业贸易。“数贩南海，往来十余年，累赀千万。”[②]这里透露出三个信息：一是当时海洋贸易的重地是“南海”；二是海洋贸易的主要方式是“贩”，也就是把江苏一带的货物运到南海一带（往往还包括东南亚地区），或者把南海一带的货物运到江苏进行贩卖；三是这种通过海路进行贩卖的商业运作形式利润极高，十来年工夫就可以盈利千万。虽然故事的主要内容并不是经商本身，而是杨二郎在一次遭遇海难事故后，漂流到所谓“鬼国”的奇遇，但是作为人物活动背景出现的“海商”因素，还是非常有价值的。

冯梦龙《情史》中另有一篇《猩猩》，也涉及明代海洋经济活动的“江苏信息”。故事叙写“金陵商客富小二，泛海至大洋，遇暴风舟溺，富生漂荡抵岸”后发生的故事。[③] 虽然富小二上岛后碰到的人事，不是《鬼国母》中杨二郎所碰到的“鬼国母”，而是一群野人，他还与其中的一个少女野人结为夫妻，生育下儿子，但是小说的思维仍然是“海岛奇遇”式想象，并未有什么创新之处。不过“金陵商客富小二，泛海至大洋”等句，还是反映了明代时期，江苏南京一带有人从事海洋贸易活动的信息。

---

① （明）陆粲：《庚巳编》，中华书局，1985年，第149—150页。

② （明）冯梦龙：《情史》，岳麓书社，2003年，第175页。

③ （明）冯梦龙：《情史》，岳麓书社，2003年，第479页。

四、明凌濛初《拍案惊奇》中文若虚的海洋贸易奇遇

虽然有长达百余年的严厉海禁，但明代仍是古代海洋经济活动比较繁荣的时代，这在凌濛初《拍案惊奇》中的《转运汉遇巧洞庭红 波斯胡指破鼍龙壳》一文中可以得到很好的佐证。

这是一篇海洋贸易活动的“奇迹”叙事。明宪宗成化年间，苏州府长洲县文若虚，自幼心思慧巧，可他不“营求生产，坐吃山空”，将祖上遗下的千金家业基本吃空玩完了。于是也试着去经商，结果做一件，亏一次，真是“百做百不着”，倒霉透顶了。

但是一次海上贸易活动却使他成为巨富。他有个“走海泛货”的邻居张乘运，“专一做海外生意”，是个远近闻名的富人。文若虚请求他带他走。他最初的意图是“看看海外风光，也不枉人生一世”。可是张乘运建议他也带一点货去，这样才不会“空了一番往返”。这说明张乘运他们做的就是海洋贸易生意。

文若虚手中无钱，置办不了货，只好用张乘运赞助的一两银子购置了本地无人问津的100多斤“洞庭红”橘子，在人们的嘲笑声中上船出海。可是没有一个人会料到，这种酸酸的橘子，竟然在海外的“吉零国”大受欢迎，卖到了一钱一个，后来是几钱一个的高价。文若虚一下发了财。众人都劝文若虚用卖橘所得，“打换些土产珍奇，带转去，有大利钱”。可是文若虚被连连的“倒运”吓怕了，这次好不容易赚了一笔，所以他紧紧抓住钱袋，再也不肯脱手。大家见他“放着几倍利钱不取”，连说“可惜！可惜！”

所以虽然这实际上是“半篇”海洋贸易小说，因为小说的后半部分成了“撞大运”巧遇，似乎纯粹是为了证明财运好坏皆是天意，编出一个文若虚在荒岛上意外发现硕大无比的“龟壳”，其实却是价值连城的珍宝的故事。其中包含了传统“海洋财富”和“神仙岛珍宝”的思想，却与海洋贸易并无直接的关系。但是这篇小说却是古代涉海叙事中反映和描述海洋贸易活动最直接最详尽的佳作，非常值得珍视。

五、结语

杨国桢先生在《明代东南沿海与东亚贸易网络》《十六世纪东南中国与东亚贸易网络》等文章中，曾经详细考察了宋元明时期中国东南海洋经济活动情况。他认为“南宋元代，中国凭借长期领先世界的海上技术优势，在东亚至西亚以至非洲东海岸之间的广阔海域，中国海商的贸易网络与东南亚、印度、阿拉伯对接联通，造就了海上丝绸之路的繁荣。明初郑和七下西洋，海上丝绸之路的运作达到了顶峰”。虽然后来有过明朝政府“海禁”政策的短暂冲击，但不久后海洋贸易活动迅速得到了恢复。“以漳州海商为先锋的东南海洋力量崛起，西欧海洋势力东进亚洲海域，日本海洋势力南下东海，东南中国海洋区域成为东西方海洋竞争的舞台，中国主导的东亚贸易网络出现了激烈的动荡局面。16 世纪下半叶，九龙江口海湾地区的海商以合法身份参与东亚的海洋竞争，并占有优势。17 世纪，郑芝龙的崛起，郑成功的海上经营，书写了古代海上丝绸之路的最后辉煌。”[①]16 世纪的“闽浙沿海中葡互市的兴亡”虽然是一种特殊的甚至是不正常的海洋贸易现象，但却显示出一种新的倾向，那就是“在海洋利益的驱动下，宁波外海地区、九龙江口海湾地区、诏安湾地区都出现农业经济向海洋经济的转型，具有海洋社会的特征”。[②]

宋元明时期这种繁荣的海洋贸易活动，必然会在涉海叙事文学中得到反映。上述的梳理就证明了这一点。从事海洋运输和贸易的人，多是福建、浙江和江苏等沿海地区的人（南海方面的情况，在本书其他章节有专门的论析，这里没有涉及）。但是上述的梳理也说明，古人对于海洋经济活动的描述，主要目的是作为一种背景，而非叙事主体本身。他们的兴趣主要在“海岛奇遇”的想象，所以真正意义上的“海洋经济活动”叙事在古代是很罕见的。

---

① 杨国桢：《明代东南沿海与东亚贸易网络》，《文史知识》2017 年第 8 期。

② 杨国桢：《十六世纪东南中国与东亚贸易网络》，《江海学刊》2002 年第 4 期。

第九章　古代涉海叙事中的海洋民俗生态

浙江河姆渡文化、东夷文化和古越文化等都可以证明，沿海地区的人居社区是一种古老的存在。千百年来的海洋人居生活，造就了丰富而又具有特色的海洋民俗生态。学界对此多有研究。闽台地区、北部湾、广东、宁波象山等海洋人居空间，都有人进行了专门研究。[①] 甚至还有人将某个渔村的海洋民俗情况作为自己的研究对象。[②]

丰富的古代海洋民俗资源必定会在涉海叙事中得到反映和描述。通过这些反映和描述，可以考察古代海洋民俗的存在形态、分布区域等民俗生态信息。

本章集中考察涉海叙事古文献中涉及的“南海”“温州”等沿海地区以及《海语》等文献所涉及的异国异岛海洋风俗情况。它们可以充分证明，古代海洋民俗是非常丰富的，它们的存在形态是多地区多方面的。

---

① 分别见刘芝凤：《闽台海洋民俗文化遗产资源分析与评述》，《复旦学报（社会科学版）》2014 年第 3 期；吴小玲：《广西北部湾海洋文化特色及其民俗形态表现》，《钦州学院学报》2015 年第 3 期；金光磊、张开城：《广东海洋民俗文化论析》，《生态经济（学术版）》2013 年第 1 期；毛海莹：《文化生态学视角下的海洋民俗传承与保护——以浙江宁波象山县石浦渔港为例》，《文化遗产》2011 年第 2 期。

② 如刘士祥、朱兵艳：《海南潭门海洋民俗文化调查：现状与思考》，《传承》2017 年第 1 期。

一、《太平广记》中的"南海"风俗

如果从历时性的角度搜索海洋民俗古文献，那么可以发现，宋代的类书《太平广记》是比较早的。其第四百八十三卷《蛮夷四》有《南海人》一文，从《南海异事》中辑录了三则海洋民俗材料：

> 南海男子女人皆缜发。每沐，以灰投流水中，就水以沐，以彘膏其发。至五六月，稻禾熟，民尽髡鬻于市。既髡，复取彘膏涂，来岁五六月，又可鬻。
>
> 南海解牛，多女人，谓之屠婆屠娘。皆缚牛于大木，执刀以数罪：某时牵若耕，不得前；某时乘若渡水，不时行。今何免死耶？以策举颈，挥刀斩之。
>
> 南海贫民妻方孕，则诣富室，指腹以卖之，俗谓指腹卖。或己子未胜衣，邻之子稍可卖，往贷取以鬻，折杖以识其短长，俟己子长与杖等，即偿贷者。鬻男女如粪壤，父子两不戚戚。①

《南海异事》一书今已不存。从书名来看，它是专门记录南海地区奇闻逸事的。它能被《太平广记》所搜录，说明它的成书至少在李昉等人编纂《太平广记》的宋太平兴国二年(977)之前。可见它是一部海洋文化信息量非常巨大的古文献，它的散佚不存殊为可惜。幸亏在《太平广记》里还有零星保存。

《太平广记》第四百八十三卷保存的三则海洋民俗材料都属于"南海"风俗。"南海"是广东的古称，秦时叫南海郡。它虽然不能等同于现在广义上的南海地区，但是基本上反映了早期南海地区的海洋民俗风貌。

第一则故事记叙的是南海人"缜发"风俗。缜发的意思为黑发，所以"缜发"风俗说的是南海人将头发染黑或保持头发黑色的方法和习俗。故事说南海地区，无论男女，在沐浴洗发的时候，要把一种"灰"投放到水中，"以彘膏其发"。彘膏指猪油，用猪油来涂他们的头发，使之变得油光发亮。到了

---

① (宋)李昉等:《太平广记》，民国景明嘉靖谈恺刻本，第2193页。

五六月间，稻禾成熟的季节，他们就把头发剃光，拿到市场去卖。这样护发、剃发、售发，年复一年，既成一种风俗，又成了一种特殊的产业。

第二则故事描述了"屠婆屠娘"的奇异风俗。故事说南海人杀牛解牛，都是女人操刀。这些彪悍的女人，有专门的外号叫"屠婆屠娘"。这些婆娘杀牛之前，先把牛在木桩前绑好，然后宣读判决书一样公布牛该杀的理由：某月某日，这头牛没有好好耕作；又某月某日，有人要坐牛背渡水，牛不肯行；等等。然后才一刀毙命。

第三则故事是比较心酸的"指腹卖"。在南海，赤贫的人家无以度日，只好出卖自己的儿女，而且往往等不及孩子出生，就让挺着大肚子的妻子到富人家去，用腹中的婴儿来换钱，这叫"指腹卖"。有的虽然孩子已经出生了，但是还太小，怕人家不要，就借邻居家的孩子去卖。折根棍子当尺量，记下所借孩子的身高。等到自己的孩子长得与棍子的长度相等时，就送给邻居作为偿还。

上述三则故事，都反映出南海艰难困苦的海洋人生活。这样的海洋民俗充满了辛酸。但是有些南海民俗，则透露出另外一种信息。《太平广记》第四百零二卷有《鲸鱼目》一文："南海俗云：蛇珠千枚，不及一玫瑰。言蛇珠贱也。玫瑰亦珠名。越人俗云：种千亩木奴，不如一龙珠。越俗以珠为上宝，生女谓之珠娘，生男名珠儿。吴越间俗说：明珠一斛，贵如玉者。合浦有珠市。"[①]这则标注出自《述异记》的故事，记叙了海珠的民俗信息。在南海，海珠有廉价的蛇珠和昂贵的玫瑰珠之分。采珠是南海人主要的海洋产业之一，古文献多有记载，"鲛人泪珠"故事也多与南海有关。海洋珍珠的有关概念在各海域地区也广泛存在。这则笔记透露出越地沿海地区对于海珠的高度重视，对于子女"珠娘""珠儿"的称谓反映的就是民俗信息。

"南海"风俗除了上述《太平广记》所载，其实在其他典籍中也有所反映。如五代王仁裕《开元天宝遗事》中"馋灯"记载："南(海)中有鱼，肉少而脂多，彼中人取鱼脂炼为油。或将照纺织机杼，则暗而不明；或使照筵宴、造饮食，则分外光明。时人号为馋鱼灯。"[②]这里的"取鱼脂炼为油"，反映的就是一种海洋生产性民俗现象。

---

① (宋)李昉等：《太平广记》，民国景明嘉靖谈恺刻本，第1807页。

② (五代)王仁裕：《开元天宝遗事》，中华书局，1985年，第7页。

二、《东瓯逸事汇录》等中的“温州风俗”

《东瓯逸事汇录》是一部当代人编的温州地方古文献，它从各种古籍中辑录了与温州有关的各种资料。其中有许多则故事与古代温州沿海地区的海洋风俗有关。

明人章潢《图书编》卷三八有《温州俗尚》一文：“温州府，其形胜城当斗口，钜海重山。其俗勤纺绩，尚歌舞，习尚竞渡，乡会以齿。”[①]章潢说温州人的习俗是勤纺绩，喜欢竞渡，崇尚歌舞，到一定的年龄就参加“乡会(乡试与会试)”。这种勤劳又奋发向上的竞争意识，崇尚文艺和科举的人文习俗，与温州“形胜城当斗口，钜海重山”的海滨环境密切相关。

清人纳兰常安《受宜堂宦游笔记》卷二八的《俗务外饰》，记叙的也是温州一带沿海地区的习俗，而且也非常关注它的海洋地理环境：“温限山阻海，土地不宜粟、麦，而事鱼、盐，务桑、麻，织席贩木，得利颇饶，地称殷富焉。”[②]纳兰常安笔下，或者说到了清代的时候，温州虽然富甲一方了，但其习俗仍然沿袭海洋特性，热闹，豪华，甚至是奢侈：“其俗务外饰而好游观，宴会必丰腆，嫁女必盛装奁，优伶是尚，歌舞相矜。”

清郭钟岳《瓯江小记》，直接明言温州“俗风近古”。他说：“温民勤于稼穑，比他处游惰较少。……地居偏僻，俗风近古，缘民心机变不熟，故未与时变迁。”[③]他也认为温州这种保持良好的“近古”风俗，与它的海滨地理环境有直接关系。

而清人赵钧则在《谭后录》中高度称赞温州“地僻俗美”。他说温州一带“无瘟疫病，人多寿，谓是饮食淡泊所致。地瘠而贫，称为富室，亦无多田产，不过十亩、廿亩而已。虽有鱼虾，贩者、买者并少。蔬止所种菜，或采蕨腌之，味甚清。婚礼尚行古奠雁仪，合巹日，某时吉，即迎妇以归，不必昏时也”[④]，简直是一种上古时代世外桃源的生活。

---

① 陈瑞赞编注：《东瓯逸事汇录》，上海社会科学院出版社，2006年，第28页。

② 陈瑞赞编注：《东瓯逸事汇录》，上海社会科学院出版社，2006年，第28页。

③ 陈瑞赞编注：《东瓯逸事汇录》，上海社会科学院出版社，2006年，第28—29页。

④ 陈瑞赞编注：《东瓯逸事汇录》，上海社会科学院出版社，2006年，第29页。

古代温州的海洋民俗，有许多与海洋民间信仰习俗有关。

温州丰厚的海洋人文积淀，还体现在形式多样的海洋宗教信仰方面。温州一带供奉的神灵多种多样，所以有“温多淫祠”的说法。“温多淫祠，有广应宫者，祀陈十四娘娘。庙前有额曰‘宋敕广应娘娘’，妇女多祀之。庙中附祀张三令公，白须袍服，土人为儿童祀之。山下多筑花粉宫，祀花粉娘娘。更有所谓‘洞主’者，如‘白鸡洞主’、‘蜈蚣洞主’之类，不在祀典，无从稽考。地方官亦不能禁，顺舆情也。”①

唐人陆龟蒙《笠泽丛书》卷四《野庙碑》里，就直言“瓯越淫祀”。他描述说：“瓯、越间好事鬼，山椒水滨多淫祀。其庙貌有雄而毅、黝而硕者，则曰‘将军’；有温而愿、皙而少者，则曰‘某郎’；有媪而尊严者，则曰‘姥’；有妇而容艳者，则曰‘姑’。其居处则敞之以庭堂，峻之以陛级。左右老木，攒植森拱，茑萝翳于上，枭鸮室其间，车马徒隶，丛杂怪状。农作之氓怖之，走畏恐后，大者椎牛，次者击豕，小不下犬鸡。鱼菽之荐，牲酒之奠，缺于家可也，缺于神不可也。一日懈怠，祸亦随作，耋孺畜牧栗栗然疾病死丧，氓不曰适丁其时耶，而自惑其生，悉归之于神。”②

温州一带的“淫祀”多属于自然神崇拜。清人郭钟岳《瓯江小记补遗》就有一则记载：“瓯人生子，钟爱者每于岩石上寄名，谓之‘拜岩亲爷’，取其寿长久耳。夫石也，南宫呼之为兄，东瓯呼之为父，想三生缘重，不独生公说法一点头也。”③这里的“拜岩亲爷”，就属于石崇拜。

涉海叙事古文献中涉及温州一带海洋风俗的，还有明人陆容《菽园杂记》卷十一中的一则记载：“温州乐清县近海有村落，曰三山黄渡，其民兄弟共娶一妻。无兄弟者，女家多不乐与，以其孤立，恐不能养也。既娶后，兄弟各以手巾为记，日暮，兄先悬巾，则弟不敢入。或弟先悬之，则兄不入。故又名曰其地为手巾岙。成化间，台州府开设太平县，割其地属焉。予初闻此风，未信。后按行太平，访之，果然。盖岛夷之俗，自前代以来，因袭久矣。弘治四年，予始陈言于朝，请禁之。有弗悛者，徙诸化外。法司议，拟先令所司出榜禁约，后有犯者，论如奸兄弟之妻者律。上可之，有例见行。”④这也

① 陈瑞赞编注：《东瓯逸事汇录》，上海社会科学院出版社，2006年，第41页。

② 陈瑞赞编注：《东瓯逸事汇录》，上海社会科学院出版社，2006年，第41页。

③ 陈瑞赞编注：《东瓯逸事汇录》，上海社会科学院出版社，2006年，第43页。

④ （明）陆容：《菽园杂记》，中华书局，1985年，第141—142页。

是一种令人心酸的古代海洋习俗。“兄弟共妻”现象是海洋苦难生活的折射。

附带记一句，这种沾满泪水的古代海洋民俗描述和记载，在其他古籍中也有反映。如晋张华《博物志》卷之二《异俗》条记载：“毌丘俭遣王颀追高句丽王宫，尽沃沮东界，问其耆老，言国人常乘船捕鱼，遭风吹，数十日，东得一岛，上有人，言语不相晓。其俗常以七夕取童女沈（沉）海。”[①]这条记载是有史实依据的。根据《三国志·魏书·毌丘俭传》记载：“正始（240—249）中，俭以高句骊数侵叛，督诸军步骑万人出玄菟，从诸道讨之。句骊王宫将步骑二万人，进军沸流水上，大战梁口，宫连破走。俭遂束马县车，以登丸都，屠句骊所都，斩获首虏以千数。……宫单将妻子逃窜。俭引军还。六年，复征之，宫遂奔买沟。俭遣玄菟太守王颀追之，过沃沮千有余里，至肃慎氏南界，刻石纪功。”[②]张华《博物志》记载的“七夕取童女沉海”的恶俗就发生在这场追击高句丽王宫的战役中。虽然发生地是高句丽边上的某个岛上，但其实也是古代海洋社会比较普遍存在的重男轻女思想和用活人祭祀恶俗的曲折反映。

三、《海语》和《岛俗》中的异国海洋风情

明人黄衷《海语》是一部专门记叙南海风貌的地方文献。[③]其在海洋人文方面的价值，本书《作为一种海洋人文话语的“南海书写”》一章有比较详尽的分析和论述，不再赘述。这里主要分析它所提供的异国海洋风情信息。

《海语》专列《风俗》一卷，说明黄衷对海洋风俗的价值有清晰的认识。明代，南海的海洋国际贸易非常发达，从广州等港口出发的贸易船队直达暹罗（泰国）、满剌加（今译马六甲，属马来西亚）等东南亚地区。当船队返回的时候，不但带来大量的异国货物，还带来丰富的异国人文资讯，黄衷在《海语》中专以《风俗》记叙之。

《海语》《风俗》卷的核心内容是暹罗和满剌加两地的海洋风情。先记暹

---

① （晋）张华：《博物志》，《汉魏六朝笔记小说大观》，上海古籍出版社，1999年，第192页。

② （晋）陈寿撰，（南朝宋）裴松之注：《三国志》，中华书局，1982年，第762页。

③ （明）黄衷：《海语》，中华书局，1991年。

罗，以其国都为考察对象。“其地沮洳无城郭，王居据大屿，稍如中国殿宇之制。”这里的“稍如中国殿宇之制”一句，反映出黄衷记叙异国海洋风情的基本立场，那就是以中华文化的视角衡量暹罗等地的文明程度。所以文中处处以对照手法写之。“治内分十二塘坝，酋长主焉，犹华之有衙府也。”这里是进行了管理制度的对比。“其要害为龟山，为陆昆。主以阿昆猛斋，犹华言总兵，甲兵属焉。”这里是军事防守方面的对比。

除了华夷制度对比，《海语》还重点介绍暹罗不同于中华的独特习俗。

首先是宗教信仰。“其国右僧，谓僧作佛，佛乃作王。其贵僧亦称僧王。国有号令，决焉。凡国人谒王，必合掌跽而扪王之足者三，自扪其首者三，谓之顶礼，敬之至也。凡王子始长，习梵字梵礼，若术数之类，皆从贵僧，是故贵僧之权侔于王也。”这种对于异国宗教习俗的充分理解和尊重，也反映出黄衷开阔的文化视野和包容胸怀。

其次是日常生活方面。“人皆髡首，耻为盗窃，凡犯盗及私市者罪之。”说明这个地方有很高的道德要求。这在男女情感的道德把握上也有反映。相比于中华，暹罗的男女交往比较自由。“戏狎不禁，虽王之妻妾，皆盛饰倚市。”女人受到的限制是比较少的。另外，“男女先私媾而后聘婚”，说明社会各界也比较尊重男女的个人感情。但是这种交往自由绝不是胡来。“与汉儿贸易，不讶亦不敢乱。”她们绝对不会与外国人乱来。“既嫁而外私者，犯则出货以赎，然犹蔽罪于男，谓其为乱首也。”男女婚内出轨，受到惩罚的主要是男人，这反映出了暹罗社会对于妇女的普遍尊重。这与暹罗妇女的高素质有关。《海语》记载说：“凡妇多慧巧，刺绣织纴，工于中国，尤善醞酿，故暹酒甲于诸夷。妇饰必以诸香泽其体发，日夕三四浴。”聪明，勤劳，讲究卫生，自尊自重，这就是《海语》笔下的暹罗女子。

另外黄衷还非常注意华人在异国的生活情形。“有奶街，为华人流寓者之居。”黄衷很担心这些华人移民的文化传承问题。“国无姓氏，华人流寓者始从本姓，一再传亦亡矣。”这种人文关怀是比较难能可贵的。

《海语》中《风俗》篇另外一个重点介绍对象是满剌加的异国海洋风情。“自东莞县南亭门放洋，星盘与暹罗同，道至崐崘，直子午，收龙牙门港，二日程至其国。”海路清晰明了，说明与前往暹罗一样，这是一条非常成熟的海路。“王居前屋用瓦，乃永乐中太监郑和所遗者。”这句话一下拉近了满剌加与中华文化的关系。郑和七下西洋，在航路沿线传播了无数中华文化的种子，满剌加是郑和船队重要的停泊港口之一。郑和居然在这里造起了房子，说明停泊的时间是比较长的，这就为传播中华文化提供了时间上的保障。

在介绍了一般性的风情和物产之后，《海语》的介绍转向了该地的民间信仰、文字、生活习俗等方面。"俗不尚鬼，男子鸡鸣而起，仰天呦呦而呼哈喇。盖哈喇者，天地父母之通谓也。"说明满剌加的信仰文化以祖先崇拜为主。"文字皆梵书。"说明在文化上主要受印度文化的影响。"贸易以锡行，大都锡三斤，当华银一钱耳。牙侩交易，搦指节以示数。千金贸易，不立文字，指天为约，卒毋敢负者。"说明该地的经济贸易尚处于原始交易阶段。"俗禁食豕肉，华人流寓，或有食者，辄恶之，谓其厌秽也。"这种禁食猪肉并非出自信仰，而是属于生活习惯。"民性犷暴而重然诺，钯镢不离顷刻。生男二岁，即造小钯镢而佩之，一语不合，即戡刃其胸。死，即刃者辄逃匿山谷，逾时乃出，死者之家不复寻仇。"这种彪悍尚武的民风，可能与当地恶劣的生存环境有关，同时也导致了社会生态的不安宁。"贫民颇事剽掠，遇独客辄杀而夺其赀。舶商假馆，主者必遣女奴以服役，日夕馈食饮，少不知戒，即腰缠皆为所掩取矣。"

社会环境虽然不怎么安全，但是《海语》又介绍说，居民的人伦修养程度则普遍很高。"市井骂詈，止于其身，虽甚辱，不大较。若骂子孙而及父祖，骂奴而及家长，辄以死斗。"骂人不涉及对方父母与子女，这是许多所谓文明地区都很难做到的，但满剌加人却能以之自律。不过，在某些方面，他们又过度责人罚人了。"妇女以夜为市，禁以二鼓为罢。脱有过禁者，遇巡徼，……即执而戮之，王亦不诘也。轻刑鞭挞。罪至死者，断木为高桩锐其末，入土二尺许，以囚大孔贯锐端，辗转哀嗷，顷之洞腹而死。"这种酷刑明显带有野蛮的色彩。

晚清著名作家王韬的小说中，有许多篇涉及海洋活动，而且他笔下的海洋往往在海外地区。《遁窟谰言》中《岛俗》所涉及的海洋空间，似乎也在外洋之中。[①]

故事说白茆堰有个姓张的海商，拥有一艘"乾泰"号商船，"屡至山东莱阳销货，又置豆饼、羊皮等货而返"。这里透露出珍贵的海洋贸易的信息。但是《岛俗》的目的并不是反映海洋贸易，而是叙写一次海上奇遇。

有一天，"乾泰"号航行至半途，遭遇了飓风，"无所为策，乃任其所之"。经过五天五夜的漂流后，船被风浪推进了一个无人的港汊。船员赶紧下船

---

① （清）王韬：《遁窟谰言》，河北人民出版社，1991年。

避风。走进港汊内，看见有烟从山下飘出。他们继续往前，看见了许多操异言穿异服的人。说明这里也属于“异国异乡”，是船员们所不熟悉的一个海洋聚居岛屿。对于船员的到来，这些异国人非常惊奇，“麇聚而视”。但是只是围观而已，“意殊不恶”，没有表达出什么恶意。这是符合海洋人热情好客的善良天性的。不久有“知事”到来。这个“知事”，“其赤足同众，而衣服有别，意气亦异，殆犹中土守港之千把总也”。船员“以笔写高丽、流球、日本、吕宋等号，与彼认识，彼皆摇首”。说明该岛人都是文盲，或者说基本不与外界交流。

“顷又有通事至，闽人也。”《岛俗》的这句话信息量非常大。通事就是翻译，这样的孤岛上居然有翻译，已经够令人惊讶，而且这个翻译居然还是遥远的福建人，而不是山东半岛人，说明那个时候，福建的海洋经济已经非常发达，福建籍海商遍布各地海域。

这个福建来的通事说，这个海岛，行政上不属于任何国家，但与日本比较近。“故言语文字，风俗衣冠，皆同于日本。”

从这里开始，小说进入《岛俗》的核心内容。

行政习俗上，“岛中仅有头目而无主，为头目者，亦只食租衣税而已，凡事胥决于副头目”。说明这是一个自治海岛社区，人际从属关系相对比较松散。

治安习俗上，“泊处令人看守，不使舟子轻于登岸；若登岸，彼必偕行”。说明岛人有一定的戒备性，但是这种戒备远远没有达到自闭的程度。他们不拒绝外人登岛，但也有点不放心。

人际习俗上，“岛中人家，比屋而居，屋以板构，形殊低矮，男女老稚，杂处一室中。见客至，亦不避，以烟茗进，意甚殷渥也”。说明岛上实行的是原始状态的群居生活。邻里关系比较和谐。

生活习俗上，“时舟中一切已缺，借得救济，米色稍黑亦可食。其余杂需，看守者代为置办，逐日登记。有用账一册，纸类高丽，横钉，字仿中土书写，半不能识。船中豆饼，在洋松载，存者仅羊皮、水梨，彼人爱之，多为取用”。说明该岛生活物资非常贫乏，但是日常生活井然有序，已经具有相当高的文明水准。

经济习俗上，“头目所颁给皆金片，殊不适用。闽人乃自易以通用吕宋银二百圆”。说明这个海岛还自有货币。

所以这是一个孤立、独立而又可以自立的海洋社会。王韬还赋予它乐于助人的优良品德。“乾泰”号的生活物质得到了很好的补给。他们不但容许船员砍伐岛上的大树用来做被大风毁坏的桅杆，而且还帮助安装。

在《岛俗》的结尾，王韬借船员之口对这个海岛社会进行了由衷的赞美。“其地米谷蔬果无不备，且价格甚贱。居民无金银，所用钱，间杂以贝，光可以鉴。妇女眉目，甚有端好者。岛中不知婚娶礼，惟以相悦为偶。居山顶者，其人多寿考。岛中多桃花，时桃已熟，其大逾恒，甘美异常，所未经见也。然则所谓海上有三神仙者，其在此耶？”

这简直就是一个海上桃花源世界了。

四、《海游记》里的海洋民俗生态

关于《海游记》，江苏省社会科学院明清小说研究中心编撰的《中国通俗小说总目提要》是这样记载的：“六卷三十回　存　不题撰人，清刻小本，六册。首观书人序，无图。正文半叶九行，行十七字。”由杜信孚、蔡鸿源所著《著者别号书录考》一书中考证云：“《海游记》六卷，题清观书人撰，清嘉庆刊本。”这是有关《海游记》作者及时代的最明确记载。其实此则记载最早源自孙殿起《贩书偶记续编》的推测：“《海游记》六卷，清观书人撰，无刻书年月，约嘉庆间刊巾箱本，计三十回。”孙殿起是根据它的版刻特征来推测是约嘉庆年间的。据上所述《海游记》成书时间大概在清朝中期的嘉庆年间。[①] 陈大康《中国近代小说编年》[②]不见收录，可见的确为清道光朝以前的作品。

《海游记》是以“落漈”为背景的小说。关于“落漈”，袁枚《子不语》曾经有过这样的描述：“海水至澎湖渐低，近琉球则谓之‘落漈’。落漈者，水落下而不回也。有闽人过台湾，被风吹落漈中，以为万无生理。忽闻大震一声，人人跌倒，船遂不动。徐视之，方知抵一荒岛，岸上砂石，尽是赤金。有怪鸟，见人不飞，人饥则捕食之。夜闻鬼声，啾啾不一。居半年，渐通鬼语。鬼言：‘我辈皆中国人，当年落漈，流尸到此，不知去中国几万里矣。久栖于此，颇知海性。大抵阅三十年，落漈一平，生人未死者可以望归。今正当漈水将平时，君等修补船只，可望生还。’如其言。群鬼哭而送之，竟取岸上金砂为

---

① 张祝平、曹湘雯：《〈海游记〉对中国海岛形象模式的颠覆》，《衡水学院学报》2012年第3期。

② 陈大康：《中国近代小说编年》，华东师范大学出版社，2002年。

赠，嘱曰：‘幸致声乡里，好作佛事，替我等超度。’众感鬼之情，还家后各出资建大醮，以祝谢焉。”[①]其实关于“落漈”海情，还不是全凭想象。《元史》卷二百一十《外夷三》条中记载：“瑠求，在南海之东。漳、泉、兴、福四州界内彭湖诸岛，与瑠求相对，亦素不通。天气清明时，望之隐约若烟若雾，其远不知几千里也。西南北岸皆水，至彭湖渐低，近瑠求则谓之落漈，漈者水趋下而不回也。凡西岸渔舟到彭湖已下，遇飓风发作，漂流落漈，回者百一。瑠求，在外夷最小而险者也。汉、唐以来，史所不载，近代诸蕃市舶不闻至其国。”[②]

《海游记》假托主人公在“海洋国家”“无雷国”经商、游历的故事，针砭了当时的社会现实，讥讽了黑暗社会的官场恶迹与世风颓败。正如作者在《序》中所说：“此书洗尽故套，时无可稽，所论君臣乃海底苗邦，亦只藩服末卷涉于荒渺梦也。梦中何所不有哉。”显然也是一部寓言式海洋小说，对时势有一定的批判认识价值。叙事上，故事文本虽然采用传统的“梦游”形式，但在主要情节和细节上，有比较生动可信的“海洋社会”内容。因此是一部比较具有“海洋社会学”价值的古代海洋小说。从“身行”的角度而论，是一部身处海洋，在海洋里体验海洋生活的“在场”作品。

(一)海洋生活和海洋贸易气息

《海游记》具有比较浓郁的海洋生活气息。小说写道：“船进了水门，便有城市，泊在人烟聚处。有官来查，叫船上众人上岸点名。官道：‘你们的货物交与行牙，换些珠宝，上岸来过活。管船的领文凭在洋中运货谋生。’……分付行牙把货上了税方去，我的笔也换了珠宝。行牙又替我寻了房子，过到而今。”[③]

这节描写，如果没有切身的海洋(海岛)生活体验，是很难写得如此逼真的。“船进了水门”，仅这一句里的“水门”一词，就透露出作者对海洋生活的熟悉。海洋里生活的人，都将水道叫作门，例如现在东海舟山群岛留有大量水门，如十六门、竹山门等地名。“泊在人烟聚处”，这句话也是有海洋生活经验的。海洋生活主要在海岛展开，而岛有大小，一般是大岛住人，小岛为荒岛，至今仍然如此。所以凡是船可以靠岸处，必然是人烟稠密的大岛，也

---

① (清)袁枚：《子不语》，上海古籍出版社，2012年，第283页。

② (明)宋濂：《元史》，中华书局，1976年，第4667页。

③ (清)观书人：《海游记》，《古本小说集成》，上海古籍出版社，1994年，第12—13页。

就是所谓“城市”所在。只有这样的地方，才设有可以靠泊的码头。接下来说的“行牙”“管船的领文凭在洋中运货谋生”“把货上了税”等等，也显然是海上贸易的行话。

（二）海盗与海洋生存环境

“海洋世界”是一个很特殊的生活和社会空间，有许多大陆所没有的海洋组织，例如海盗。小说写道：“晚间我开后窗望月，见一船飞来，用火枪打我的船。我忙拖了行囊，钻窗跳上脚船，摇入岛中，藏了一夜。天明寻大船不见，脚船不敢走海，只得傍岛忍饿。到黑又来了一只船，我疑是强盗，伏在脚船中探看，被他看见，几把钩子将我钩住，连行囊拖上大船。有人问道：‘你家在那里，可另有大船。昨夜此处火光，可是你们的事。这囊中可有财帛，为何敢窥探我的船？’我应道：‘家在海底下，昨夜火光是我们的事，这囊中是珠宝，要便拿去，窥探尊船是我该死。’那人道：‘招认明白，丢下海去罢。’正是：不愁下海风波险，只恐还乡盗贼多。”[①]

这节描述可以说是海盗活动的逼真写照。“见一船飞来，用火枪打我的船”，“飞”之一词，写出了海盗船速度之快。海岛为了进攻和撤退方便，经常对船进行改装，譬如增加船桨和增大帆蓬，所以其速度一般要比普通船快捷许多。另外小说还写了一个细节：“到黑又来了一只船，我疑是强盗，伏在脚船中探看，被他看见，几把钩子将我钩住，连行囊拖上大船。”这里的用“钩子钩住”，也是特征性的海盗行径。只有这样，海盗船才能靠上被抢劫的船。海洋人经常说的“并船”，指两只船并拢行进，就是先用钩子钩住，再用绳索套牢的。

所以在海上航行的人和船，最大的危险除了风暴外，就是海盗了。学会与海盗打交道成了海洋人的生存技能之一。小说写道：“有一人道：‘年老还作甚盗？’我道：‘我何曾作盗？’那人道：‘你不是盗，难道我们到是盗？’我喊道：‘你若不是盗，莫认我是盗。’忙把来历细说一番。那人道：‘几乎误犯了，我们昨晚望见此处火光，疑你是盗。你因遇过盗，又疑我是盗。倘少说一句话，就要有屈了。’又一人道：‘犹如做官的，不察是非，捕风捉影，泼天冤枉，反自以为锄恶安良。平地风波要人夸他神明锋利。平民逼得妻逃子散，绅士也要破产倾家。及明白是错不过罢了。还有一等官，偏不认错。若风闻

---

① （清）观书人：《海游记》，《古本小说集成》，上海古籍出版社，1994年，第14—15页。

出于己意，辨出冤枉也要派他点错，方好掩饰己非。若奉行出自上司，明知无辜也要定他个罪，以便迎合宪意。至若自悔误闻，亟求补过表白，受冤的调济，受累的却一百里没一个。'又一人道：'你起初比得切，只因没有详察，几乎冤了。'此老后说的话却不解。那人道：'我们若掩饰己非，把此老的话当供招，珠宝为赃物，仍丢他下海。若明白就罢了。把他行囊留下，算花费的家产，放他在岛上听其死活。若补过调济，竟带他回去。未知诸位愿那一层？'众人道：'补过的是。'遂送我到江中山脚下。"①

遇到海盗谋求生存有两大法则。一是不要揭露对方的海盗身份。海盗往往是贫穷的"海上人"，他们对从事海上抢劫等海盗行为，大多都理解为"没有办法"，是"暂时的，临时的"，所以他们不愿意承认自己是海盗，更不愿意被人当面说是海盗。二是海盗往往不赶尽杀绝，在抢劫之后给被害人留下少许以便他维持生命，或者是将他送到可以安全回去的地方。也就是说，海盗也发"善心"，所谓"盗亦有道"，他们是很讲究的。这是中国海盗与西方文学中职业海盗的根本性区别。《海游记》真实生动地写出了这一点。

（三）海国结构

海洋社会也是人类社会的一部分，也有自己的组织结构。当然由于海洋社会的不发达，这种组织结构主要是移植或借鉴了陆地社会结构。这在《海游记》里也有反映。小说写道：

> 管城子到海下，离船上岸。将笔向行牙换了珠宝，托寻房子，便问风俗。这行牙也是中国淌来的，告诉道："此乃落漈，水底各国淌来人多，遂成一国，取名无雷。本处是紫岩岛，离都甚远，官以总帅为大，副帅有三，分驻香岩、白岩、花岩。各岛总司、副司、知府、知县，每岛俱有。科甲、官阶，尽学中国。食用皆全。惟海水必入淡沙方可食。淡沙不许私卖，另有官商。此地大家姓徐，昔文状元徐贤有二子。长纶，官尚书，已故，无子。次经官，太常退归林下，生子玉号，壁人年方十四，美如冠玉，文武双全。嗣与尚书，袭职郎官。他家虽富贵，最好行善。俗语云：境有徐吏部，不患无衣裤；境

① （清）观书人：《海游记》，《古本小说集成》，上海古籍出版社，1994年，第18—20页。

有徐太常，不怕水旱荒。[1]

这段描述涉及海国的权力结构、生活资源(淡沙)国有控制等，另外还有海国社会的上层人士徐家的社会地位和社会影响，都具有相当的社会学意义。

(四)海国特殊的生活风俗

《海游记》有一段记述非常值得关注：

近闻他家有围房招租，遂带管城子往托房牙寿子京，租得徐府围房，前开笔店，后边居住。隔壁邻徐太常，同监生陶秀，对门邻书吏陈安。施棺局刘二公，万法寺施药局谨因和尚，二局皆徐府设的。管城子一一拜了。太常设宴要请管城子，命家奴徐忠去传戏。徐忠往唤，各班都有生意。忽一人叫道："二太爷要顽意，有一班杂耍，请去看。"徐忠道："你是谁?"那人道："小的叫臧六。"徐忠随臧六到船上，两妇人迎出。一妇人道："我姓居名珠娘，姑子名珍娘，新嫁臧六。我生四子一女，珍娘生过一子。"二女随将众子女叫出，指道："大小儿思恩学得好纵跳，配了大外甥女富儿。小女思宝配了外甥居华二小儿思过。此五人自小学册，颇识几字，都已接客。那三人都未过十岁，二外甥女贵儿，现为三小儿思义的养媳，最小的四小儿思学也会筋斗。我们从东洋岛新来，丈夫居旦已死，今归臧六领帮，求二太爷抬举。"徐忠道："有宴时来传，你回禀太常来唤杂耍。"[2]

这里描述的是海洋社会比较特殊的一种生活形态"船上歌女"。"船上歌女"实际上是一种妓女，但是具有海洋特色。由于从事海上活动(无论是捕鱼还是海上运输、贸易)的都是男人，又由于这些活动都需要离家多日，甚至是数月、半年、一年，因此性的饥渴和需要就非常强烈。那些停泊码头的妓女业就普遍存在，其繁荣要远超一般的陆地城市。但是这些海上人都住

① (清)观书人:《海游记》,《古本小说集成》,上海古籍出版社,1994年,第60—61页。
② (清)观书人:《海游记》,《古本小说集成》,上海古籍出版社,1994年,第62—64页。

在船上，除了补充一些生产和生活物品，他们基本上不下船，因此码头的妓女就需要自己上船去服务。但这种行业毕竟不光彩，最不要脸皮的人也不敢公开上船，这就需要一种伪装，一种你知我知但又可以遮掩的行当伪装，“游船说唱”就这样产生了。妓女们坐在装饰特殊的小船上，游弋于各大船之间，用“说唱”与男人们交流。一旦有人要“听”，她们就上去服务。往往是一人或数人在里间“服务”，其他人则在外面“说唱”。小说写“琵琶洋琴、陪酒伏侍”，正是珠娘这些人的生活写照。

五、结语

民俗是地域文化的一种历史积累，是某种生活状态比较稳定后才有的产物。古代涉海叙事有那么丰富的民俗方面的内容，充分证明中国海洋社会的存在历史已经非常悠久，所以才滋生和拥有了自己的海洋民俗生态。从上述的梳理中可以看出，在海洋空间上，温州、台州所在的东海区域一带具有比较丰富的生活类海洋民俗遗存。而南海地区则异国民俗色彩比较突出，说明南海地区对外交流比较频繁。在民俗内容上，海洋社会普遍存在着“淫祀”类民间信仰民俗现象。另外，海洋社会的民风相对比较开放，男女之间交往比较自由。

第十章　海洋生物的变形书写及政治与人伦因素附加

古代海洋生物书写涉及鱼、贝、蟹、龟等多种生物。明代黄衷《海语》的中卷为《物产》，记载了海犀、海马、海驴、海狗、海鼠、海鸥、海鸡、海鹤、海鹦哥、海燕、海鲨、海龟、海鳇、海鳅、鳗鲡、印鱼、河豚等大量海洋生物。明人屠本畯《闽中海错疏》中的海洋生物记载更为详尽。全书分三卷，上中两卷为鳞部，下卷为介部，所记鱼类（包括部分淡水鱼类）共有 80 多种（分属于 40 个科，20 个目），两栖类十种（分属于 3 个科），另外还有软骨动物的贝类、节肢动物的虾类。所记海洋生物的内容，包括名称、形态、生活习性、地理分布和经济价值，里面包含着极为丰富的海洋鱼文化信息，被誉为世界第一部海洋鱼类专著。

但是从海洋人文的角度而言，这些倾向于自然客观的海洋生物记载并非古代海洋生物书写的主流。古代海洋生物意象的文化源头在《山海经》。《山海经・海内北经》有两条记载："大鲠居海中"；"陵鱼人面，手足，鱼身，在海中"。《大荒西经》也有一条记载："有鱼偏枯，名曰鱼妇。……风道北来，天及大水泉，蛇乃化为鱼，是为鱼妇。"[①]这三条记载奠定了古代"鱼"叙事的两大方向：一是"生物性"的鱼，其标志是夸张式描述；二是人文意义上的"鱼"，在这种语境下，"鱼"常常被进行变异性处理，或者以符图谶纬的形态出现，被赋予了体现某种政治迹象的外在功能，更多时候，它还被刻画为一种"人鱼"形象，成了一种"拟体"写作。

这两大方向贯穿于整部中国古代海洋小说史。相比较而言，生物性的

---

① 袁珂：《山海经全译》，贵州人民出版社，1991 年，第 255、301 页。

“大鱼”夸张性和变异性的奇鱼叙事比较简单，从《山海经》到晚清，几乎没有什么大的变化。而人文形态的“鱼”叙事则比较复杂，里面既包含着图谶思维的奇特附会，又折射出对于海洋女性的某种歧视性评价，也就是说，普通的鱼类这种海洋生物书写，被注入了很多政治和人伦的因素。

一、海洋生物的夸张性书写

“夸张”是文学的基本手法，属于变异性叙事的一种。这在涉海叙事的海洋生物书写中也有许多体现。海洋生物的夸张性描述，主要体现在“大鱼”架构中。具体的手法是极力描述“大鱼”之大，说明它是一种简单的放大形体的夸张，而不是“白发三千丈”式的审美修辞。这种书写的文化源头在《山海经》。《山海经·海内北经》说“大鯾居海中”，郭璞注《山海经》认为“大鯾”就是鲂鱼。鲂鱼，民间一般叫鳊鱼，鯾和鳊应该是同一个字了。近代的鲂鱼、鳊鱼都是淡水鱼。可是在《山海经》语境里，鯾鱼是生活于海中的，而且形体很大，被描述成“大鯾”。这条“大鯾”从此开辟了一条海洋生物的“大鱼”（包括被误认为是鱼的鲸）化路径。后人踵接不已，千百年来乐此不疲，而且越写越大。

晋时崔豹著《古今注》，在《鱼虫》下就记叙了一条大鱼：

> 鲸鱼者，海鱼也。大者长千里，小者数十丈。一生数万子，常以五月六月就岸边生子。至七八月，导从其子还大海中，鼓浪成雷，喷沫成雨，水族惊畏，皆逃匿莫敢当者。其雌曰鲵，大者亦长千里，眼为明月珠。[①]

这说明早在魏晋时代，古人就已经认识了鲸鱼，虽然误认为鲸鱼是鱼类，但是对于鲸鱼的繁殖习性（没有明说是胎生还是卵生，说明作者的态度还比较严谨）和喷水特性的描述，还是具有一定的认识价值。这反映出古人对于海洋的认识程度，也许要比我们的估计要广泛和深刻得多。

魏晋时代的人们对于海中大鱼似乎特别感兴趣。另外一个晋人干宝在

---

① （晋）崔豹：《古今注》，《汉魏六朝笔记小说大观》，上海古籍出版社，1999 年，第 242—243 页。

他被后人誉为小说之祖的《搜神记》中，也几次描述了大鱼：

> 永始元年春，北海出大鱼，长六丈，高一丈，四枚。哀帝建平三年，东莱平度出大鱼，长八丈，高一丈一尺，七枚，皆死。灵帝熹平二年，东莱海出大鱼二枚，长八九丈，高二丈余。[①]

到了宋朝，随着海洋开发的大规模开展，人们对于海洋的认识也日趋深入，因此海洋大鱼这种题材的书写，更多作者持的都是现实主义的态度，不再做牵强附会的发挥和引申了。宋李昉等编的《太平广记》便是如此。卷第四百六十四《水族一》有《东海大鱼》和《南海大鱼》：

> 东方之大者，东海鱼焉。行海者，一日逢鱼头，七日逢鱼尾。鱼产则百里水为血。
>
> 海中有二山，相去六七百里，晴朝远望，青翠如近。开元末，海中大雷雨，雨泥，状如吹沫，天地晦黑者七日。人从山边来者云，有大鱼，乘流入二山，进退不得。久之，其鳃挂一崖上，七日而山拆，鱼因而得去。雷，鱼声也；雨泥，是口中吹沫也；天地黑者，是吐气也。[②]

这鱼之大，几乎无以复加：一条可以与山岭媲美，已经大得惊人了；而另一条渡海的大鱼，人们居然需要七天时间才能从头看到脚，这只能是从夸张这种修辞角度才可以予以理解的了。

《太平广记》卷第四百六十六《水族三》的《东海人》，写的也是一条大鱼："昔人有游东海者，既而风恶船破，补治不能制，随风浪，莫知所之。一日一夜，得一孤洲，共侣欢然。下石植缆，登洲煮食，食未熟而洲没。在船者砍断其缆，船复漂荡，向者孤洲，乃大鱼也。吸波吐浪，去疾如风，在洲上死者十余人。"[③]这鱼居然变成了一座小岛，逼真得让航海经验丰富的船员都上当了。

---

① （晋）干宝：《搜神记》，《汉魏六朝笔记小说大观》，上海古籍出版社，1999年，第324页。

② （宋）李昉等：《太平广记》，民国景明嘉靖谈恺刻本，第2109页。

③ （宋）李昉等：《太平广记》，民国景明嘉靖谈恺刻本，第2118页。

这种生物性的"大鱼"叙事，到了对于海洋世界和海洋生物有了广泛了解的清代，还依然有人书写，说明人们对于海洋想象仍非常感兴趣。王棫《秋灯丛话》《海族异类》就有这样的记载："余家濒海，康熙中，有一巨鱼随潮至，潮退不能去，遂死沙碛。长数十丈，高三丈许。"[①]王棫是山东烟台人，家就在海边，所以他能亲眼看到搁浅死亡的大鱼。他虽然没有明说是什么大鱼，但是从情形而论，或许属于鲸鱼。鲸鱼误入近海搁浅死亡的现象，是很有可能发生的。

另外，古代的"大鱼"叙事还有变种，从"大鱼"演化为"大蟹"等其他巨大无比的海洋生物。

《太平广记》第四百六十四卷记载了一种"南海大蟹"："近世有波斯常(商)云，乘船泛海，往天竺国者已六七度。其最后，舶漂入大海，不知几千里，至一海岛。岛中见胡人衣草叶，惧而问之，胡云，昔与同行侣数十人漂没，唯已随流，得至于此。因而采木实草根食之，得以不死。其众哀焉，遂舶载之，胡乃说，岛上大山悉是车渠、玛瑙、玻璃等诸宝，不可胜数，舟人莫不弃已贱货取之。既满船，胡令速发，山神若至，必当怀惜。于是随风挂帆，行可四十余里，遥见峰上有赤物如蛇形，久之渐大。胡曰：'此山神惜宝，来逐我也，为之奈何?'舟人莫不战惧。俄见两山从海中出，高数百丈，胡喜曰：'此两山者，大蟹螯也。其蟹常好与山神斗，神多不胜，甚惧之。今其螯出，无忧矣。'大蛇寻至蟹许，盘斗良久，蟹夹蛇头，死于水上，如连山。船人因是得济也。"[②]从海面上涌起的两座小山居然是大蟹的两只螯，这种夸张真是无以复加的了。

还有一种"海鳝"也是如此。《太平广记》记载说："海鳝鱼，即海上最伟者也，小者亦千余尺。吞舟之说，固非谬矣。每岁，广州常发铜船过南安货易，北人有偶求此行，往复一年，便成斑白。云，路经调黎深阔处，又见十余山，或出或没，初甚讶之。篙工曰：'非山，海鳝鱼背也。'果见双目闪烁，鬐鬣若簸米箕。危沮之际，日中忽雨霡霂。舟子曰：'此鳝鱼喷气，水散于空，风势吹来若雨耳。'及近鱼，即鼓船而噪，倏尔而没去。鱼畏鼓，物类相伏耳。"[③]这种硕大无比的"海鳝"在古代各种涉海笔记中经常出现。"鳝"是

---

① (清)王棫:《秋灯丛话》,黄河出版社,1990年,第71页。

② (宋)李昉等:《太平广记》,民国景明嘉靖谈恺刻本,第2110页。

③ (宋)李昉等:《太平广记》,民国景明嘉靖谈恺刻本,第2110页。

"鳅"的异体字,但是不同于"鳅"。从该文的"双目闪烁,鬐鬣若簸米箕"的描述来看,也许更接近于鱿鱼、章鱼,或大王乌贼之类。然而文中又有"喷气如雨"的描述,却又不符合大乌贼的特性。但文中说它的背脊如山一般巨大,可见其也属于"大鱼"系列。

连海虾也会被描述成硕大无比。《太平广记》记载说:"刘恂者曾登海舶,入舵楼,忽见窗板悬二巨虾壳。头、尾、钳、足具全,各七八尺。首占其一分,嘴尖利如锋刃,嘴上有须如红箸,各长二三尺。双脚有钳,钳粗如人大指,长二尺余,上有芒刺如蔷薇枝,赤而铦硬,手不可触。脑壳烘透,弯环尺余,何止于杯盂也。《北户录》云:'滕循为广州刺史,有客语循曰:"虾须有一丈长者,堪为拄杖。"循不之信,客去东海,取须四尺以示循,方伏其异。'"[①]这里出现的大虾,体型巨大,威风凛凛,"虾霸"形象很是生动,如果不是现今已经灭绝的古代海洋生物,那肯定也属于夸张性文学想象了。但是作者引经据典,极力想证明它的真实存在,反映了这个故事的民间文学特色(其实也是很多笔记小说的特色):用现实主义的态度书写超现实的内容。

二、海洋生物书写中的变异处理和政治图谶附会

除了夸张艺术,海洋生物书写还常常采用超自然的变异手法。一些本来很寻常的海洋鱼类等生物,到了文人们的笔下,往往成为匪夷所思之物。而且有些变异处理走向象征化,一些海洋生物的自然现象被附会成某些政治符号,普通的海洋生物书写成了政治图谶式叙事。

晋张华《博物志》:"东海有牛体鱼,其形状如牛,剥其皮悬之,潮水至则毛起,潮去则毛伏。"[②]南朝任昉《述异记》也转录了这则笔记。这种形状如牛的鱼不知为何物,更奇的是它的毛发竟然能够辨别涨潮与退潮,显然这是一种变异性写法。

《太平广记》还专列有《水族》卷,普通的海洋生物几乎都被进行了变异处理。比目鱼因形体如鞋底,南海一带的人谓之鞋底鱼。可是《比目鱼》一文的作者却引用《尔雅》材料说:"东方有比目鱼焉,不比不行,其名谓之鲽。

① (宋)李昉等:《太平广记》,民国景明嘉靖谈恺刻本,第2114页。

② (晋)张华:《博物志》,《汉魏六朝笔记小说大观》,上海古籍出版社,1999年,第197页。

状如牛脾，细鳞紫色，一面一目，两片相合乃行。”作者想当然地认为需要两条比目鱼合在一起才可以游动。《鹿子鱼》描述鹿子鱼，因为鱼皮花纹有鹿斑，赤黄色，就发挥说：“‘州南海中有洲，每春夏，此鱼跳出洲，化而为鹿。’曾有人拾得一鱼，头已化鹿，尾犹是鱼。南人云：‘鱼化为鹿，肉腥，不堪食。’”还有一种“海燕鱼”，更是奇特。“乘潮来去，长三十余丈，黑色无鳞，其声如牛，土人呼为海燕。”①

这种变异书写，到了清代屈大均《广东新语》里，可以说是进入了一个高潮。《广东新语》专列有《鳞语》卷，其采取的记载和描述方式，大多为变异，如《怪鱼》：“开洋时，随风鼓舞，往往飞入舶中，人不敢取。”这很可能就是飞鱼。普通的海洋鱼类现象，却被视为“怪鱼”，人都不敢取来食用。又如“有一鱼长数十丈，其首有二大孔，喷水上出，遇舶则昂首注水舶中，须臾而满。亟以钜瓮投之，连吞数瓮则逝”。看这所描述的情形，基本可以断定为鲸鱼。鲸鱼喷水是自然性的生理现象，却被描述成有意要加害海船。更有一些鱼类，被赋予了海洋救难的秉性，人性意味更为浓厚：“有一鱼嘴长丈许，有龉刻如锯，能与力战而胜，以救海舶。又有鱼长二十余丈，性最良善。或渔人为恶鱼所困，此鱼辄为渔人解围。”②

赋予普通海洋生物以某种人性的因素，仅仅是《广东新语》海洋生物书写处理的一个方面。它的第二个处理方法是把海洋生物与海洋灾难联系起来，成了一种图谶式附会。如《暨鱼》：“暨鱼，大者长二丈余，脊若锋刃。尝至南海庙前，谓之来朝。或一年数至，或数十年一至。若来数，则人有疫疾。《志》称南海岁有风鱼之灾。风，飓风，鱼谓暨鱼也。有乌白二种，来辄有风，故又曰风鱼。”③有人说这“暨鱼”指中华白鳖豚。如果此说正确，那么也是普通的水中生物，但是《广东新语》却说它是疫疾的使者。白鳖豚在特定季节里翻腾于海面的自然现象，在《广东新语》里成了“谶语”式描述。

《广东新语》还记载说“潜龙鲨”这种“南海巨鱼”，是“鱼种而龙者也”，又将它“脊一行，腹二行，鳞皆十三。两翅两行，鳞皆三十”的生理现象，解释为“其脊一行，腹与翅行皆两者，五行也。天地之数各五也。脊一腹二，阳奇阴偶，天一地二也。十者，天地之成数。天十而余三，三三为九，乾元所以用九

① (宋)李昉等：《太平广记》，民国景明嘉靖谈恺刻本，第2113页。
② (清)屈大均：《广东新语》，中华书局，1985年，第549—550页。
③ (清)屈大均：《广东新语》，中华书局，1985年，第550页。

也。地二十而余六,阳进而阴不能也,坤元所以用六也。翅三十者,一月之数也。两翅合而甲子一周也。总之九十九鳞,群龙所以无首,河图所以虚中,大衍之用所以不满五十也。盖《易》教也"[①]。竟然说这种鲨鱼是《易经》的物化体现,简直匪夷所思了。另外对于多产于惠州的"黄雀鱼"和多产于南海的"鼠鲇乌贼"以及"鲨虎鱼",都说它们分别是黄雀、老鼠和老虎幻化而成。这也是一种超现实主义的思维方式。

如果说这种变异处理,其思维立足点还尚处于海洋生物本身的话,那么在一些涉海叙事里,有些海洋生物则被注入了许多政治因素。如《太平广记》第四百六十四卷《乌贼鱼》一文。"乌贼,旧说名河伯从事。小者遇大鱼,辄放墨方数尺以混身,江东人或取其墨书契,以脱人财物。书迹如淡墨,逾年字消,唯空纸耳。海人言,昔秦王东游,弃算袋于海,化为此鱼,形如算袋,两带极长。"乌贼即墨鱼,其能够放墨自保和逃遁本是自然生理现象,可是在作家的笔下,乌贼被与秦始皇联系起来。故事说,当年秦始皇东游,来到海边,把一个"算袋"遗弃在了海里,结果"算袋"变成了乌贼。从表面上看,这是一个解释生物起源的民间故事,但是在这个故事的前面,作者预设了一个隐喻。墨鱼的墨汁被人用来造假,因为用墨鱼汁书写的契约,过了一年,字迹会消失,契约成了废纸。这里就有一个阴谋式"算计"的预设。而秦始皇遗弃于海中的,竟然就是"算袋"。这样就隐喻了一个"秦始皇奸算"的命意。普通的墨鱼放墨的生物现象就成了一种政治话语。

在古代海洋笔记小说中,秦始皇经常被作为一种政治符号写入。唐段成式《酉阳杂俎》:"东海渔人言,近获鱼,长五六尺,肠胃成胡鹿刀槊之状,或号秦皇鱼。"这也是暗示秦始皇"好杀",他成了凶器的化身。[②]

图谶思维曾经在中国古代,尤其是远古时代,普遍存在。这在海洋生物书写中也有很多体现。

干宝《搜神记》在描述大海频出大鱼的现象时,引用京房《易传》的话说:"海数见巨鱼,邪人进,贤人疏。"把一种自然现象与宫廷政治斗争联系在一起。另外南朝刘敬叔《异苑》卷四《海凫毛》记载说:"晋惠帝时,人有得一鸟毛,长三丈,以示张华。华惨然叹曰:'所谓海凫毛也。此毛出,则天下土崩

---

① (清)屈大均:《广东新语》,中华书局,1985年,第551页。
② (唐)段成式:《酉阳杂俎》,中华书局,1981年,第163页。

矣。'果如其言。"[①]一根海鸟羽毛的出现竟然被视为天下将要大乱的症候，海洋生物被附加了不堪承受的政治因素之重。这些都是典型的符图谶纬思维的反映。

三、鲛人："男性人鱼"的经典形象

古代的海洋生物书写注重对生物的夸张和变异，赋予普通的海洋生物许多政治因素。这种超现实主义文学思维的另外一个重要维度，体现在对于海洋生物的"人伦"因素附加上。典型的表现，就是对于"人鱼"形象的刻画。

《山海经·海内北经》"陵鱼人面，手足，鱼身，在海中"的记载，是"人鱼"叙写的最早源头。不过这里"人面手足鱼身"的描述其实是写实的，说的就是后世所谓的娃娃鱼。可是它却启发了后人对于鱼的一种变异思维：鱼是可以和人联系在一起进行描述的。

古代的"人鱼"书写，呈现为"男性人鱼"和"女性人鱼"两种形态。

"男性人鱼"的标志性形象为"鲛人"。虽然"鲛人"不一定全是男性身份，但是比较经典的几则"鲛人"故事，都是男性的形象。如晋人张华《博物志》："南海外有鲛人，水居如鱼，不废织绩，其眼能泣珠。"[②]晋干宝《搜神记》"鲛人"，继承了张华的鲛人形象。[③]他们笔下的鲛人，有这样几个基本要素：一是来自于"南海"；二是如鱼一样生活在海中；三是他们的眼泪能化成珍珠。

南海出海珠，古人也许早就知道了。鲛人故事也就有了可靠的事实基础。"水居如鱼"也没有什么特异，但是"其眼能泣珠"就很生动形象了。眼泪晶莹浑圆，与珍珠有形态上的相似性。说鲛人的眼泪能变成珍珠，就很有文学创意了。

从此鲛人和珍珠就紧密联系在一起，在以后的涉海叙事里经常成对出现。一直到了清代，沈起凤创作了《鲛奴》，鲛人叙事达到了高峰。

---

① （南朝）刘敬叔：《异苑》，《汉魏六朝笔记小说大观》，上海古籍出版社，1999年，第623页。
② （晋）张华：《博物志》，《汉魏六朝笔记小说大观》，上海古籍出版社，1999年，第192页。
③ （晋）干宝：《搜神记》，《汉魏六朝笔记小说大观》，上海古籍出版社，1999年，第374页。

沈起凤是苏州人，生活的地方与海很近。他喜欢广泛阅读，勤于创作，是文学大家，戏剧、小说都非常出色。《鲛奴》出自他的小说集《谐铎》，情节生动曲折，情感细腻动人。故事说有个名叫景生的人，在福建谋求发展，三年无所成，就搭海船回江苏太仓茜泾老家。途中见沙岸上有一个人僵卧，其人碧眼蜷须，黑身似鬼，非同常人。经询问得知，此人竟然乃鲛人。鲛人说他原为水晶宫琼华三姑子织紫绡嫁衣，误断其九龙双脊梭，被驱逐出龙宫。"今漂泊无依，倘蒙收录，恩衔没齿。"景生产生了同情心，收留了他，把他带回老家。"其人无所好，亦无所能。饭后赴池塘一浴，即蹲伏暗陬，不言不笑。"就这样生活了下来。

浴佛日（民间所谓释迦牟尼诞生日，一般指农历四月初八）那天，景生去昙花讲寺游玩，偶见韶龄女子，一见倾心。经多方打听，得知此女是外地人，姓陶氏，小字万珠，幼失父，为里党所欺，三年前，随母僦居于此。景生"以孀贫可啖，登门求聘，许以多金"，不料遭到拒绝。女孩母亲提出："女名万珠，必得万颗明珠，方能应命。"景生大为失望乃至绝望，因为"明珠万颗，纵倾家破产，亦势难猝办"。但又念念不忘，终日相思，"瘦骨支床，恹恹待毙"。可是他放心不下鲛人，对鲛人说："我是好不了的了，终当为情死。但你怎么办啊？我死了，你去投靠谁啊？"鲛人闻此言，深受感动，"抚床大哭，泪流满地。俯视之，晶光跳掷，粒粒盘中如意珠也"。但检点珠数，不够万颗。鲛人登楼望海，见烟波万里，喟然曰："满目苍凉，故家何在？"不由感伤万分，"奋袖激昂，慨焉作思归之想，抚膺一恸，泪珠迸落"。早就够万珠了。景生大喜，邀之同归。鲛人却耸身一跃，赴海而没，回他的南海故乡去了。[①]

《鲛奴》塑造了一个知恩图报的海洋人形象，是古代鲛人叙事中形象最为丰满的一个。

鲛人之外，古代涉海叙事中还塑造了许多其他"男性人鱼"的形象。晋崔豹《古今注》把乌贼鱼引申为"河伯度事小吏"。南北朝时期王嘉《拾遗记》说夏禹父亲鲧，因治水失败，"自沉于羽渊，化为玄鱼，时扬须振鳞，横修波之上，见者谓为河精"。他们都隐隐然把"鱼"人格化，成为"人"的另一种形态。

---

① （清）沈起凤：《谐铎》，人民文学出版社，1985年。

四、“女性人鱼”形象书写的性别歧视

“女性人鱼”形象的最早雏形，仍然可以追溯到《山海经》。《山海经·大荒西经》记载说：“有鱼偏枯，名曰鱼妇。……风道北来，天及大水泉，蛇乃化为鱼，是为鱼妇。”这条记载有两个要素：一是天发大水，蛇出洞了，变成了鱼妇；二是鱼妇形态不佳，“偏枯”。对于这个“枯”字，郭璞注《山海经》没有特别予以注释，说明使用的是它的本义和常见的引申义。“枯”的本义是“老”，引申为干了，没有水分了。“有鱼偏枯”指的是鱼快干了，最后变成了鱼妇。无论是枯鱼变成的鱼妇，还是蛇变成的鱼妇，都含有贬义。枯鱼变成的鱼妇干巴巴的，自然不美。蛇变成的鱼妇，水灵灵的，形象要好多了。可是在中国传统文化里，蛇的形象是与妖艳、放纵联系在一起的。所以这个鱼妇形象，就暗含有不端庄、不贞洁的意思在里面。

果然，后世的鱼妇形象很多都是朝负面方向演化的。南北朝时期任昉《述异记》，有一条“懒妇鱼”记载。江南有懒妇鱼，民间传说，从前有杨氏家妇，为姑溺死，化为鱼。这种鱼的脂膏可以作为灯烛来照明。奇怪的是，用它来照鸣琴博弈等玩乐的事情，则灿然有光；如果用来照纺绩等劳作的事情，则暗淡无光了。所以叫“懒”。[①] 这则故事赋予了鱼妇“懒惰”的因素，鱼妇形象的负面性被有意突出了。

不仅如此，到了唐朝段成式《酉阳杂俎》里，鱼妇不但懒，而且还“淫”了。“非鱼非蛟，大如船，长二三丈，色如鲇，有两乳在腹下，雄雌阴阳类人，取其子著岸上，声如婴儿啼。顶上有孔通头，气出吓吓作声，必大风，行者以为候。相传懒妇所化。杀一头得膏三四斛，取之烧灯，照读书纺绩辄暗，照欢乐之处则明。”[②]这里的“欢乐之处”暗指性器官。鱼妇形象更加不堪。

到了宋朝李昉等编的《太平广记》里，人鱼的不堪被进一步放大了。卷第四百六十四《海人鱼》说：“海人鱼，东海有之，大者长五六尺，状如人，眉目、口鼻、手爪、头皆为美丽女子，无不具足。皮肉白如玉，无鳞，有细毛，五色轻软，长一二寸。发如马尾，长五六尺。阴形与丈夫女子无异，临海鳏寡

---

① （南朝）任昉：《述异记》，明程荣汉魏丛书本，第2页。

② （唐）段成式：《酉阳杂俎》，中华书局，1981年，第165页。

多取得，养之于池沼。交合之际，与人无异，亦不伤人。”[1]这就把女性人鱼写得非常淫荡，连男性人鱼也不愿意与之交往了。

宋聂田《狙异志》中的《人鱼》故事，写的也是鱼妇的负面性：“待制查道奉使高丽，晚泊一山而止。望见沙中有一妇人，红裳双袒，髻发纷乱，肘后微有红鬣。查命水工以篙扶于水中，勿令伤。妇人得水，偃仰复身，望查拜手，感恋而没。水工曰：‘某在海上未省见，此何物？’查曰：‘此人鱼也。能与人奸。处水族，人性也。’”[2]“待制”是宋朝的一种官职，这个查道是政府官员，他居然说这种雌性人鱼能与人发生不正当关系，这是“水族人性”的体现。这显然是把人鱼视为海洋女子了。这是典型的歧视女性，也是对海洋社会女性的污蔑判断。

不过必须指出的是，这种歧视侮辱女性人鱼的描写，到了明代已经有所改观。黄衷《海语》里有一则“人鱼”故事：“人鱼长四尺许，体发牝牡，人也，惟背有短鬣微红耳。间出沙汭，亦能媚人。舶行遇者，必作法禳厌，恶其为祟故也。昔人有使高丽者，偶泊一港，适见妇人仰卧水际，颅发蓬短，手足蠕动，使者识之，谓左右曰：‘此人鱼也，慎毋伤之。’令以楫扶投水中，噀波而逝。”[3]虽然也显示出它的“性”因素，但抛弃了以前的邪恶和淫荡，航海人对其的态度也大为改观，“此人鱼也，慎毋伤之”，对其更多的是敬而远之，取一种包容的态度。明代是人伦比较开放的朝代，对于“女性人鱼”这种比较尊重的描述，或许也是社会思想的一种折射吧。

进入清代后，人们对于“人鱼”的感觉又有了巨大的变化，出现了“人鱼之无害于人”的观点。屈大均《广东新语》有这样一段描述：“又大风雨时，有海怪被发红面，乘鱼而往来。乘鱼者亦鱼也，谓之人鱼。人鱼雄者为海和尚，雌者为海女，能为舶祟。火长有祝云：‘毋逢海女，毋见人鱼。’人鱼之种族有卢亭者，新安大鱼山与南亭竹没老万山多有之。其长如人，有牝牡，毛发焦黄而短，眼睛亦黄，面黧黑，尾长寸许，见人则惊怖入水，往往随波飘至，人以为怪，竞逐之。有得其牝者，与之淫，不能言语，惟笑而已。久之能着衣食五谷。携至大鱼山，仍没入水。盖人鱼之无害于人者。人鱼长六七尺，体

---

① （宋）李昉等：《太平广记》，民国景明嘉靖谈恺刻本，第 2110 页。

② （宋）聂田：《祖异志》，（宋）曾慥编纂，王汝涛等校注：《类说校注》，福建人民出版社，1996 年，第 737 页。

③ （明）黄衷：《海语》，中华书局，1991 年，第 19 页。

发牝牡亦人，惟背有短鬣微红，知其为鱼。间出沙汭能媚人。舶行遇者，必作法禳厌。海和尚多人首鳖身，足差长无甲。”[①]这段记载非常生动形象，把“人鱼”描绘得相当具有人情味道。它们很活泼，乘坐在大鱼背上游海。与人“相处”时，“不能言语，惟笑而已”，神态毕肖。与人交往多了，居然还能“着衣食五谷”，与人无区别了。因此人们认为“人鱼之无害于人”，可以成为朋友。

五、海洋产物人文隐喻的“温州视角”

浙江温州海洋人文积累非常丰厚，地方文献多涉及海洋生物，其中有许多是自然客观的记载，但也有一些却被赋予某种人文隐喻。

如清代永嘉人李朝贤《瓯江食物志》，记载了大量的“鳞介之族”。作者介绍它们的目的，是展示“泽国之风味”。他的写法，就体现出这两种特点。在介绍带鱼等海鱼的时候，采用非常客观的视角：“带鱼，长可三四尺，形如白练，与鲳鱼并味。”“鲈鱼，巨口细鳞，味不下松江之鲈。粗者曰黄鲋，又粗者曰茅鲢。春夏有之。”“梅鱼，则石首之小者也，终其身为三寸。”但是在写到鲳鱼的时候，他却这样写道：“鲳鱼，形如满月，无雄，求凡鱼为匹，称为鱼中娼。”这里“鱼中娼”的说法，显然已经超出了自然客观，有一种“人伦附加”了。又如对黄鱼的描述：“黄鱼，初出水黄如金色，故以为名。脑有石如羊脂，故又名石首。捕自内江，则称户鱼，俗以竹扦江，如列户然。捕自外海，则称豹鱼，子发欲放，水中声如豹吼。四时皆备，尤盛于春。其利不可以万计也。”还有妖孽鱼：“妖孽鱼，每从海提之而上，其光如灯，遂名鬼灯鱼。”字里行间有很强的主观色彩。[②]

清代温州人郭钟岳写的《瓯江小记》也介绍了大量的海洋鱼类生物，但在介绍带鱼时，却是这样描述的：“带鱼，玉环洋面所产，渔民冬时之一大出产也。鱼信好，则如获丰年；恶，则如逢歉岁。年丰则温饱而安居，岁歉则饥寒而为盗。闽、浙接壤之民多赖此生活，共渔于玉环之坎门。冬钓关一年之收获，所谓鱼盐之利，鱼之重亦若是哉！鱼味鲜肉细，莹白如练。闻钓者每

---

① （清）屈大均：《广东新语》，中华书局，1985年，第550页。

② 陈瑞赞编注：《东瓯逸事汇录》，上海社会科学院出版社，2006年，第79—80页。

得一鱼，则衔尾而上者十数。吴县石子元祖芬、上元周乐仲听钧两君在玉环时，以玉环出此，美其名曰‘杨妃带’。”[1]杨妃即杨贵妃，是古代美女的代表，把带鱼比喻为“杨妃带”，其主观情感的赋予是一目了然的。

明陆容《菽园杂记》有《乐清县鱼》一文：“景泰间，温州乐清县有大鱼，随潮入港，潮落，不能去，时时喷水，满空如雨。居民聚集磔其肉，忽一转动，溺水死者百余人，自是民不敢近。日暮雷雨，飞跃而去，疑其龙类也。又一日，潮长时，鱼大小数千尾皆无头，蔽江而过。民异之，不敢取食，疑海中必有恶物啮去其首。然啮而不食，其多如许，理不可究。予宿雁荡，闻之一老僧云。”[2]此条记载海洋生物异类，但作者却是当作一种“恶”的现象来予以描述的。

清吴乃伊《箕坪纪异》有《鲎》记载：“林家院卖鱼者有二鲎，鲎背涂以泥沙，携至余家。余以钱二百购之，濯去泥沙，背上刊有‘龙王部下二员大将’字样，尾各悬一古钱。余知其为放生物也，纵之舥艚海口。余家戒不食鲎。”[3]鲎是最古老的海洋生物之一，有厚厚的外壳保护，看起来像是古代的盔甲，所以这则故事有了“龙王部下大将”的附会，显然也不是一种客观描述的视角了。

清赵之谦《章安杂说》中有《人鱼》一文：“徐二如少尉说：前年八月间，海滨渔人见浮一毛人，长数尺，行海上，以火枪击之，不可获。后人静，彼登舟盗食，遂获之，啾啾作人语而不可晓。胁之以刃，亦能悲泪，如畏死。渔人竟杀之，剥其皮。毛长数寸，入水不濡，闻为一张姓者以二千文购去。形全似人，不知何物也。”[4]这是又一条“人鱼”故事，更有《山海经》的遗风了。

六、结语

古代海洋生物的书写基本上都是变异处理。生物性的海洋鱼类和其他海洋生物，到了作家们的笔下，很少是以自然状态出现的，它们大多被赋予

---

① 陈瑞赞编注：《东瓯逸事汇录》，上海社会科学院出版社，2006年，第83页。
② （明）陆容：《菽园杂记》，中华书局，1985年，第154页。
③ 陈瑞赞编注：《东瓯逸事汇录》，上海社会科学院出版社，2006年，第711页。
④ 陈瑞赞编注：《东瓯逸事汇录》，上海社会科学院出版社，2006年，第715页。

了更多的政治和人伦因素。就算是比较单纯的“大鱼”描写，也总是被赋予“海见（现）巨鱼，邪人进，贤人疏”之类的政治象征。这是古代“天人合一”哲学思想在海洋生物书写中的曲折体现。

源自于《山海经》的“人鱼”叙事不断地被后人所传承，不但形成了一种清晰的类型化叙事话语体系，而且还向内河延伸和发展。

南朝刘敬叔《异苑》有《獭化》一则。“河东常丑奴，将一小儿湖边拔蒲，暮恒宿空田舍中。时日向暝，见一少女子，姿容极美，乘小船载莼，径前投丑奴舍寄住。因卧，觉有臊气，女已知人意，便求出户外，变为獭。”[①]

这则故事又见于刘义庆《幽明录》，文字基本相同，说明是同源笔记小说。而到了《太平广记》卷四六八引晋西戎主簿戴祚所撰《甄异传》里，故事文本有了变化：“河南杨丑奴常诣章安湖拔蒲，将暝，见一女子，衣裳不甚鲜洁，而容貌美，乘船载菜，前就丑奴。家湖侧，逼暮不得返，便停舟寄住，借食器以食，盘中有干鱼生菜。食毕，因戏笑。丑奴歌嘲之，女答曰：‘家在西湖侧，日暮阳光颓。托荫遇良主，不觉宽中怀。’俄灭火共寝，觉有臊气，又手指甚短，乃疑是魅。此物知人意，遽出户，变为獭，径走入水。”[②]

刘守华《中国民间故事史》认为，“《甄异传》成书在《异苑》之前，看来《异苑》中的《獭化》是将此故事简化而成”[③]。在笔者看来，它们属于同源故事的不同记录和加工。因为按照文学发展的一般规律，后出的叙述肯定要比前出的更丰富和完美。比较《甄异传》和《异苑》的《獭化》，显然前者描写更细腻，文字更精美，形象更生动，所以也更具有文学性，而《异苑》的《獭化》则粗陋得多，况且《甄异传》里的女子还以诗歌作答。杨义《中国古典小说史论》曾经指出：“唐人对中国小说最有特殊的贡献，首先在于把诗情引进这种不登大雅之堂的文体，使之增添了不少绮丽的笔墨和婉妙的意境，变得文采斐然。”而《甄异传》是晋时的作品，诗性叙事的出现显示了非常可贵的文化品质。

这类故事是内河（湖）性的，但这种内河（湖）并不是非常内陆，而是与海很近。《甄异传》中的章安湖，在今浙江临海市东南，而临海正如其地名所显示，乃为濒海之处，因此这类故事仍然与海洋有着联系。

---

① （南朝）刘敬叔：《异苑》，《汉魏六朝笔记小说大观》，上海古籍出版社，1999 年，第 669 页。

② （宋）李昉等：《太平广记》，民国景明嘉靖谈恺刻本，第 2130 页。

③ 刘守华：《中国民间故事史》，商务印书馆，2012 年，第 106 页。

第十一章　作为一种海洋人文话语的“南海”书写

“南海”既是一个海洋地理空间，也是一个海洋人文空间。有关“南海”的书写早在《山海经》时代就已经开始。《山海经》的海神谱系中，就有“南海”的因素：“南海渚中，有神，人面，珥两青蛇，践两赤蛇，曰不廷胡余。”[①]自那以后，“南海”书写络绎不绝。西汉东方朔《海内十洲记》里也有“多仙家”和“天真仙女”的“南海仙岛”。唐段成式《酉阳杂俎》有“南人”信息。唐人李肇《唐国史补》有明确的“南海海舶”的记载。唐朝大作家韩愈曾经亲撰《南海神庙碑》。五代王仁裕《开元天宝遗事》也有“南海鱼油”的记载。宋章炳文《搜神秘览》里面有“南海”海难事故的信息。宋孙光宪《北梦琐言》有“高骈开海路”的历史资讯。宋朱彧《萍洲可谈》有“南海海商”的描述。到了明清时期，“南海”书写更是丰富多彩。其中黄衷的《海语》最有代表性，它是整个“南海”书写的集大成者，从各个方面反映出“南海”独特的人文思想。

一、从海神到妈祖：南海的神灵书写

《山海经·大荒南经》：“南海渚中，有神，人面，珥两青蛇，践两赤蛇，曰不廷胡余。”

该条记载表明，南海海洋人文历史的时间起点并不迟于北海和东海，而且其文化基因构成的第一个元素就是海洋神灵思想。南海海神的形象与东

---

① 袁珂：《山海经全译》，贵州人民出版社，1991年，第284页。

海海神等基本一致。远古时代的“四海”概念是一个互相平等的整体性概念。这与内陆文明中的“中心与四夷”观念似乎有很大的不同。

唐朝的政治和文化中心都在内地的北方，海洋文明已经处于边缘地位。但是唐朝大文学家韩愈却曾经亲撰《南海神庙碑》一文。该文劈头就说：“海于天地间为物最巨。自三代圣王，莫不祀事。”这里表明了一个重要的文化立场：虽然华夏文化为主的内陆文明处于主流地位，但是中华民族并没有遗忘海洋的存在。帝王们在泰山封禅的同时，还制度性地举行祀海活动。而从海洋文明自身的角度来看，韩愈的《南海神庙碑》还透露出一个重要的信息：“考于传记，而南海神次最贵，在北东西三神、河伯之上。”①居然把南海海神的地位确立在其他海神之上，虽然不无夸张，也有失偏颇，但至少说明在唐朝，南海海神已经非常显赫。

与海神同属想象性书写的，还有海上神仙岛叙事。西汉东方朔《海内十洲记》是这方面的奠基之作。“十洲”的空间概念里就包含了南海。“炎洲在南海中。”“长洲一名青丘，在海南辰巳之地。”这两座南海深处的仙岛，不但“多仙家”和“天真仙女”，而且还有“风生兽”等神兽以及大量的“仙草灵药，甘液玉英”。②

所以早期的“南海”书写，是超现实主义的想象文化建构，这是符合文学史和文化史的一般规律的。“南海”书写的这种超现实传统在后世仍然有继承和体现。它发展为两种形式。一是普通的写实性叙事忽然进行变异处理。唐末五代时期笔记《开元天宝遗事》中记载了一则海洋生物故事：“南(海)中有鱼，肉少而脂多，彼中人取鱼脂炼为油。”如果到此为止，或者按照这种思路写下去，那么它就是一篇现实主义的海洋叙事，但是作者在写到把鱼脂用作灯油来照明的时候，笔锋忽然一转，说：“或将照纺绩机杼，则暗而不明；或使照筵宴、造饮食，则分外光明。时人号为馋鱼灯。”③于是普通的海洋生物被赋予了人伦的因素，鱼油就成了一种象征，这篇“馋灯”故事也就成了一种具有超现实主义色彩的魔幻写作了。

“南海”超现实主义书写的另一种发展方向是从海神到海洋迷信再到海

① (唐)韩愈：《韩愈集》，岳麓书社，2000年，第348页。

② (汉)东方朔：《海内十洲记》，《汉魏六朝笔记小说大观》，上海古籍出版社，1999年，第65—66页。

③ (五代)王仁裕：《开元天宝遗事》，中华书局，1985年，第7页。

洋信仰的嬗变。宋章炳文《搜神秘览》描述了这样一则故事：“柳州张都纲尝泛大海……飘荡至一国。……一日，忽有人来报曰：‘来日柳州张都纲宅设天地冥阳大醮拜请。’诸女应之曰：‘俯期赴矣。’……遂贮以布囊，……果其家也。……夜半，将召呼诵《净天地咒》，诸女皆走避。都纲亦于布囊中诵焉，女遂弃之而去。”①

这是一则具有民间迷信色彩的海洋书写。海洋风波险恶，海难事故多发，所以类似招魂、显灵等形态的迷信思想具有广泛的基础。在此基础上的继续发展，就是海洋保护神等神祇信仰的产生。南海的海洋保护神基本上都是人造神，其中最有代表性的是诞生于福建湄洲岛，但在南海有巨大影响的妈祖信仰。清代作家慵讷居士《咫闻录》对此曾有描述：“海丰鲘门天妃庙，最著灵异，海艘出入，无不祷焉。居民岁于八九两月，鱼期兴时，敛钱诣庙，悬灯结彩，荐牲陈牢，演剧设醮。其期请神自择。”②

二、那条成为南海对外交流重要标志的“海路”

南海是中国海上丝绸之路的重要通道，是连接东南亚诸国的交通枢纽。在“南海”书写中，“海路”成了被高度关注的叙述对象。早在《汉书·地理志》中就有记载：“自日南障塞、徐闻、合浦船行可五月，有都元国。又船行可四月，有邑卢没国。又船行可二十余日，有谌离国。步行可十余日，有夫甘都卢国。自夫甘都卢国船行可二月余，有黄支国，民俗略与珠崖相类。其州广大，户口多，多异物，自武帝以来皆献见。有译长，属黄门，与应募者俱入海市明珠、璧流离、奇石异物，赍黄金杂缯而往。所至国皆禀食为耦，蛮夷贾船，转送致之。……自黄支船行可八月，到皮宗。船行可二月，到日南、象林界云。”说明早在西汉时期，中国就与东南亚诸国有了交往，那条海路也已经比较成熟。

这在涉海叙事文献中也有所反映。

晋张华《博物志》卷一有三条对南海海路的重要记载：

---

① (宋)章炳文：《搜神秘览》，续古逸丛书景宋刻本。

② (清)慵讷居士：《咫闻录》，重庆出版社，1999年，第232页。

南越之国，与楚为邻。五岭已前至于南海，负海之邦，交趾之土，谓之南裔。

……

东越通海，处南北尾闾之间。三江流入南海，通东治，山高海深，险绝之国也。

……

南海短狄，未及西南夷以穷断。今渡南海至交趾者，不绝也。①

第一条记载说可以通过海路与交趾（今越南北部一带）来往。第二条记载说南海的海路非常"险绝"。第三条记载再次说到与交趾相通的海路，并且说这条海路非常繁忙，来往者不绝。这些都说明，早在晋代，南海的海上交通就已经被探索，而且还形成了通往交趾这样相对比较成熟的海路。

宋孙光宪《北梦琐言》卷二里有《高骈开海路》一文，再次说到这条"交趾海路"。从中可以得知，这条海路的开辟其实是非常困难的。

安南高骈奏开本州海路。初，交趾以北距南海，有水路，多覆巨舟。骈往视之，乃有横石隐隐然在水中，因奏请开凿，以通南海之利。其表略云："人牵利楫，石限横津。才登一去之舟，便作九泉之计。"时有诏听之。乃召工者，啖以厚利，竟削其石。交广之利，民至今赖之以济焉。或言骈以术假雷电以开之，未知其详。葆光子尝闻闽王王审知患海畔石埼为舟楫之梗。一夜，梦吴安王许以开导，乃命判官刘山甫躬往祈祭。三奠才毕，风雷勃兴。山甫凭高观焉，见海中有黄物，可长千百丈，奋跃攻击。凡三日，晴霁，见石港通畅，便于泛涉。于时录奏，赐名甘棠港。即渤海假神之力又何怪焉。亦号此地为天威路，实神功也。②

《北梦琐言》记载自唐武宗迄五代十国的史事。关于写作宗旨，作者在《序》中说："唐自广明乱离，秘籍亡散，武宗已后，寂寞无闻，朝野遗芳，莫得

① （晋）张华：《博物志》，《汉魏六朝笔记小说大观》，上海古籍出版社，1999年，第185、187页。

② （宋）孙光宪：《北梦琐言》，中华书局，1960年，第9页。

传播。仆生自岷峨，官于荆郢，咸京故事，每愧面墙，游处之间，专于博访。……每聆一事，未敢孤信，三复参校，然始濡毫。……虽非经纬之作，庶勉后进子孙。……通方者幸勿多诮焉。”

由此可见，《北梦琐言》虽然是一部笔记小说，但是孙光宪力求真实可信。他的《高骈开海路》就有确凿的历史依据。《旧唐书·本纪第十九》记载：“三月，安南高骈奏：‘南至邕管，水路湍险，巨石梗途，令工人开凿讫，漕船无滞者。’降诏褒之。”

孙光宪《高骈开海路》和《旧唐书》的这段记载都涉及两广沿海与越南的海上交通问题，对此有学者曾经做过非常详尽的考证论述。刘志强引述清人顾祖禹在《读史方舆纪要》中的记载：“入交（即交趾）之道凡三：一繇（同“尤”，从，由）广西，一繇广东，一繇云南。”他还指出，广西北海市辖的合浦，在汉代就为“海上丝绸之路”的重要港口，这早已为学者们熟知。“合浦自古为泛南海登舶之处，《汉书》卷二八下《地理志》最早记载之南海交通路线，即由合浦始。”①

由此可见，孙光宪《高骈开海路》是有扎实的历史背景作支撑的，这篇笔记包含着多方面有关南海“海路”的信息：

第一，广西与安南曾经互为一体，历史上交往也非常密切。说到“安南”，一般解释说是指越南。其实在唐和五代时期，这块现在属于越南北部的地区，是与广西连接在一起的，都属于中国。唐朝在这里设立了安南都护府。《高骈开海路》开头就说“安南高骈奏开本州海路”。史书记载，高骈是晚唐诗人、名将、军事家。一个大唐的将军，却向朝廷奏请开通广西至安南的海路，就是因为这个时候两个地方同属中国政府管辖。宋以后，安南脱离了中国，但与广西的交往仍然非常密切。刘志强的《历史上廉州、钦州与越南北部地区的文化互动》对此有详细考察。他指出，就算到了明朝，许多越南的官员还是从两广和云南一带聘请的。

第二，开辟海路是为了避免海难。“初，交趾以北距南海，有水路，多覆巨舟。”高骈开辟新海路之前，这条海路也是存在的。但是它非常凶险，就算是巨舟大船，也经常倾覆。“骈往视之，乃有横石隐隐然在水中”，说明主要是触礁，而不是风暴导致。而“有横石隐隐然在水中”，可证当时海水比较

---

① 刘志强：《历史上廉州、钦州与越南北部地区的文化互动》，《广西民族大学学报（哲学社会科学版）》2008年第4期。

清澈。

第三，开辟海路的手段是艰苦的人工操作。航线上有暗礁横阻，如何处理？“乃召工者，啖以厚利，竟削其石。”暗礁处于海下，无法用炸药炸平，只好使用人工进行潜水作业。一个“削”字，突出了工程的艰难。

第四，假助雷电和海龙帮助传说增添了文化氤氲。用人工削平海下暗礁几乎是传奇般的成就，民间开始用传说故事来进行另外的阐释。先是假助雷电炸平的传说：“或言骈以术假雷电以开之。”借助威力无穷的雷电来炸平暗礁，这种假设虽然想象力异常丰富，但“未知其详”，孙光宪觉得也不大可信。但是他详尽记载了另外一个传说：“葆光子尝闻闽王王审知患海畔石埼为舟楫之梗。一夜，梦吴安王许以开导，乃命判官刘山甫躬往祈祭。三奠才毕，风雷勃兴。山甫凭高观焉，见海中有黄物，可长千百丈，奋跃攻击。凡三日，晴霁，见石港通畅，便于泛涉。于时录奏，赐名甘棠港。即渤海假神之力又何怪焉。亦号此地为天威路，实神功也。”这个传说有故事来源，“葆光子尝闻”；有高级别人证，“闽王王审知”；有良好的心愿，“患海畔石埼为舟楫之梗”；有神奇解决之道，“一夜梦吴安王许以开导，乃命判官刘山甫躬往祈祭”；有理想的结果，“风雷勃兴……见海中有黄物，可长千百丈，奋跃攻击。凡三日，晴霁，见石港通畅，便于泛涉”；有事实验证，“于时录奏，赐名甘棠港”；有最后答案，“假神之力又何怪焉……实神功也”。一个民间故事应有的各种元素，无不具备。

到了宋代，南海的国际贸易非常繁荣。因此相关记载在描述海洋贸易情况的同时，都要捎带海上交通方面的内容。

宋代朱彧《萍洲可谈》卷二有一条《广州市舶司泊货抽解官市法》的记载：“广州自小海至溽洲七百里，溽洲有望舶巡检司，谓之一望，稍北又有第二、第三望，过溽洲则沧溟矣。商船去时，至溽洲少需以诀，然后解去，谓之‘放洋’。还至溽洲，则相庆贺，寨兵有酒肉之馈，并防护赴广州。既至，泊船市舶亭下，五洲巡检司差兵监视，谓之‘编栏’。凡舶至，帅漕与市舶监官莅阅其货而征之，谓之‘抽解’，以十分为率，真珠龙脑凡细色抽一分，玳瑁苏木凡粗色抽三分，抽外官市各有差，然后商人得为己物。象牙重及三十斤并乳香，抽外尽官市，盖榷货也。商人有象牙稍大者，必截为三斤以下，规免官市。凡官市价微，又准他货与之，多折阅，故商人病之。舶至未经抽解，敢私取物货者，虽一毫皆没其余货，科罪有差，故商人莫敢犯。”[1]这条记载的重点虽然是广州市舶司管理和征税方面的情况，但是有关“放洋”的描述，其实说的是海上交通的情况，可以一窥当时南海海运的繁荣状况。

《萍洲可谈》卷二中还有一条《舶船蓄水就风法》，其中说：“广州市舶亭枕水有海山楼，正对五洲，其下谓之小海，中流方丈余，舶船取其水，贮以过海，则不坏。逾此丈许取者并汲井水，皆不可贮，久则生虫，不知此何理也。舶船去以十一月、十二月，就北风，来以五月、六月，就南风。船方正若一木斛，非风不能动。其樯植定而帆侧挂，以一头就樯柱如门扇，帆席谓之‘加突’，方言也。海中不唯使顺风，开岸就岸风皆可使，唯风逆则倒退尔，谓之使三面风，逆风尚可用碇石不行。广帅以五月祈风于丰隆神。”[2]

这条记载涉及海上交通的一个重要因素，那就是“风”。海上航行要注意风向和风力。如果风向不对，船就要在码头候风。这条记载告诉我们，当时南海的航海期主要是五月、六月以及十一月、十二月这两个季节，船队可以凭借南风和北风扬帆出海。

三、南海国际贸易形态的多方面描述

作为中国古代海上丝绸之路的重要通道和物资的集散地，南海有浓厚的海洋经济氛围，“南海”书写涉及大量国际海洋贸易的内容。

南海的海洋贸易源远流长。唐段成式《酉阳杂俎》有这样一段记载：“南人相传，秦汉前有洞(峒)主吴氏，土人呼为吴洞。……其洞邻海岛，岛中有国名陀汗……洞人遂货其履于陀汗国。”[3]“南人”泛指岭南两广沿海一带的南方人。“陀汗国”为虚拟的南海岛国。吴洞(峒)人用他们做的鞋与生活于海上的陀汗人进行贸易，反映了南海早期的经济活动信息。

到了唐人李肇《唐国史补》里，由于广州是唐朝政府最早开放的通商口岸之一，有关国际海商和对外贸易的书写开始出现：“南海舶者，外国船也。

---

① (宋)朱彧：《萍洲可谈》，《宋元笔记小说大观》，上海古籍出版社，2001年，第2308页。

② (宋)朱彧：《萍洲可谈》，《宋元笔记小说大观》，上海古籍出版社，2001年，第2309页。

③ (唐)段成式：《酉阳杂俎》，中华书局，1981年，第200—201页。

每岁至安南、广州。师子国舶最大，梯而上下数丈，皆积宝货。”[①]许多外国商船通过南海海路进入广州，这些船还有专门的名字“南海舶”，其中以师子国（斯里兰卡）来的船最大。

到了宋代（主要是南宋），“南海”书写中的国际贸易规模更大，也更规范了。

朱彧《萍洲可谈》：“广州自小海至溽洲七百里，溽洲有望舶巡检司，谓之一望，稍北又有第二、第三望，过溽洲则沧溟矣。商船去时，至溽洲少需以诀，然后解去，谓之‘放洋’。还至溽洲，则相庆贺，寨兵有酒肉之馈，并防护赴广州。”“海舶大者数百人，小者百余人，以巨商为纲首、副纲首、杂事。”[②]说明那时候，海上贸易船队规模是非常大的。

《萍洲可谈》卷二还有《广泉明杭州皆设市舶司》一文记载说：“广州市舶司旧制：帅臣漕使领提举市舶事，祖宗时谓之市舶使。福建路泉州，两浙路明州、杭州，皆傍海，亦有市舶司。崇宁初，三路各置提举市舶官，三方唯广最盛，官吏或侵渔，则商人就易处，故三方亦迭盛衰。朝廷尝并泉州舶船令就广，商人或不便之。”[③]这条记载是对广州、明州和杭州三处市舶司机构的比较，认为“三方唯广最盛”。说明那时候广州是中国对外贸易的主要窗口。

由于海洋国际贸易的繁荣，大量外国人开始聚居广州等地，这又成了“南海”书写的热门题材。宋岳珂《桯史》：“番禺有海獠杂居，其最豪者蒲姓，号白番人，本占城之贵人也。既浮海而遇风涛，惮于复反，乃请于其主，愿留中国，以通往来之货。”[④]

到了清代，广州仍然是国际海商最喜欢驻留的地方。慵讷居士《咫闻录》：“广东十三行街，为西洋诸国贸易之所。”[⑤]

岳珂《桯史》和慵讷居士《咫闻录》都表明，从宋代到清代，广州沿海都是国际海商最喜欢逗留的地方。

---

① （唐）李肇：《唐国史补》，明津逮秘书本，第27页。

② （宋）朱彧：《萍洲可谈》，《宋元笔记小说大观》，上海古籍出版社，2001年，第2309页。

③ （宋）朱彧：《萍洲可谈》，《宋元笔记小说大观》，上海古籍出版社，2001年，第2308页。

④ （宋）岳珂：《桯史》，《宋元笔记小说大观》，上海古籍出版社，2001年，第4425页。

⑤ （清）慵讷居士：《咫闻录》，重庆出版社，1999年，第3页。

四、《海语》:“南海”书写人文思想的立体性构建

到了明清时期,“南海”书写更是丰富多彩。其中黄衷的《海语》较具代表性。虽然从严格意义上来说,《海语》不是一种叙事文本,而是一部“南海”的地方文献,所以《四库全书》把它归入《史部·地理类》。但是它又不是简单的地方志,它在纪实的同时,又具有文学的审美性,譬如其中的《风俗》卷很有文学散文的美感。所以从广义的海洋人文书写而言,《海语》对于“南海”具有特殊的意义。它从国际交流、海途探索、海路积累和海洋生物的人性化认识等各个方面,多层次、综合性地描述和反映了“南海”,从而立体地构建了“南海”的人文思想。

(一)作为“南海人”的“南海”书写

《海语》作者黄衷,正史没有明确记载。段立生先生根据《粤大记·黄衷传》(《南海县志》转载)、《海语》中的《跋》等资料考证和推断,黄衷是明成化至嘉靖年间人,生于一个书香世家。父亲名琏,先前可能当过官,后在家闲居,黄衷从小就受到很好的教育。18岁考中进士后,初授南京户部主事,后来在浙江、福建、广西、云南、湖北等地做地方官。因平定农民暴乱有功被擢升,最后官至兵部右侍郎。[①]

《海语》的《跋》一共有两篇,一篇署名为“黄希锡”,说明为黄衷的孙子黄希锡所撰。上面说:“公弱冠即以文学名岭表,领前乙卯乡荐,上丙辰第。”[②]弘治丙辰为公元1496年,黄衷在这年考中了进士。

还有一篇署名为“族子延年”的《海语跋》,其中有“余叔铁桥公”句,说明黄衷的号为“铁桥”,文中多处出现的“铁桥子曰”正是黄衷的评论。

清人翁方纲等撰写的《四库提要分纂稿》介绍说:“衷字子和,南海人。宏(弘)治丙辰进士,官兵部右侍郎。”[③]这里有关进士的资讯,显然来自于黄希锡的《跋》。

---

① 段立生:《黄衷及其〈海语〉》,《东南亚》1984年第3期。

② (明)黄衷《海语》,中华书局,1991年,《海语跋》第1页。以下《海语》引述,皆来自本书。

③ (清)翁方纲等:《四库提要分纂稿》,上海书店出版社,2006年,第141页。

段立生先生在进行了详细的梳理考证后指出，黄衷的一生可以分为三个阶段。第一个阶段是18岁以前，那个时候黄衷在家读书，奠定了做学问的基础。第二个阶段为18岁至48岁，凡30余年，为仕途阶段。第三个阶段为48岁至80岁，大部分时间致政家居，同时“日搜群籍，尝阅天下通志”。《海语》一书，就是在这个时候写就的。[①]

《四库提要分纂稿》将《海语》归入“地志”。“（《海语》）记海上风俗物产之类……入之地志。”[②]虽然专门记叙南海地区的“风俗物产”，但是这不是一本普通的“地志”。第一，正如作者在“自序”中提到《海语》的撰述过程时说：“余自屏居简出，山翁海客，时复过从，有谈海国之事者则记之，积渐成帙，颇汇次焉。”说明《海语》所记的内容，虽然许多并不是作者的亲见亲历，但是资讯来源非常可靠，都是长年在海上搏击风浪游历南洋的“南海人”所提供，可以视作第一手资料。第二，作为在南海边上的南海县出生、长大，晚年定居的“南海土著”，黄衷对南海有非常深刻的了解和理解。

所以这是一部南海人写的有关南海的书。“海语者，语海者也。”黄延年《跋》的第一句就点出了《海语》这一性质。这里的“海”是“南海”的海，这里的“语”是对“南海”的叙述和构建。《海语》的所有内容，都属于“南海”书写。可以说这是一部“南海”的专书。

从作者的自序来看，黄衷撰写《海语》有明确的目的。“夫列徼之外，东方曰夷，南方曰蛮。雕题左衽，鸟言而兽行，诸夏利害无与也。”这种不公正的文明偏见，黄衷认为必须得到改正。因为“楚称霸而百粤效贡，秦兼并而蛮夷威服”，“南海”所在一带早已进入中华文明的行列。虽然由于一度的“内属之境暂开”（指秦末南海郡自治和南越国时期）而造成“来王之使未返而乖贰之衅已彰”的分治局面，但是这并不能抹杀“南海”的文明发展与大中华文明发展的一致性。黄衷独辟蹊径，从海洋文明的角度予以佐证。

《海语》的核心内容有四：一是为了保留“海上朝贡之国四十有一”的有关“土风国俗”，所以凡是耳闻目睹“海国之事”，都予以记载；二是他认为“天地万物，陆之所产，水必产焉，故物莫繁于海，亦莫巨于海”，所以有关海洋生物，他也进行了详细的记载；三是他作为南海人，深知海途的风险，所以特以“畏途”记之；四是茫茫大海，“阴方也。鬼物或凭焉”，海洋中流传的许多精

---

① 段立生：《黄衷及其〈海语〉》，《东南亚》1984年第3期。

② （清）翁方纲等：《四库提要分纂稿》，上海书店出版社，2006年，第141页。

怪故事,他也予以记叙。总之,《海语》无所不包,作者以此来证明,“南方曰蛮”的说法有极大的片面性,南海一带不是蛮荒之地,而是海洋文明高度发达之所。

(二)“海国之事”佐证南海的开放性人文思想

《海语》分成上、中、下三卷,分叙“风俗”“物产”“畏途”及“物怪”。“风俗”列于全书前部,可见作者对这方面内容的重视。其实这里的“风俗”并非指一般的民风民俗,而是特指暹罗(泰国)和满剌加(马来西亚)等南洋国家的“海国之事”。《海语》把这种描述和记载异国风情的“海国之事”放在全书的最前面,说明作者具有敏锐的开放性海洋人文意识。

“开放性”是“南海”不同于北海、东海等中国其他海洋人文区域的根本性特质。自唐朝将广州开放为通商口岸之后,“南海”的开放姿态业已奠定。到了黄衷撰写《海语》的明代中叶,“南海”的对外交流已经非常频繁。他在“自序”中说:“余尝考洪武、永乐之际,海上朝贡之国四十有一,麒麟再至,名珍异贝,充牣帑藏。于兹百七十年。”字里行间,充满了对于“开放性南海”的自豪感。显然,黄衷是非常看重“南海”的这种国际地位的。所以在《海语》中,他将这方面内容作为第一要务,排在最前面。他选择了暹罗(泰国)和满剌加(马来西亚)两国作为四十一个“海上朝贡之国”的代表,对它们的地理位置、风土人情进行了详细的记叙,充分展示了“南海”对外交流的广泛性和全面性。

从《海语》的记载来看,作者对于广州一带与泰国的海上交通是非常熟悉的。“暹罗国在南海中,直东莞之南亭门放洋,南至乌潴、独潴、七洲三洋名。星盘坤未针至外罗,坤申针四十五程至占城旧港,经大佛灵山,其上烽墩则交趾属也。又未针至崐屯山,又坤未针至玳瑁洲玳瑁额及于龟山,酉针入暹罗港。水中长洲隐隆如坝,舶出入如中国车坝然,亦国之一控扼也。少进,为一关,又守以夷酋。又少进,为二关,即国都也。”

这种以指南针作为依据的海路,有一个专门的名字叫作“针路”。明清时期广东一带的航海者将航海指南称为《针路簿》(海南渔民称为《更路簿》),它是航海者(包括商船、运输船)的航海指南。[1]

从《海语》的记载可知,自广东东莞南亭门扬帆起航前往泰国的航线,肯

---

[1] 阎根齐:《闽粤〈针路簿〉与海南渔民〈更路簿〉的比较研究》,《南海学刊》2016年第1期。

定是一条经过了无数实践的“海上熟路”，否则黄衷不可能在书中将“针路”描述得如此详尽。因为他的材料都来自于亲历者的讲述。他在“自序”中所说的“海客”，经常往返于广州和暹罗、满剌加之间。正因为经常来往，熟悉海外国情，“海客”就为黄衷的《海语》写作提供了大量珍贵的第一手资料。

《海语》对于泰国的风土人情记载得非常详尽，甚至对于男女情爱之事也甚为具体。“凡男女先私媾而后聘婚，既嫁而外私者，犯则出货以赎，然犹蔽罪于男，谓其为乱首也。”

对于满剌加（马来西亚）的记叙也是如此。“自东莞县南亭门放洋，星盘与暹罗同，道至崐坉，直子午，收龙牙门港，二日程至其国。为诸夷辐辏之地，亦海上一小都会也。”说明当时东莞是南海交通的重要港口。“婚嫁尤论财，男聘以十四，而责女之奁资尝数倍，陪送奴团有数十五六房者。”满剌加距离广州非常遥远，可是《海语》的记叙却如此细腻详尽，充分说明了“南海”的开放程度。

必须指出的是，《海语》对于暹罗和满剌加的记载和描述，始终紧扣这两国文化与中华文化的内在关系。如说暹罗，“国无姓氏，华人流寓者始从本姓”，其国都宫殿“如中国殿宇之制”。又如说满剌加，“王居前屋用瓦，乃永乐中太监郑和所遗者，余屋皆僭拟殿宇”。这种以中华文化立场为基本原点的叙述是值得肯定的。《海语》把有关南洋国家的情况描述和记载命名为“风俗”，这是很有意思的。因为风俗属于历史的积累，又属于民间文化的范畴。在黄衷看来，南洋国家的种种风土人情都是中华风俗的一种历史延伸。这种文化认同的观念，是值得肯定的。

（三）“海陆”生物对应性书写的人文价值

《海语》的中卷，为《物产》，记载的都是“南海生物”。从逻辑上而言，上卷《风俗》写“海国之事”，着眼于“远”和国际交流；中卷《物产》写南海的海洋生物，着笔于“近”和民生维持，所以是很符合文本的内在联系的。

在土地、草原和海洋的三大食物源中，人类从海洋中获取食物最为艰难，因此对于海洋生物的认识程度直接反映了人类从海洋中获取食物的技术高度。《海语》中有大量的海洋生物记叙，这可以证明“南海”人对于海洋生物世界已经有了相当深刻的了解。

《海语》对于海洋生物有一个基本的判断，“天地万物，陆之所产，水必产焉”。正因为如此，《海语》的海洋生物书写遵循着“海陆对应”的思路。在

《海语》中出现的海洋生物，有海犀、海马、海驴、海狗、海鼠、海鸥、海鸡、海鹤、海鹦哥、海燕、海鲨、海龟、海鳇、海鳅、鳗鲡、印鱼、河豚等。这些海洋生物基本上都是与陆地上的生物相对应的。

这种“海陆”生物的对应性，一方面反映出“故物莫繁于海，亦莫巨于海”的海洋生物的丰富性；另一方面也反映出作者对于海洋生物“良可贵、奇可玩者多矣”的价值肯定。

在“海陆”生物对应思维的指引下，《海语》的海洋生物书写显示出其独特的文化价值。

首先，《海语》的海洋生物书写具有现实主义特质。由于采用“海陆”对应视角，而陆上生物都是客观存在的，因此《海语》里的海洋生物往往也显示出它的客观现实性。如“海鲨”，《海语》首先介绍鲨有二种：“鱼丽之鲨，盖闽广江汉之常产；海鲨，虎头鲨体，黑纹，鳖足，巨者余二百斤。”又如“海龟”，《海语》描述说：“鹰首莺吻，大者方径丈余。春夏之交，游卵于沙际。”这些都是写实的。客观的写实描述增添了《海语》的历史文献价值。另外，还要指出的是，《海语》的这种现实主义态度还影响到了后来的“南海”书写者。清屈大均《广东新语》卷二十二《鳞语》记载描述了众多海鱼，其中有好几则就直接取自《海语》。“海鲨一条、海鳇一条、石蜜一条、伽南香一条、辟珠一条，屈大均《广东新语》全录其文。”①

其次，《海语》的海洋生物书写具有“国际因素”。如“海犀”，“海犀”即海犀牛，中国海域罕见。《海语》描述说：“海犀间出海上，类野兕，而额鼻有角，与陆犀同。所游止处，水为分裂，夜则渊面白光荧荧，此其异也。岛夷以是候之，然竟无获者，遂为希世之物矣。”这里的“岛夷”指的乃是南洋一带海民，海犀也经常在这一带活动。《海语》不但没有因其“域外”背景而忽视，反而放置于《物产》卷的前列。这种对于“国际海洋生物”的重视，反映出《海语》的开放性视野。

最后，《海语》非常重视海洋生物的“人性”因素。陆地上的牛、驴、马等生物与人类有深厚的感情，《海语》也非常注意突出海洋生物的人性因素。如写“海龟”，写其被岛人捕获后，“辄垂泪歔气，如人遭困厄然。或谕之曰：‘汝再垂泪歔气，当解汝缚。’龟便应声潸然，鸣若哀牛。岛夷舁至海滨，释之，龟比入水，引颈三跃，若感谢状而逝”。又如写“海驴”，“多出东海，状如

---

① 段立生：《黄衷及其〈海语〉》，《东南亚》1984年第3期。

驴。……或以制卧茵，善人御之，竟夕安寝；不善人枕藉，魂乃数惊矣。岛夷诧其灵，不敢蓄也”。海驴似乎通人性，主人是善人，它也善；如果主人非善类，它坚决不从。

当然，必须指出的是，由于作者过于追求对应性，《海语》中有些海洋生物描述就显得牵强附会，如海马。海洋生物中的确有海马，但是其形体非常小，与一个手指差不多，而《海语》却说其“色赤黄，高者八九尺，逸如飞龙，山食而宅海，盖龙种也”，完全是两回事。

（四）“畏途”探索彰显南海人闯海的无畏精神

《海语》的下卷分别记载和描述了“畏途”和“物怪”，在文本逻辑上可以说是对上卷和中卷的对应书写。因为上卷《风俗》写的虽是异乡“海国”，走的却是熟悉的“针路”，而下卷写的是不熟悉的南海海路，是“畏途”；中卷《物产》写的是南海人熟悉的海洋生物，下卷《物怪》写的是大家不熟悉的传说中的“物怪”。

先来说“畏途”。字面的意思已经非常清楚，说的是充满危险的海上陌生之路。黄衷在自序中说：“罗经指南，航海而尸其务者，为举舟之司命，毫末悬殊，利害生焉。”海洋航行不能差之毫厘。《海语》专以“畏途”记之，为后人的航行提供详细的资料。

它详细记叙了崐崘山、分水诸岛的位置，还有万里石塘这样的明屿暗礁，以及万里长沙和铁板沙等流沙浅滩。这些，有的形成海门激流，有的是暗藏杀机的暗礁，还有一些看起来平和实际上时刻在变化的流沙浅滩，都是海客和渔民们有生命之虞的凶险之处。《海语》对此详细记载和描写，说明到了明朝时期，“南海”人对于这些的探索已经取得了很大的成就，他们以无数的生命为代价，终于摸清了“畏途”的种种凶险之处。

“畏途”的资讯当也来自于那些“海客”的介绍。如果说前述的“针路”反映的是一条“熟路”的话，那么“畏途”都是一些需要探索的陌生海路，突出的就是一个未知的“畏”字。文中所记的崐崘山，虽然目前还不能确定具体所指究竟为何处岛礁，但是它们构成了众多的海门，使得这些陌生的海路水下暗礁林立，十分凶险。“船欲樵苏，非百人不敢即往。”“分水”海道在海南岛外侧，“东注为诸番之路，西注为朱崖（琼州）、儋耳（儋州）之路”。这条海道本已经“天地设险”，又加之“海中潮汐之变”，所以“惟老于操舟者乃能察而慎之”。万里石塘也是如此。“舵师脱小失势，误落石汊，数百躯皆鬼录矣。”

万里长沙也是风险重重，“舶误冲其际，即胶不可脱”。

漫漫“畏途”，是无数的生命铺就。

“南海”的闯海人知道海路之“畏”，可是并没有因此而却步。他们在不断探索更多熟悉的“针路”的同时，还不断地开辟和改造海路，使南海的“畏途”渐渐变成了海洋坦途。前述宋孙光宪《北梦琐言》卷二所记《高骈开海路》就是一个例证。

在《海语》中，黄衷对于在“畏途”上进行探索和冒险的人充满了敬意。他因此对柳宗元《招海贾》中批评海商是为了利益而进行海上冒险的说法表示了不满，他在自序中说《招海贾》“似寓情于悯时愤俗，而轻生竞利者观之，亦足戒矣”。另外他还以“铁桥子”名义评论说：“甚哉，利之戕贼也！穷荒绝徼，无不竞焉。二使衔命，远适异域，不幸而溺，厥职固在，诸众人者何为者哉？缘锥刀之末，蹈不测之渊，以饱鲸鳄，非溺海也，溺利焉耳。”作者实事求是地承认，闯海者的冒险，根本出发点是为了利益。但是黄衷与柳宗元不同的是，他并不是为了否定海客的逐利冒险。“予故纪之，以为犯险牟利者之鉴。”而是为了给后来者提供借鉴，说明黄衷并不希望“畏途”变成人人望而却步的绝路。他还是希望有人继续探索下去，从而使陌生的“畏途”成为畅通的熟路。这种大无畏的海上探索精神是值得肯定的。

(五)海洋“物怪”记叙对于传统书写手法的继承和超越

与大陆的鬼怪精灵世界一样，海洋是一个神异的世界，隐藏着许多不为人知的生物，它们的偶尔一现，就成为“物怪”的材料。“海，阴方也。鬼物或凭焉。”《海语》专列《物怪》一卷，记载和描述了海和尚、海神、鬼船、飞头蛮、人鱼、蛇异、龙变和石妖等超现实的海洋精怪。它们之中，或许有的属于人所难见的珍稀生物，有的属于气象现象，有的可能属于见到者的幻觉，还有一些属于民间传说故事。但是，如果从叙述手法角度予以考察，那么可以发现，其实它是对传统的海洋生物变异和附加人伦因素人文思想的继承和发展。

自《山海经》开启了“大鳊在海中”和“鱼妇”这样两条书写道路，中国古代的海洋生物书写始终体现为夸张变异和象征图谶式的特点。其他一些“南海”书写也是如此。如宋刘斧《青琐高议》：“嘉祐岁中，广州渔者夜网得一鱼，重百斤，舟载以归。”[①]这就是夸张变异式书写，而五代王仁裕《开元天宝遗事》：“南（海）中有鱼，肉少而脂多，彼中人取鱼脂炼为油，或将照纺绢机杼，则暗而不明；或使照筵宴、造饮食，则分外光明。时人号为馋鱼灯。”[②]这个故事就体现为人伦因素附加的象征式书写。

《海语》“物怪”的描述，从表面上看，似乎是继承了这些变异书写的传统，其实作者是有所超越的。

列于《物怪》前面位置的是“海和尚”。“人首鳖身，足差长而无甲。舟行遇者，率虞不利。宏（弘）治初，吾广督学大佥淮阳韦彦质先生将视学琼州，陆至徐闻，方登海舟，此物升鹢首而蹲，举舟皆泣，谓有鱼腹之忧，议将禳之。先生方严，人不敢白也。诘旦抵琼，留十许日。试士都毕，泛海而还，若履平地。后迁福建宪副，考终于家。语曰：妖不胜德。”“海和尚”是一种普通的海洋生物，由于长相怪异而被赋予许多寓意。“舟行遇者，率虞不利”，它被看成是凶物。这种人伦因素附加是传统的手法，但是《海语》有所发展。它用实证否定了对于海和尚的“凶物”定位，最后得出的“妖不胜德”的结论，使《海语》又回到了现实主义的传统。

对于“蛇异”“龙变”等发生在海岛上的一些奇特现象，作者一时无法再用实证去证明其荒谬，但是作者用自白的方式直接表明否定的态度。《蛇异》叙写海船偶泊荒岛，得到“神贶”帮助，避免了船员被岛上大蛇吞噬的悲剧。船员“载蛇以回舶。岛夷之船或过而见其皮，问何从得之，为价几何。舶主给曰：‘五十金。’岛夷付之不较，复问肉价几何？曰：‘百金。’又付之不较”。原来这不是蛇，而是“龙”。这样的故事显然是从海员那里听来的，作者无法证实其真假，于是用“铁桥子”（黄衷号铁桥病叟）的名义直接表明了态度：“物遇乃贵，是何足叹哉。”言下之意是，所谓“龙”云云，就不足信了。

“龙变”故事的叙写也是如此。一群人在航海途中看到海岛山顶上卧着一条大蛇，还有角耸起，以为是大蚺蛇吞吃了鹿，动弹不得了，他们就停船上岛，以为可以既得蛇复得鹿了，结果遭遇“龙变”，顷刻间“雷电大作，雨雹石注”，不但几乎性命不保，连船也被打坏了。作者仍然用“铁桥子”名义评论说：“事固有似利而实害者，樵也乌足以知之？然鬼神戏人，类是多矣。”

总而言之，《海语》从海外交流、海途、海洋生物和海怪等方面，全面地描

---

① （宋）刘斧：《青琐高议》，《宋元笔记小说大观》，上海古籍出版社，2001年，第1106页。

② （五代）王仁裕：《开元天宝遗事》，中华书局，1985年，第7页。

述和书写了“南海”，构建了一个立体的“南海”形象。在众多的“南海”书写中，《海语》具有独特的价值。虽然严格来说，这还不是一种文学构建，而是一种纪实性的“笔记体”文本，可是它对于“南海”构建的意义是不容抹杀的。正如黄衷族子黄延年在《海语跋》中所说：“斯以谈海，独不知海乎？《礼》曰：三王之祭川也，先河而后海。（夫河）非海之全也，而独先焉，则公之文章德政，学之海也。即是，亦可观尔，用梓以传，以俟夫善观于海者。”

《海语》以翔实的资料，开阔的视野，包容的立场，提供了一个“立体性”的“南海”书写的文本，从中体现出开放性的海洋对外交流态度，对于海上交通的勇敢探索，对于海洋生物世界的积极探求和对于一些超自然海洋现象的正确对待等思想。这些思想既是“南海”的，也可以说是整个中国海洋的人文思想。

另外，《海语》的许多资料都非常可靠，《四库全书总目提要》就曾经这样评价说：“所述海中荒忽奇谲之状，极为详备，然皆出舟师舵卒所亲见，非《山海经》《神异经》等纯构虚词、诞幻不经者比。每条下间附论断，词致高简，时寓劝戒，亦颇有可观。”所以从海洋资料的角度来看，正如段立生先生所指出：“《海语》可以作为我们研究东南亚史、中外交通史、华侨史、广州地区海外贸易史的重要参考书。”[①]

五、结语

“南海”书写是古代海洋文明演化的一种文化现象。由于从唐朝以来，南海就承担着对外贸易的历史重任，因此有关“南海”书写的古代文献也大多与海洋国际贸易有关。黄衷《海语》作为一种南海自己的地方文献，记载的资讯相对比较全面，所以有特别的价值。其实《海语》也多有传承的内容，例如“南海怪物（异物）”书写就有历史传统。早在唐代，段成式《酉阳杂俎》里就有一则《海术》，描述的就是南海怪物：“南海有水族，前左脚长，前右脚短。口在胁旁背上，常以左脚捉物，置于右脚，右脚中有齿嚼之，方内于口。大三尺余，其声术术，南人呼为海术。”[②]

---

① 段立生：《黄衷及其〈海语〉》，《东南亚》1984 年第 3 期。
② （唐）段成式：《酉阳杂俎》，中华书局，1981 年，第 274 页。

南朝任昉的《述异记》有大量涉海记载，其中也有内容与“南海怪物(异物)”有关：“南海出鲛绡纱，泉先潜织，一名龙纱。其价百余金。以为服，入水不濡。”“南海有龙绡宫，泉先织绡之处。绡有白之如霜者。”[1]

这些记载都表明了南海的与众不同，从而也可以看出时人对于南海的特殊感觉。

① (南朝)任昉：《述异记》，明程荣汉魏丛书本，第2页。

第十二章　郑和下西洋叙事中的海洋人文思想

自明永乐三年(1405)到宣德八年(1433),郑和七下西洋,历时 29 年。这个伟大创举催生了许多海洋书写。长篇神魔小说《三宝太监西洋记通俗演义》就是以郑和下西洋作为背景展开的。但由于是神魔叙事,它对郑和下西洋这样伟大的海洋实践活动的叙写流于表面,缺乏深刻的海洋人文思考。明代的一些笔记文学也有对于郑和下西洋活动的零星记叙,如陆容《菽园杂记》中的一则笔记:"永乐七年,太监郑和、王景宏、侯显等,统率官兵二万七千有奇,驾宝船四十八艘,赍奉诏旨赏赐,历东南诸蕃,以通西洋。"①但记载比较简单。比较系统完整地记叙郑和下西洋伟大航海活动的,当属多次随郑和下西洋的马欢所撰《瀛涯胜览》、费信所撰《星槎胜览》,及最后一次随郑和下西洋的巩珍所撰《西洋番国志》三书。这三书被誉为"西洋三书",里面包含了丰富的海洋人文思想。

一、马欢《瀛涯胜览》中的海洋人文意识

马欢,字宗道,自号会稽山樵,浙江会稽(今绍兴)人。他是回族人,出身于穆斯林世家,通晓阿拉伯文字。他在永乐七年(1409)、十一年(1413)、十九年(1421)和宣德六年(1431),四次跟随郑和下西洋,主要担任翻译工作。归国后撰写的《瀛涯胜览》详细记载了跟随郑和下西洋的经过及其所见所

① (明)陆容:《菽园杂记》,中华书局,1985 年,第 26 页。

闻，其中包含了丰富的海洋人文思想。

其一，深入海洋地区实地考察探索的亲历意识。

在《瀛涯胜览》的自序中，马欢写道："余昔观《岛夷志》，载天时气候之别，地理人物之异，慨然叹曰：普天下何若是之不同耶！永乐癸巳，太宗文皇帝敕命太监郑和，统领宝船往西洋诸番开读赏赐。予以通译番书，亦被使末，随其所至，鲸波浩渺，不知其几千万里，历涉诸邦，其天时气候、地理人物(目击而身履之)。然后知《岛夷志》之所著者不诬，而尤有大可奇怪者焉。于是摭采各国人物之丑美，壤俗之异同，与夫土产之别，疆域之制，编次成帙，名曰《瀛涯胜览》。俾属目者一顾之顷，诸番事实悉得其要，而尤见夫圣化所及，非前代(之可)比。"[①]《岛夷志》即元代汪大渊著《岛夷志略》，马欢认为《岛夷志》所记的海外诸国情况已经够让人惊讶了，但是自己几次下西洋所见所闻，内容之丰富精彩，"尤有大可奇怪者"，于是特撰《瀛涯胜览》一书予以记录。所以马欢此书的目的是追求真实，而不怎么在意文笔。"是帙也，措意遣词，不能文饰，但直笔书其事而已。览者毋以肤浅诮焉。"这种求实的态度保证了该书纪实质量的可靠性。

其实马欢对汪大渊《岛夷志略》的继承，不仅是"岛夷"内容，更主要的是深入海洋地区进行实地调查的亲历意识。《四库全书总目》评价《岛夷志略》说："诸史外国列传秉笔之人皆未尝身历其地，即赵汝适《诸蕃志》之类，亦多得于市舶之口传。大渊此书，则皆亲历而手记之，究非空谈无征者比。"看重的正是汪大渊的"身历其地"。马欢比汪大渊亲历的海洋国家和地区更多更深入，因此《瀛涯胜览》的海洋岛国书写也更具体更扎实。

其二，认识异邦了解世界的海洋开放意识。

《瀛涯胜览》共记载了占城(越南一带)、爪哇(印尼一带)、旧港(印尼一带)、暹逻(泰国)、满剌加(马六甲)、苏门答剌等二十多个海洋岛国的地理位置、风土人情、所出特产等。马欢的观察非常细腻。如占城，那是《岛夷志略》等书都曾详细记载和描述过的地方，但马欢也许认为它是与中国南海地区最近的海洋邻居，有必要进行深入考察和了解，因此介绍得非常细致。"自福建福州府长乐县五虎门开船，往西南行，好风十日可到其国。……国之东北百里有一海口，名新州港。岸有一石塔为记。诸处船只到此舣泊登岸。"这是对于航线和码头的介绍。"去西南百里到王居之城，番名曰占。其

① (明)马欢：《瀛涯胜览》，中华书局，1985年，第1—2页。

城以石垒门,四门令人把守。"这是对于占城基本面貌的介绍。"国王系锁俚人,崇信释教,头戴金级三山玲珑花冠,如中国中净之样,身穿五色线细花番布长衣,下围色丝手巾,跣足,出入骑象,或乘小车,以二黄牛前拽而行。头目所戴之冠,用茭蔁叶为之,亦如其王所戴之样,但以金彩妆饰,内分品级高低。所穿颜色衣衫,长不过膝,下围各色番布手巾。"这是对于占城人风貌的介绍,形象生动。"王居屋宇高大,盖细长小瓦,四围墙垣用砖灰包砌,甚洁。其门以竖木雕刻兽畜之形为饰。民居房屋用芳草盖覆,檐高不过三尺,躬身低入,高者有罪。服色紫(禁)白衣,惟王可穿。民下黄紫色并许穿,衣服白者死罪。国人男子蓬头,妇人桸髻脑后,身体俱黑,上穿秃袖短衫,围色丝手巾,俱赤脚。"[①]这种对于占城风土人情的描述,已经到了细描的程度,体现了作者对于海外世界进行认识和考察的认真态度。

其三,与沿海国家彼此尊重友好交流的和合思想。

马欢是以"皇华使者"的立场来考察海外诸国的。明朝时期中国的人文和经济水平要远远高于东南亚和印度半岛。在《瀛涯胜览》的叙述语言中,这些海洋岛国都属于"夷域"。"皇华使者承天敕,宣布纶音往夷域。"《瀛涯胜览》卷首《纪行诗》的开头一联,清楚地表明了作者的"上国"意识。

但是在具体的记载和描述中,马欢的"上国"立场并不明显,相反还处处表露出对于异邦国家文化的尊重。如对爪哇国一种文化活动的记叙:"每月至十五、十六夜,月圆清明之夜,番妇二十余人,或三十余人,聚集成队,一妇为首,以臂膊递相联绾不断,于月下徐步而行,为首者口语番歌一句,众皆齐声和之,到亲戚富贵之家门首,赠以铜钱等物,名为步月,行乐而已。有一等人,以纸画人物鸟兽鹰虫之类,如手卷样,以三尺高二木为画干,止齐一头,其人磻(蟠)膝坐于地,以图画立地立(上),展出一段,朝前番语高声解说此段来历,众人环坐而听之,或笑或哭,便如说平话一般。"这种舞蹈和绘画或许比较原始和简单,但马欢丝毫没有轻蔑之意,而是显示出相当的尊重。

马欢是一个穆斯林,他对阿拉伯诸国的文化有更深切的体会。如说天方国:"自秩达往西行一日,到王居之城,名默伽国。奉回回教门,圣人始于此国阐扬教法,至今国人悉遵教规行事,纤毫不敢违犯。其国人物魁伟,体貌紫膛色。男子缠头,穿长衣,足着皮鞋。妇人俱戴盖头,莫能见其面。

---

① (明)马欢:《瀛涯胜览》,中华书局,1985年,第7—9页。

……国法禁酒，民风和美。无贫难之家，悉遵教规，犯法者少，诚为极乐之界。"[①]这里的默伽国即天方国，为阿拉伯国家。马欢说它"民风和美""诚为极乐之界"，高度评价其文明程度。"由马欢所记材料来看，15世纪的西洋地区，在政治、经济、法律、文化诸多方面的发展水平都远落后于明朝。该地区居民的生活水平普遍较低，有诸多陋习，表现出野蛮、愚昧，大多仍处在蒙昧时期。然而西洋地区的穆斯林却一枝独秀，俨然成为这一地区的文明发达的民族。在马欢到过的20个国家中，纯穆斯林国家有9个，穆斯林和其他民族混居的国家有3个。马欢从饮食、穿着服饰、婚丧礼仪及日常宗教功修等方面对穆斯林的社会生活状况做了较为全面的记述。"[②]这充分证明了中国与海湾伊斯兰国家的传统友谊。

更加难能可贵的是，马欢也记叙了许多华人与当地土著和睦相处的佳话。如写旧港国，即古名三佛齐国："东接爪哇，西接满剌加国界，南大山，北临大海，诸处船来先至淡港，入彭家门里系船。岸多砖塔，用小船入港则至其国。国人多是广东、漳、泉州人逃居此地，人甚富饶。"广东，福建漳、泉州人在这里大量定居，他们已经与当地人融为一体。又如古里国："从柯枝国港口开船，往西北行三日方到。其国边海，山之东有五七(百)里，远通坎巴美(夷)国，西临大海，南连柯枝国界，北边相接狠奴儿池(地)面，西洋大国正此地也。永乐五年，朝廷命正使太监郑和等赍诏敕赐其王诰命银印，给赐升赏各头目品级冠带，统领大䑸宝船到彼，起建碑庭(亭)，立石云：'去中国十万余里，民物熙皞，大同风俗，刻石于兹，永乐(示)万世。'"[③]这"民物熙皞，大同风俗""永示万世"的愿望碑，正是和合思想的生动体现。

其四，对海洋人命运的深切同情。

马欢的《瀛涯胜览》记载了大量以海为生的海洋人的生存情态，表达了对于这些艰辛谋生者的深切同情。如记锡兰、裸形国："自帽山南放洋，好风向东北行三日，见翠蓝山在海中，其山三四座，惟一山最高大，番名梭笃蛮山。彼处之人，巢居穴处，男女赤体，皆无寸丝，如兽畜之形。土不出米，惟食山芋、波罗蜜、芭蕉子之类，或海中捕鱼虾而食。"这简直还处于原始社会状态。又如记溜山国："自苏门答剌开船，过小帽山，投西南，好风行十日可

---

① (明)马欢：《瀛涯胜览》，中华书局，1985年，第87页。

② 胡玉冰：《回族学者马欢及其游记〈瀛涯胜览〉》，《宁夏大学学报(社会科学版)》1996年第2期。

③ (明)马欢：《瀛涯胜览》，中华书局，1985年，第25、56页。

到。其国番名牒干，无城郭，倚山聚居，四围皆海，如洲渚一般，地方不广。……其间人皆巢居穴处，不识米谷，只捕鱼虾而食。不解穿衣，以树叶遮其前后。”生存条件极差，生活非常艰难，但马欢却在看到他们艰难的同时，更看到了他们美好的一面：“国王、头目、民庶皆是回回人，风俗纯美，所行悉遵教门规矩。人多以渔为业，种椰子为生。儿女体貌微黑。男子白布缠头，下围手巾。妇人上穿短衣，下亦以阔布手巾围之，及用阔大布手巾过头遮盖，上露其面。婚丧之礼，悉依回回教门规矩而后行。”[①]艰难而不失文明，这是一群很有修养的海洋人。

二、费信《星槎胜览》中的海洋人文思想

费信，字公晓，号玉峰松岩生，江苏太仓人，曾四次跟随郑和等人下西洋。第一次于永乐七年(1409)随郑和等往占城、爪哇、满剌加、苏门答剌、锡兰山、柯枝、古里等国，至永乐九年(1411)回京。第二次于永乐十年(1412)随奉使少监杨敏等往榜葛剌等国，至永乐十二年(1414)回京。第三次于永乐十三年(1415)随正使太监侯显等往榜葛剌诸番，直抵忽鲁谟斯等国，至永乐十四年(1416)回京。第四次于宣德六年(1431)随郑和等往诸番国，凡历忽鲁谟斯、锡兰山、古里、满剌加等二十国，至宣德八年(1433)回京。前后二十余年，历览异域风土人物，于英宗正统元年(1436)撰写成《星槎胜览》一书，但当时似乎没有广泛流传，《四库全书总目》也未收录。最初为世人所知者为陆楫于嘉靖二十三年(1544)所辑《古今说海》四卷本。清道光元年(1821)又重刻之。民国四年(1915)，中华图书馆有覆印本。

《星槎胜览》共分为两部分。第一部分为“前集”，为费信“亲览目识之所至”而形成的考察记录，记载描述了占城国、宾童龙国、灵山、昆仑山、交栏山、暹罗国、爪哇国、旧港、满剌加国、九州山、苏门答剌国、花面国、龙牙犀角、龙涎屿、翠蓝屿、锡兰山国、小唄喃国、柯枝国、古里国，忽鲁谟斯国、剌撒国与榜葛剌国等22个南洋及阿拉伯半岛国家和地区的人文地理。第二部分为“后集”，非第一手资料，而是费信“采辑传译之所实”，计有真腊国、东西竺等23国情况。

① (明)马欢：《瀛涯胜览》，中华书局，1985年，第46、65—66页。

《星槎胜览》包含有多方面的海洋人文信息和思想。

其一，强烈的探求海洋异邦的愿望。

费信是一个非常自觉的具有文化探求意识的学者型官员。他先后四次奉使往海外诸国考察时，每到一地，“辄伏几濡毫，叙缀篇章，标其山川、夷类、物候、风习诸光怪奇诡事，以备采纳”。正因为掌握大量翔实可靠的第一手资料，所以他的《星槎胜览》达到了很高的纪实成就。“一览之余，则中国之大，华夷之辨，山川之险易，物产之珍奇，殊方末俗之卑鄙，可以不劳远涉而尽在目中矣。”

其二，天下文化一通的和合思想。

费信在《星槎胜览》的自序中说：“臣闻王者无外，中天下而立，定四海之民，一视同仁，笃近举远，故视中国犹一人，而夷狄之邦，则以不治治之。”[①]这种对于海外异邦文化的尊重态度是非常难能可贵的。

其三，存细务详的史家态度。

费信《星槎胜览》与马欢《瀛涯胜览》相比有一个很大的不同，那就是详细记叙了郑和船队的规模和航海路线等资讯，为后世保留了非常可贵的历史材料。如《占城国》：“永乐七年己丑，上命正使太监郑和、王景弘等统领官兵二万七千余人，驾使海舶四十八号，往诸番国开读赏赐。是岁秋九月，自太仓刘家港开船，十月到福建长乐太平港停泊。十二月，于福建五虎门开洋，张十二帆，顺风十昼夜到占城国。”[②]这里船队由 48 艘船组成的规模，九月开航的时间，从江苏太仓起锚到占城的航行路线以及途中费时约三个多月的航行时间等，记载得清清楚楚。又如《榜葛剌国》：“（自苏门答剌顺风二十昼夜可至其国）其处曰西印度之地。西通金刚宝座，曰绍纳福儿，乃释迦佛得道之所。永乐十年并永乐十三年二次，上命太监侯显等统领舟师，赍捧诏敕，赏赐国王、王妃、头目。至其国海口，有港曰察地港，立抽分之所。其王知我中国宝船到彼，遣部领赍衣服等物，人马千数迎接。”[③]榜葛剌国即今孟加拉国，西汉时叫身毒国，东汉时改译天竺，一直与中国友好。费信在这里记载了船队两次经过该国港口受到欢迎的情景，印证了其与中国的传统友谊。

---

① （明）费信：《星槎胜览校注》，冯承钧校注，中华书局，1954 年，《序》第 11 页。

② （明）费信：《星槎胜览校注》，冯承钧校注，中华书局，1954 年，第 1 页。

③ （明）费信：《星槎胜览校注》，冯承钧校注，中华书局，1954 年，第 39 页。

其四,对海洋文明生活的由衷赞美。

海洋国家的居民生存艰难,文明程度相对较低,但是费信《星槎胜览》对此不但没有丝毫的贬低嘲讽,反而多有由衷的赞美。如说苏门答剌"风俗颇淳。民下网鱼为生,朝驾独木刳舟张帆而出海,暮则回舟"[①]。这种风里去浪里回的渔民生涯是艰难的,但是费信却看到了他们美好的"风俗颇淳"的一面。还有忽鲁谟斯国:"其国傍海而居,聚民为市。地无草木,牛、羊、马、驼皆食海鱼之干。风俗颇淳。"[②]显然这也是一个渔民为主的邦国,费信也看到了他们淳朴美好的一面。

又如记古里国:"当巨海之要,去僧伽密迩,亦西洋诸番之马头也。山广田瘠,麦谷颇足。风俗甚厚,行者让路,道不拾遗。法无刑杖,惟以石灰划地,乃为禁令。酋长富居深山。傍海为市,聚货通商。男子穿长衫,头缠白布。其妇女穿短衫,围色布,两耳悬带金牌络索数枚,其项上珍珠、宝石、珊瑚连挂璎珞,臂腕足胫皆金银镯,手足指皆金厢宝石戒指,髻堆脑后,容白发黑。"[③]古里国,又作古里佛,是位于南亚次大陆西南部的一个古代王国,其境在今印度西南部,为古代印度洋的交通要冲。费信满怀感情地赞美他们"风俗甚厚,行者让路,道不拾遗,法无刑杖",这简直就是中国古籍中的海洋君子国风貌了。而女子披金戴银,反映出该国非常富有。

再如记榜葛剌国:"其国风俗甚淳。男子白布缠头,穿白布长衫,足穿金线羊皮靴,济济然亦其文字者。众凡交易,虽有万金,但价定打手,永无悔改。妇女穿短衫,围色布丝锦,然不施脂粉,其色自然娇白,两耳垂宝钿,项挂璎珞,堆髻脑后,四腕金镯,手足戒指,可为一观。"[④]该国人一诺千金,非常讲究信用。而女人追求美丽时尚,娇美可观。这些都是高度文明社会才有的景象。费信以一双善良的慧眼,看到了这些海洋国家的种种美好。

三、巩珍《西洋番国志》中的海洋人文思想

巩珍生平事迹不详,从《西洋番国志》的自序中略可知,他号养素生,南

① (明)费信:《星槎胜览校注》,冯承钧校注,中华书局,1954年,第23页。
② (明)费信:《星槎胜览校注》,冯承钧校注,中华书局,1954年,第36页。
③ (明)费信:《星槎胜览校注》,冯承钧校注,中华书局,1954年,第34页。
④ (明)费信:《星槎胜览校注》,冯承钧校注,中华书局,1954年,第40页。

京人，是以从军而被选拔为幕僚的，其他事迹就无可考查了。

与马欢《瀛涯胜览》和费信《星槎胜览》的广为流传、版本众多不同，巩珍的《西洋番国志》一直少为人知。《四库全书》有书目但没有此书。一直到1948年前后，有人终于在天津发现了珍藏的此书。后来珍藏者将其捐献给了北京图书馆，它才被世人所知。

《西洋番国志》共记载了20多个海外国家，其先后次序和文字内容与马欢《瀛涯胜览》基本一致。巩珍在自序中说他所记的各国资讯，都来自于"通事转译"所得。这个"通事"显然是指马欢，说明《西洋番国志》与马欢《瀛涯胜览》有渊源关系。也就是说，它们构成了一种互文关系。

《西洋番国志》体现出多方面的海洋人文意识和思想。

其一，下西洋是国家海洋意识的体现。

《西洋番国志》卷首保存了永乐至宣德敕书三通。这三封皇帝谕令不为《瀛涯胜览》和《星槎胜览》所记载，所以很有价值。从中可以看出，郑和下西洋是一种王朝意志的实现，体现出一种国家海洋意识。

永乐皇帝即位之时，洪武年间的海禁影响还在延续，而许多海外西洋之国也因明朝内政的变化与明廷失去了联系，只有安南、占城、真腊、暹罗、大琉球朝贡如故。因此永乐皇帝将注意力集中于南海、南洋及西洋一线，屡遣郑和船队远航诸国，"开读诏敕"，恢复明廷与海外的关系。这种王朝海洋意识在《西洋番国志》卷首所保存的三通敕书中有鲜明的体现。

第一封敕书发布于永乐十八年十二月初十日。敕书说："敕：太监杨庆等往西洋忽鲁谟斯等国公干，合用各色纻丝纱棉等物，并给赐各番王人等纻丝等件。敕至即令各该衙门照依原定数目支给。仍令各门官仔细点检放出，毋得纤毫透漏。故敕。"[①]这通敕书要求对于郑和船队物资保障，以便他们能够顺利完成对于西洋诸国的安抚慰问。

第二封敕书发布于永乐十九年十月十六日，第三封敕书发布于宣德五年五月初四日，也都是有关船队物资保障的，但内容更加详尽，规定更加严格。这充分说明大明王朝对于与海外诸国交往的态度是一致的。

其二，具有强烈的亲历性。

巩珍在《西洋番国志》的自序中说："往还三年，经济大海，绵邈弥茫，水天连接。四望迥然，绝无纤翳之隐蔽。惟观日月升坠，以辨西东，星斗高低，

① (明)巩珍：《西洋番国志》，向达校注，中华书局，1961年，《敕书》第9页。

度量远近。皆斫木为盘，书刻干支之字，浮针于水，指向行舟。经月累旬，昼夜不止。海中之山屿形状非一，但见于前，或在左右，视为准则，转向而往。”这是只有深入大海航行者，才会有的茫茫不辨东西之感。巩珍还描述了航行途中的种种经历：“始则预行福建广浙，选取驾船民梢中有经惯下海者称为火长，用作船师。乃以针经图式付与领执，专一料理，事大责重，岂容怠忽。其所乘之宝舟，体势巍然，巨无与敌，蓬帆锚舵，非二三百人莫能举动。”一路劳顿不用说，缺水少食更是常事。海上生活之艰难远超陆地百倍：“缺其食饮，则劳困弗胜。况海水卤咸，不可入口，皆于附近川泽及滨海港汊，汲取淡水。水船载运，积贮仓艄，以备用度，斯乃至急之务，不可暂弛。”海上航行，还会时时遭遇风暴危险：“当洋正行之际，烈风陡起，怒涛如山，危险至极。”[①]这种身在海洋，深切体验海洋的亲历性，比马欢《瀛涯胜览》和费信《星槎胜览》来得更加强烈，同时也更具有现场感。

其三，对于海湾伊斯兰文化的充分尊重。

巩珍不同于马欢，他不是伊斯兰教信徒，但是在《西洋番国志》中涉及海外伊斯兰国家的记载中，巩珍不乏赞美欣赏之情。如描述忽鲁谟厮国这个地处波斯湾而今属于伊朗的岛国，不但详尽，而且非常生动：“其国边海倚山，各处番舡并陆路诸番皆到此赶集买卖，所以国民皆富。王及国人皆奉回回教门，每日五次礼拜，沐浴持斋，为礼甚谨。其风俗淳朴温厚，遇一家遭难致贫，众皆助以衣粮钱财，所以国无贫苦之家。其人状貌魁伟，衣冠济楚，婚丧之礼悉依教规无违。”他们对中国还很友好，“国王修金叶表文遣使随宝舡以麒麟、狮子、珍珠、宝石进贡中国”[②]。

四、郑和在南洋诸国所立碑文中的海洋人文思想

郑和七下西洋期间，在南洋诸国立有多块碑文。这些碑文中也包含有多方面的海洋人文意识和思想。

永乐七年(1409)九月，郑和第三次下西洋。他来到了锡兰，在一座佛教庙宇前立下了一块石碑，碑文是这样的：“大明皇帝遣太监郑和、王贵通等昭

① (明)巩珍：《西洋番国志》，向达校注，中华书局，1961年，《自序》第5—6页。

② (明)巩珍：《西洋番国志》，向达校注，中华书局，1961年，第41、44页。

告于佛世尊曰:仰惟慈尊,圆明广大,道臻玄妙,法济群伦。历劫河沙,悉归弘化,能仁慧力,妙应无方。惟锡兰山介乎海南,言言梵刹,灵威翕彰。比者遣使诏谕诸番,海道之开,深赖慈佑,人舟安利,来往无虞,永惟大德,礼用报施。"[①]后面详细列出了供养之品。这碑文中的"海道之开,深赖慈佑,人舟安利,来往无虞"等句,非常值得关注。它透露出郑和下西洋的重要使命,是开通海道,这样就有利于中国与海外诸国的文化和贸易往来。这是海洋交流互通互利思想的体现。

永乐十五年(1417)五月,郑和第五次下西洋。船队停靠福建泉州港的时候,郑和在泉州伊斯兰教先贤冢处立了一块行香石刻:"钦差总兵太监郑和前往西洋忽鲁谟厮等国公干,永乐十五年五月十六日于此行香,望灵圣庇祐。"[②]碑文虽然很简单,但包含有诸多信息。一是说明此次下西洋的重点是阿拉伯半岛信奉伊斯兰教的各海洋国家;二是在泉州伊斯兰教地行香,释放出强烈的与伊斯兰国家友好的信息;三是茫茫大海航行,需要神灵庇佑,这也是海洋人文意识的体现。

宣德五年(1430)郑和第七次下西洋。或许是意识到这可能是最后一次下西洋了,郑和在船队起锚地江苏太仓刘家港天妃宫留下了一块石刻。碑文说:"和等自永乐初奉使诸番,今经七次,每统领官兵数万人,海船百余艘。自太仓开洋,由占城国……等三十余国,涉沧溟十万余里。观夫鲸波接天,浩浩无涯,或烟雾之溟濛,或风浪之崔嵬。海洋之状,变态无时。"这里对于海情海途的描述,非亲历者不能有此体会。字里行间,毫无怨恨海洋之意,反而透露出对于大海气象万千变化的一种欣赏之情,而航海者搏击大海的豪情自然也包含在其中了。"而我之云帆高张,昼夜星驰,非仗神功,曷能康济。直有险阻,一称神号,感应如响,即有神灯烛于帆樯。灵光一临,则变险为夷,舟师恬然,咸保无虞。"[③]这是对妈祖天妃的颂扬。妈祖是航海保护神,妈祖信仰形成于宋,大盛于明。在海洋民间信仰中,海洋保护神主要有观音和妈祖。郑和船队从启东出发南下,必定要经过舟山群岛海域,但是他们并没有在舟山普陀山这个观音道场停留和祭拜,说明明代妈祖信仰在航海者心中地位已经非常崇高。

---

① (明)巩珍:《西洋番国志》,附录二,中华书局,1961年,第50页。
② (明)巩珍:《西洋番国志》,附录二,中华书局,1961年,第50—51页。
③ (明)巩珍:《西洋番国志》,向达校注,中华书局,1961年,第51页。

在碑文的后半部分，郑和详细记叙了前六次下西洋的航线、所到过的诸国以及主要业绩，为后人研究郑和下西洋提供了非常珍贵的第一手资料。

永乐三年统领舟师往古里等国，时海寇陈祖义等聚众于三佛齐国抄掠番商，生擒厥魁。至五年回还。

永乐五年统领舟师往爪哇、古里、柯枝、暹罗等国，其国王各以方物珍禽兽贡献。至七年回还。

永乐七年统领舟师往前各国，道经锡兰山国，其王亚烈苦奈儿负固不恭，谋害舟师，赖神灵显应知觉，遂擒其王，至九年归献，寻蒙恩宥，俾复归国。

永乐十二年统领舟师往忽噜谟斯等国。其苏门答剌国伪王苏干剌寇侵本国，其王遣使赴阙陈诉请救，就率官兵剿捕，神功默助，遂生擒伪王，至十三年归献。是年满剌加国王亲率妻子朝贡。[①]

这段碑文记载了郑和船队一路上伸张正义，调解各番国和部落的紧张关系，宣扬大明王朝与各国的友谊，充分显示出一种和平海洋、四海和合的海洋人文思想。

五、结语

马欢《瀛涯胜览》、费信《星槎胜览》和巩珍《西洋番国志》，以亲历者的视角，详细生动地记载和描述了南洋、印度半岛和阿拉伯海地区的风土人情，从不同角度梳理了它们与中国的传统关系和友谊。虽然它们的篇幅都不长，每部书只有两万字左右，但在后来郑和下西洋所有官方档案都被销毁的背景下，“西洋三书”的历史价值显得尤为突出。

从海洋人文思想的角度而言，“西洋三书”所包含的认识了解海外世界、对外文化交流、对各种海洋社会风土人情充分尊重的意识和思想，都具有极大的超前意义。正如有人所指出：“明初郑和船队七下西洋，随行的马欢撰《瀛涯胜览》、费信撰《星槎胜览》、巩珍撰《西洋番国志》。三书表达了明朝

① (明)巩珍：《西洋番国志》附录二，中华书局，1961年，第52页。

'宣德柔远'、加强中外联系、'共享太平之福'的意愿。书中大量记载了海外各国的天时气候、'土产之别，疆域之制'；记载了万里远航中'浮针于水，指向行舟'的行程；还从社会制度、文化习俗、经济活动等各个方面，向国人介绍海外诸国的社会面貌，用以开阔明朝观察世界的视野。三书说明了中外交流的历史成就和意义，以及中华文明在世界范围的重要地位，反映出鲜明的世界性意识。"①

可惜到了明代中后期，由于种种原因，朝廷开放性的海洋政策有了重大的调整。到了清代，更是逐渐被闭关锁国的自我封闭思想所取代，从而使从唐宋以来开放的、包容的、和合的海洋人文思想资源没有得到很好的传承。而海洋书写的文学史中，再也没有"西洋三书"这样深入海洋地区进行实地考察的专文出现了。

① 毛瑞方、周少川：《明代西洋三书的域外史记载与世界性意识——读〈瀛涯胜览〉〈星槎胜览〉〈西洋番国志〉》，《淮北煤炭师范学院学报（哲学社会科学版）》2007年第6期。

附录一　海洋的收益：宋元“砂岸海租”制度考论

宋元时期的“砂岸海租”制度是中国古代海洋经济管理的一种新的探索和实践。“海租(税)”制度形成于汉。《汉书·食货志》:“时大司农中丞耿寿昌以善为算能商功利,得幸于上,五凤中(前57—前54年)……又白增海租三倍,天子皆从其计。”这里明确提到了“海租”概念。汉代的海租(税)是整个“江湖陂海”租税的组成部分,包括了江河内湖和海洋等水域以及人造河、湖的渔业税收,属于渔业税(“鱼课”)的一种,朝廷设有专职机构“水官”进行管理。《后汉书·百官志》:“凡郡县……有水池及鱼利多者,置水官,主平水收渔税。”“砂岸海租”在继承这种渔业租税制度的基础上,进行了新的探索和实践。它形成于南宋时期,当时海洋管理的中心是东海地区,所以“砂岸海租”制度主要在庆元(宁波)一带海域施行,并为元朝政府所沿用。“砂岸海租”的建立、运转、收益使用以及存在的问题,折射出宋元时期海洋经济管理的政策性经验。

学界对此已经有所重视。章国庆《元〈庆元儒学洋山砂岸复业公据〉碑考辨》[①]在考察宁波天一阁博物馆所藏《庆元儒学洋山砂岸复业公据》碑时,对“砂岸”的性质作了初步的判断,认为是指“平原海岸”。照那斯图、罗·乌兰《释“庆元儒学洋山砂岸复业公据”中的八思巴文》[②]和徐世康《宋代沿海渔民日常活动及政府管理》[③]也有所涉及,不过由于它们都并非对“砂岸”制

---

① 章国庆:《元〈庆元儒学洋山砂岸复业公据〉碑考辨》,《东方博物》2008年第3期。

② 照那斯图、罗·乌兰:《释“庆元儒学洋山砂岸复业公据”中的八思巴文》,《文物》2008年第8期。

③ 徐世康:《宋代沿海渔民日常活动及政府管理》,《中南大学学报(社会科学版)》2015年第3期。

度考察的专论，所以大都语焉不详，没有进行深入的分析。

那么“砂岸海租”究竟是一种什么样的海洋经济管理制度呢？它是怎么建立和运作的？其征收范围主要有哪些？其租金收入规模如何？又主要用于何处？其运行过程中存在哪些问题？现根据宋宝庆《四明志》、宋开庆《四明续志》、元延祐《四明志》和元至正《四明续志》的相关记载，结合其他有关研究成果和材料，考析如下。

一、“砂岸海租”制度的建立和运作

《宋史》记载，宋绍兴二十七年(1157)，“赵子潚奉诏措置镇江府沙田，欲轻立租课，令见佃者就耕。如势家占吝，追日前所收租利。诏速拘其田措置，蠲其冒佃之租”[①]。

赵子潚时任权发遣两浙路转运副使。“见佃者”又叫“见租火客”“见佃火客”，即直接从事沙田生产者。“势家”和“冒佃者”指的是沙田的实际占有者。赵子潚和户部员外郎莫濛等人在调查中发现，江浙一带的沙田、芦场多被私人冒占，朝廷失去了大量的税收租金。因此赵子潚奉诏要做的事情，就是剥除这些“势家”的冒佃占租，将沙田纳入朝廷的管理，让佃农直接向官府缴纳沙田税金。[②]

在赵子潚等人的努力下，内湖内河沙田、芦场的租金大量进入了国库。与此同时，对于海洋、海岛的砂岸制度也开始建立起来。到了宋宝庆年间，处于中国海洋经济核心区域的庆元(即宁波，南宋时期为庆元府，元朝以后称为庆元路)一带海域的砂岸开始大量建立。

根据宋宝庆《四明志》的记载，庆元府所管辖的砂岸，主要有石弄山砂岸、秀山砂岸、石坛砂岸、虾辣砂岸、鲎涂砂岸、大嵩砂岸。

“石弄山”即现今的嵊泗花鸟岛。

秀山就是如今的岱山秀山岛。

“石坛砂岸”可能在镇海，也有可能在象山。因为镇海海边有石坛山，而元人袁桷延祐《四明志》也记载有象山石坛山，并说在“县南海中”。无论是

---

① (元)脱脱：《宋史》，中华书局，1985年，第4189页。

② 梁太济、包伟民：《宋史食货志补正》，杭州大学出版社，1994年，第107页。

镇海石坛山还是象山石坛山，都是在海边或海中，这是毋庸置疑的。

“虾辣砂岸”在宁波北仑区白峰海边，至今仍有虾辣村。

“大嵩砂岸”在宁波鄞州区海边，“大嵩”之名至今仍然在使用。

“鲎涂”地名不明，但根据上下文，当也在宁波附近沿海某处。

到了元朝，砂岸规模继续扩大。元袁桷延祐《四明志》卷十三之《赡学田土》记载：庆元府（宁波）所属砂岸有石衕山（石弄山，即花鸟岛）、宜山（鱼山）、秀山、洋山、虾康（虾辣）、鲎涂、乌沙、洋务、大嵩、大小涂、淫口、双岙、杉木檨、新妇岙、石坛山、穿山团局、卓家岸、徐公山、沙角，共计 19 处。[①]

总之在宋元之际，“砂岸”成了朝廷通过收取海洋渔场、海岛田地和海涂的租金来增加朝廷收入的一种广泛性的制度。对于它的组成和运行等情况，虽然正史没有明确的记载，但是通过四部《四明志》的零星记载，还是可以管窥一二。

首先，“砂岸”由朝廷的“砂岸局”负责管理，具体的责任人叫“砂首”或“砂主”。宋开庆《四明续志》卷一《赡学砂岸》条下说：“皇子魏王判四明日，尝拨砂岸入学养士。淳祐间，尝蠲之，就本府支钱代偿。宝祐五年正月，大使丞相吴公奏请复归于学。继而争佃之讼纷如。准制札仍拨归制司，却于砂岸局照元额发钱养士。六年五月以砂首烦扰，复奏请弛以予民。”这里出现的“砂岸局”就是南宋朝廷专门为“砂岸”建立的管理机构，而“砂首”乃是“砂岸”一线的管理者。“砂首”又叫“砂主”，宋宝庆《四明志》说石弄山砂岸由“皇子魏惠宪王奏请拨赐，令本学自择砂主”，这里出现的“砂主”，就等同于“砂首”。它可以通过官府直接任命，也可以由“本学（指庆元儒学）自择”。

其次，“砂岸”有独立的办公场所。元代《庆元儒学洋山砂岸复业公据》碑记里有这样的话：“亡宋咸淳三年(1267)底，籍内有管昌国县洋山岙砂岸一所，系丁德诚等佃，抱年纳官钱陆伯贯。”这里的“一所”表明，砂岸是有自己的办事机构的。这种办事机构一般都建于码头附近，方便渔船靠岸时缴纳租金。砂岸中的“岸”，本身就有海岸码头的含义。

最后，“砂岸”是庆元府代表朝廷直接管理，地方政府无权插手。因为所有砂岸的记载，都出现在宋宝庆《四明志》、宋开庆《四明续志》、元延祐《四明志》和元至正《四明续志》中，舟山地方志等极少记载，只有元大德《昌国州志》中有四个字的记录，“砂岸三所”，用以说明昌国的儒学从三所砂岸的收

① （元）袁桷：延祐《四明志》，清文渊阁四库全书本，第 165 页。

益中获取经费，但它没有记载这三所砂岸的名称和位置。这说明“砂岸海租”属于国家收入，基层地方不得截留，如需要开支，也由上面予以拨付。

二、“砂岸海租”的征收范围

汉代以来的“渔业税”的征收范围是比较明确的，即江河湖泊和海洋等自然水域的渔业活动。但是宋元“砂岸海租”制度的征收范围，朝廷没有明确的表述，这里根据各种文献信息，予以梳理。

“砂岸”概念最早出现在宋宝庆《四明志》《钱粮》条下：“石弄山砂岸，右，皇子魏惠宪王奏请拨赐，令本学自择砂主。秀山砂岸，右，拘入徐荣等物产。”[①]但是这条记载只说明了“砂岸”租金的分配使用和管理上的一些情况，并未对征收范围有任何表述。

不过该志在记载有关“砂岸”的情况时，引用了“淳祐六年二月二十三日准尚书省札子备朝议大夫右文殿修撰知庆元军府事兼沿海制置副使颜颐仲状”。就在颜颐仲的这个奏状中，有这样一句话：

> 本府濒海细民，素无资产，以渔为生。所谓砂岸者，即其众共渔业之地也。

宋开庆《四明续志》卷八之《蠲放砂岸》条也持这种解释：

> 砂岸者，濒海细民业渔之地也。浦屿穷民，无常产，操网罟资以卒岁。巨室输租于官，则即其地龙断（垄断）而征之。[②]

这两条记载，都说“砂岸”是渔民从事渔业活动的地方，似乎就是后世所说的渔场，所以有学者据此断定，“砂岸即是近海可以供捕鱼的场所。”[③]

但是宋宝庆《四明志》和开庆《四明续志》在描述“砂岸”时所用的词，却

① （宋）罗濬：宝庆《四明志》，宋刻本，第27页。

② （宋）梅应发、刘锡：开庆《四明续志》，清刻宋元四明六志本，第79页。

③ 徐世康：《宋代沿海渔民日常活动及政府管理》，《中南大学学报（社会科学版）》2015年第3期。

都是“地”而不是“海”。这就引发了一种疑问:难道“砂岸”不仅仅指渔场,而且还包括渔场附近的海岛土地?

果然,在宁波天一阁所保存的元代《庆元儒学洋山砂岸复业公据》碑记所涉及的洋山砂岸里,出现了这样的内容:

> 洋山忝隶昌国州,山七百余亩,地四十九亩三十八步,海滨涨涂不可亩计。

这里所说的洋山砂岸,没有提及渔场之类的内容,却明确记载了山和地的面积,而且还包括了海涂的内容。有学者因此认为:“砂岸,即沙岸,又称‘平原海岸’,是古代濒海细民业渔之地也。”[①]

该碑结尾有好几句八思巴文,其对应翻译为“海之沙滩等地方”[②]。

另外该碑后面,还阴刻有元惠宗元统三年(1335)十一月《庆元路儒学涂田记》。它详细记述了位于鄞东大篙312亩涂田重归庆元路儒学的过程。这是庆元路总管府继仁宗延祐二年(1315)五月,将洋山砂岸收归儒学管理20年之后,又一重大的儒学田产复归事件。该文使用的词语,也是“涂田”而非“海域”“渔场”等词。

综上内容,我们可以得出结论,宋元时期“砂岸”的征收范围,不仅包括传统“海租”对象渔场,而且还包括海岛上的田地和海岛周围的海涂。不同的砂岸,其侧重点有所不同,如石弄山(花鸟岛)是一个没有土地和海涂的海岛,所以“石弄山砂岸”海租的征收对象主要是南宋时期著名的石弄山南忝、北忝渔场。而洋山岛(包括大小洋山),既有大批的海岛土地,又有大范围的海涂,宋元时期又是著名的捕捞“洋山鱼”(指大黄鱼)的渔场,所以“洋山砂岸”的范围就包括了渔场、海岛土地和海涂。而“虾辣砂岸”和“大嵩砂岸”,都在近海近港的地方,征收的重点则是海涂和近岸张网作业。

有人认为,“砂岸”海洋税收指的是“涂税”,它“是地方府县对沿海渔户网捕所征收的赋税。渔船出海捕鱼前后,需要在沿海滩涂晾晒渔网、海产品等,地方政府即对渔民占用的沿海滩涂征收一定的赋税。涂税又被称为砂岸租。浙江沿海的涂税,就文献记载来看,最迟于南宋年间就开始征收,而

---

① 章国庆:《元〈庆元儒学洋山砂岸复业公据〉碑考辨》,《东方博物》2008年03期。

② 照那斯图、罗·乌兰:《释“庆元儒学洋山砂岸复业公据”中的八思巴文》,《文物》2008年第8期。

且数额不小”[①]。这种说法是不对的,它把砂岸税收混同于普通的海洋渔业税收了。滩涂税属于海洋税收的一种组成,并非独立的税赋。而宋元之际的砂岸税收,则是针对特定对象征收的海洋税赋。

三、“砂岸海租”的收入及其使用

“砂岸”所建立的地方,都是海洋渔业特别发达之处。如石弄山(花鸟岛)砂岸,其所依托的石弄山南岙、北岙渔场,在南宋时就相当发达。洋山砂岸所在的后世称为崎岖列岛一带海域,是大黄鱼最早的渔场。南宋时期开始在这里大量捕捞大黄鱼,史称“洋山鱼”。宁波镇海、鄞州沿海的砂岸,虽然并未处于渔场中心位置,但是滩涂众多,“滩涂渔业”特别发达。

正因为“砂岸”位居渔业发达地区,其税租收入十分可观。

宋宝庆《四明志》记载:

> 石弄山砂岸租钱五千二百贯文;
> 秀山砂岸租钱二百贯文。

在这两条记载后面,宝庆《四明志》附录了一篇“淳祐六年二月二十三日准尚书省札子备朝议大夫右文殿修撰知庆元军府事兼沿海制置副使颜颐仲状”,里面说:“本府有岁收砂岸钱二万三贯二百文;制置司有岁收砂岸钱二千四百贯文;府学有岁收砂岸钱三万七百七十九贯四百文,通计五万三千一百八十二贯六百文。”[②]这是一笔巨大的税租收入。

庆元府(宁波)所属各砂岸的海租收入有多有少,但普遍较高。宋开庆《四明续志》记载:

> 石衕山年纳二万六千七百八十六贯文;
> 秀山年纳二千五百贯文;
> ……

① 孙善根、白斌、丁龙华:《宁波海洋渔业史》,浙江大学出版社,2015年,第38页。

② (宋)罗濬:宝庆《四明志》,宋刻本,第29页。

大嵩年纳一千七百八十五贯七百文;

……

石坛年纳一千五百贯文;

……

鲎涂年纳三百单三贯五百五十文。[①]

宋开庆年为1259年,宋宝庆年间为1225年至1227年,说明在短短的30多年中,仅仅石弄山砂岸一处,海租收入就从五千多贯猛增到两万六千多贯,增加了四倍多。

所以南宋时期,“砂岸海租”收入相当可观。如何使用这笔收入,也成了朝廷必须予以考虑的重要事项。从四部《四明志》等资料来看,这笔资金的使用,大概情形是这样的。

首先是朝廷直接掌控使用。宋宝庆《四明志》记载“石弄山砂岸,右,皇子魏惠宪王奏请拨赐,令本学自择砂主”。这里的“奏请拨赐”,就透露出朝廷直接掌控的信息。魏惠宪王即赵恺。他是宋孝宗次子,进封魏王。淳熙七年(1180),赵恺卒于明州(宁波),后人将其各种谥号、封号合在一起,称魏惠宪王。他以皇子的身份,奏请朝廷,将“砂岸”收入的一部分“拨赐”庆元府(宁波)的儒学。可见这笔收入,是朝廷直接掌控的。虽然“拨赐”的形式,可能不是现金拨付,而是“砂岸”区域划拨,让儒学自己去收取,所以后面才有“令本学自择砂主”这样的说法。

其次,“砂岸”建立的初衷是为解决日常性海洋管理所需开支。宋开庆《四明续志》卷八之《蠲放砂岸》条有这样的记载:“旧所收砂租钱,初以供郡庠养士、贴厨、水军将佐供给、新创诸屯及出海巡逴探望把港军士生券、本府六局衙番盐菜钱之费。”因为当时朝廷边患日趋严重,军费大增,这些日常性费用朝廷已经无力提供,只好另想“砂岸”办法来弥补。

再次,“砂岸”收入被大量挪作他用。宋宝庆《四明志》附录了一篇制帅集撰颜颐仲于宋淳祐六年(1246)给朝廷的一份反映“砂岸”经费问题的奏状,其中有这样一句话:“仍截拨钱,岁偿府学养士元额及昌国县官俸。”[②]说明至少在淳祐年间,“砂岸”租税收入被大量截留挪作他用,甚至连政府官员

① (宋)梅应发、刘锡:开庆《四明续志》,清刻宋元四明六志本,第8页。

② (宋)罗濬:宝庆《四明志》,宋刻本,第28页。

的俸禄也在其中提取。

其四,"砂岸"收入的好大一部分被挪作儒学经费开支。南宋朝廷经费历来紧张,尤其是进入宋理宗赵昀的淳祐年间,情况更加严重。因为当时南宋与蒙古交战非常频繁,需要大量的经费。朝廷不得不大量发行货币(即所谓"楮币"),缓解财政压力,结果导致通货膨胀,物价飞涨,经济非常困难。儒学经费没有了着落,就大量从"砂岸"收入中提取。这种情况到了元初还没有改变,宁波天一阁所藏《庆元儒学洋山砂岸复业公据》碑文所记的那场官司,就是由宁波儒学出面诉讼讨要洋山砂岸用于儒学需要的费用。

四、"砂岸海租"制度存在的问题及矫正

进入南宋晚期后,朝廷与蒙古的战争比抗金还要激烈,各种费用大幅上升,朝廷的税收等政策也更加严厉,已经实行多年的"砂岸海租"制度弊端渐显。主要体现在以下几个方面:

一是"砂岸"制度本身的不公平以及"龙断(垄断)"之弊。宋宝庆《四明志》附录的"颜颐仲状",大部分篇幅写的就是这种弊端。颜颐仲尖锐地指出,"砂岸"制度的本质是"关市不征泽梁",却对"濒海细民"横征之,这是"伤圣朝爱养之本,夺小民衣食之源"。那些"砂岸"本是渔民赖以生存之资,可是"数十年来垄断之夫,假包佃以为名,啖有司以微利,挟赶办官课之说,为渔取细民之谋"[①],在很多方面损害了渔民利益。

二是执行过程中的不规范。颜颐仲指出,"砂岸海租"制度的设立,"始为脱给文凭,久则视同己业。或立状投献于府第,或立契典买于豪家,倚势作威,恣行刻剥。有所谓艚头钱,有所谓下箐钱,有所谓晒地钱,以至竹木薪炭,莫不有征;豆麦果蔬,亦皆不免。名为抽解,实则攫拏"。操作的混乱和不规范,为一些人提供了作弊营私的空间。

三是征敛过多,加重了"濒海细民"的负担。根据宋宝庆《四明志》"商税"方面的记载,南宋政府对于海租的征收,重点在于海运。"庆元司征,尤视海舶之至否,税额不可豫定。"对于一些海鲜产品,往往免税。"已出榜市曹关津晓示,除淹盐鱼虾等及外处所贩柑橘橄榄之属收税外,所有鲜鱼、蚶、

① (宋)罗濬:宝庆《四明志》,宋刻本,第28页。

蛤、虾等及本府所产生果悉免。”①

而“砂岸”征取的对象,则是沿海和海岛上谋生的渔业“细民”,他们在非常艰难和危险的环境下通过捕捞等营生得到的一点收入,却被朝廷通过“砂岸”制度予以征税。从上述的“砂岸收入”数据中可知,这种征税的额度还是非常高的。正如颜颐仲奏状所指出,“凡海民生生一孔之利,竟不得以自有,输之官者几何”。

四是由于朝政松弛,许多“砂岸”被地方豪强等“势家”占有,更加重了渔民的负担。地方豪强私占“砂岸”的问题,其实早在宋宝庆年间就开始出现。宋宝庆《四明志》所记“秀山砂岸,拘入徐荣等物产”,这里的“徐荣等物产”,指的就是秀山砂岸收益部分被地方豪强徐荣等人侵吞的情形。“拘入”的“拘”通“钩”,钩取,即探取的意思,可理解为没收,说明被徐荣等人私吞的部分,又被朝廷追要了回来。

这种地方豪强等“势家”私占“砂岸”的情形到了宋末更加严峻。宁波天一阁《庆元儒学洋山砂岸复业公据》碑记所记叙的“洋山砂岸之争”,就是一例。

五是朝廷和豪强的双重盘剥,使“砂岸”制度几近一种恶政,导致渔民们奋起反抗。在宋末,海洋问题已经是普遍性的社会问题。“渔民和船夫以捕鱼、运输为生,生活本来就极其艰辛。因为大都没有土地,官府就向他们征收财产税,‘凡日用琐碎,讥察殆尽’,常常处于‘怨愤无告’的境地。官府还强征他们的船只去服役,甚至数十年前曾登记在籍的船只,因各种原因而早已不存,‘往往不与销籍,岁岁追呼,以致典田卖产,货妻鬻子,以应官司之命。甚则弃捐乡井而逃,自经沟渎而死’。有些人便走上了武装起义的道路。”②

正是在这种社会大背景下,“砂岸”问题尖锐地凸显出来。颜颐仲指出,朝廷和地方豪强,“广布爪牙,大张声势,有坡主,有专柜,有牙秤,有拦脚,数十为群,邀截冲要,强买物货,搋托私盐,受妄状而诈欺,抑农民而采捕。稍或不从,便行罗织,私置停房,甚于囹圄,拷掠苦楚,非法厉民。含冤吞声,无所赴诉。斗殴杀伤,时或有之。”盘剥的手段五花八门。“又其甚者,罗致恶少,招约刑余,揭府第之榜旗,为逋逃之渊薮。操戈挟矢,挝鼓鸣钲,倏方出

① (宋)罗濬:宝庆《四明志》,宋刻本,第 74 页。

② 何忠礼、徐吉军:《南宋史稿》,杭州大学出版社,1999 年,第 379 页。

没于波涛，俄复伏藏于窟穴。强者日以滋炽，聚而为奸；弱者迫于侵渔，沦而为盗。”

后世学者也同意颜颐仲的这种判断，指出“砂岸”制度造成渔民怨声载道，一些人因此铤而走险。“四明（今宁波）近海边一叫砂岸的地方，是渔民打鱼的谋生地，当地豪强向官府缴租后便经营于此，失去谋生之地的百姓便沦为海盗。”[①]

正因为“砂岸海租”制度问题多多，许多体恤民生的有识之士纷纷上书，希望能纠正甚至取消“砂岸海租”制度，还利与民。他们提出了许多纠正的建议。

1. 颜颐仲建议“悉行蠲放”，还利于民。颜颐仲担任知庆元军府事兼沿海制置副使，了解海洋民生。他在上书朝廷的奏状中建议：“（当地砂岸钱）自淳祐六年(1246)正月为始，悉行蠲放”，将所有砂岸收入都归于渔民。他认为只要朝廷做到了这一点，“形势之家亦何忍肆虐以专利”，那些地方豪强就不敢肆意妄为了。只有这样，“庶几海岛之民可以安生乐业……亦不至异日激成为盗之患”。[②]

2. 吴潜建议干脆放弃“砂岸”。吴潜时任参知政事兼右丞相兼枢密使，他以前曾经一度认为，“适当海寇披猖之余，遂行考究本末，多谓因沿海砂岸之罢，海民无大家以为之据依”，因此开办“砂岸”很有必要，可以达到“清海道、绝寇攘之计”的目的。但是在进一步了解了“砂岸”的种种问题后，他于宋宝祐五年(1257)上书认为，“今已将应干砂岸诸岙并行团结，具有规绳，本土之盗不可藏，往来之盗则可捕”，因此建议放弃“砂岸”税收，希望“昨来兴复砂岸税场所入之课利，仍可尽弛以予民矣”。朝廷也看到了问题的严重性，因此关停了部分“砂岸”，“将砂岸两税场仍旧住罢，庶几除害而弛利”。[③]

3. 颜颐仲和吴潜都建议减少从“砂岸”收入中拨入儒学等的费用。颜颐仲奏状中建议，“悉行蠲放”后，再想办法“将别项窠名拨助府学养士及县官俸料支遣”。吴潜认为，“砂岸”收入承担了太多的儒学等费用，在退利还民后，可以用“酒坊”等收入来加以弥补。

---

① 唐春生：《宋代海盗成员的构成与国家治理的制度安排》，《中国海洋大学学报（社会科学版）》2015 年第 3 期。

② （宋）罗濬：宝庆《四明志》，宋刻本，第 29 页。

③ （宋）梅应发、刘锡：开庆《四明续志》，清刻宋元四明六志本，第 79 页。

颜颐仲和吴潜的建议,得到了朝廷的部分采纳,征收额度有所减轻,因此严峻的“砂岸”问题暂时得到了缓解,“砂岸”制度也继续得到执行。

五、“洋山砂岸之讼”及元代的“砂岸”

元延祐《四明志》卷十三之《赡学田土》的记载表明,元朝政府不但继承了南宋“砂岸海租”制度,而且还有所扩展。该志所记各砂岸,除了南宋时期就有的,还出现了许多的新砂岸,如乌沙、洋务、穿山团局、卓家岸、徐公山、沙角以及元至正《四明续志》所记神前砂岸等,这些都是南宋时期所没有的。其中的“神前砂岸”,其所在地即现今的嵊山。著名的嵊山渔场虽然主要形成于明清,但是从元朝开始设立“神前砂岸”来看,它实际上在宋末元初时期已经非常繁荣了。

元朝政府不但进一步扩大了“砂岸海租”的规模,而且在管理上,也力求更加规范,许多地方主管都亲自抓这项工作。如元至正《四明续志·儒学》之《赡学田土》条载:“神前沙岸,坐属蓬五都,被林巡检占据,干同知任内追还复业。”这个干同知的名字叫干文成,是有名的清官,现在舟山还保留有纪念他的“干大圣庙”,他已经被提升为人造神。

这一切变化,都与一场官司有关,那就是“洋山砂岸之讼”。宁波天一阁所藏《庆元儒学洋山砂岸复业公据》碑文记录了它的全部经过。

洋山在嵊泗西部,临近上海金山,在宋代是重要的渔场,主要捕捞大黄鱼,时人称为“洋山鱼”。洋山砂岸在宋宝庆《四明志》里还没有出现,宋开庆《四明续志》里也没有记载。宁波天一阁藏《庆元儒学洋山砂岸复业公据》碑记有“亡宋咸淳三年底,籍内有管昌国县洋山岙砂岸一所”句,说明洋山砂岸是宋咸淳三年(1267)前后新开辟的砂岸。

洋山砂岸规模很大。《庆元儒学洋山砂岸复业公据》说:“洋山岙隶昌国州,山七百余亩,地四十九亩三十八步,海滨涨涂不可亩计。宋咸淳间,有司给以赡学,籍可考也。”当时朝廷经办庆元府(宁波)儒学的主要经费都来自于砂岸经营,名曰“学租”。但是这个时候的南宋已经进入末期,朝纲松弛,对砂岸的管理几乎失控,所以到了宋末元初,洋山砂岸已经“无人经理”,“蠹蚀滋多”,洋山砂岸落在几个地方豪强手里转来转去,海租收入无法进入国库,儒学经费得不到保障,庆元府儒学就向朝廷告状,要求收回洋山砂岸,继续提供儒学经费。这个时候已经是元朝"皇庆二年"了。

元皇庆二年(1313)八月二十四日,朝廷收到庆元儒学的状子后,派员进行了调查,发现五个月前的三月二十八日,另有一桩案子与洋山砂岸有关。那是洋山所在的昌国州转递的一纸诉状,原告叫王伯秀。原告说他已经去世的父亲王文喜,在世时曾经"买到陈复兴等洋山砂岸一半,起屋在下居住,有连至山地。陈复兴父陈英等,投托萧万户求庇,被在城胡君载高价搀买,违例成交"。说明这洋山砂岸,最初是被陈英、陈复兴父子占有。王文喜也"抢买"到了一半,这个"一半"有可以造房子的平地,还有山地。形成王、陈两家争夺洋山砂岸之势。陈家就投托势力最大的萧万户求庇,结果萧万户将砂岸以低价转卖给了胡君载(胡珙儿子)。王文喜儿子王伯秀认为这是违规的"搀买",就告到官府,希望官府秉公办理。

朝廷派出的官员,就把这两起诉讼合在一起进行审理。先是审问胡珙、胡君载父子。父子俩只是承认"萧万户将洋山砂岸一半委令经理",否认购买了砂岸。接着审问萧万户。萧万户说,他父亲昭毅大将军萧元帅曾经于至元十九年(1282)四月,以四百贯的价格,从绍兴路余姚州韩忠手里,买到昌国州洋山陈大猷等祖业洋山砂岸管业。后来到了皇庆元年(1312)十月十五日,他"父亲身故,阙少盘缠,将上项砂岸契书、税由、砧基共三纸,于胡珙处抵当钞两,用度就令权管,未曾取赎,不曾卖与本人为业"。这样胡珙与萧万户的说法有了矛盾,"似有捏合"。

由于这次断案,是奉"皇帝圣旨"进行的[①],有关官员不敢大意,索性一查到底。他们将所有涉案人员都解押到堂,一一进行审问、对质和核实,最终查明:"昌国州洋山砂岸系本忝住人丁德诚每年抱纳陆伯贯,以充养士。缘为隔涉大海,归附之初,学舍失于经理,遂为彼处陈大猷等乘时占据。始则恐为他人所攘,求买韩忠,梯媒假借赵府声势,从此引惹枝节,以致韩忠又行投献萧元帅。本官倚恃镇守军势占据,身故之后,其子萧万户朦胧作己业,违例卖与胡珙管绍。"

说明这是一则地方豪强乘朝代更替的混乱之机,相互勾结作伪,侵吞朝廷资产的案件,最后做出了判决:胡珙等人"自愿"将洋山砂岸退还庆元儒学;朝廷"拟洋山砂岸合行出给公据,付本学执照管业,收租养士"。洋山砂

① 《庆元儒学洋山砂岸复业公据》碑文开头第一句为"皇帝圣旨里",章国庆先生《元〈庆元儒学洋山砂岸复业公据〉碑考辨》注释为"元代公文起首语,也表示依照皇帝意旨行事"。

岸“复业”为国有，所得税收继续用于庆元儒学办学所需。这已经是延祐三年(1316)三月的事情了，这场官司前后审理了近三年。

为了使这一判决永远有效，并给其他砂岸的管理树立一个榜样，朝廷还将整个审理过程和判决结果勒石保存，这就是宁波天一阁所藏《庆元儒学洋山砂岸复业公据》碑的由来。

六、结语

“江湖陂海”租税制度历史悠久。形成于南宋时期庆元府(宁波)的“砂岸海租”是其中一段比较有特色的探索和实践，并取得了不俗的成效。曾经有研究海洋史的学者注意到《元史》“只记载有江浙鱼课钞数，本区(指渤黄海区域)鱼课数不得而知”[①]，这是由于自宋到元，大陆(主要是宁波、镇海、奉化和温、台一带)大量移民，纷纷涌入昌国(舟山)诸岛从事渔业生产。石弄山(花鸟岛)南北岙渔场、洋山渔场、神前(嵊山)渔场、宜山(鱼山)和秀山渔场等，都是在那个时期开始形成并繁荣起来的。江浙所在的东海渔业经济，远远超过其他海域。南宋朝廷继承汉代以来的“海租”传统，建立了“砂岸”制度进行管理和收取租税，从中获取了巨大收益，为缓解朝廷的战争经费压力和解决儒学办学经费等，做出了一定的贡献。元朝政府继承这一制度，并加以扩大和规范，说明这个“海租”制度有它存在的必要性和合理性。

“砂岸海租”制度的消亡，史无记载。宋宝庆《四明志》、宋开庆《四明续志》、元延祐《四明志》和元至正《四明续志》也没有这方面的信息。元亡后进入明朝，明朝政府一改宋元的海洋开放政策，开始实行严厉的海禁，舟山“片板不得入海”，延续时间长达百年，渔场消失，“砂岸”自然也就不复存在了。

① 杨强：《北洋之利：古代渤黄海区域的海洋经济》，江西高校出版社，2005年，第161页。

附录二　宋元时期庆元儒学经费考论

宋元时期以庆元(宁波)为核心的浙学开始进入繁荣期。在整个宋元儒学的朱学、陆学和浙学三大学派中,浙学占据了其中非常重要的一席,以至于黄宗羲在《宋元学案》中专门对"浙学"进行了总结和评价,"并有意识地将四明地区(即庆元,也就是宁波)作为终点而进行颂扬"[①]。

最近几十年来,浙学尤其是浙东学术受到学界广泛而又持久的关注,从浙东学术的学理谱系、浙东学术的文化传衍、浙东学术的精神特质到浙东学术领袖的学术思想,都有学者进行了深入的探讨。[②] 还有学者进行了细化研究,如浙东学术与浙东藏书关系[③],浙东学术的宋明儒学背景等[④]。

但是有一个非常重要又很基础的问题,似乎还没有引起学界的注意,那就是支持浙学发展的儒学经费问题。有关儒学经费的研究属于古代教育史和经济史的跨学科研究,学界对此一直比较重视。赵子富《明代府州县儒学的教育经费》,依据地方志等各种资料,详细考察了明代地方儒学经费的来

---

① 姚文永、王明云:《〈宋元学案〉百年研究回顾与展望》,《殷都学刊》2012 年第 1 期。

② 钱志熙:《论浙东学派的谱系及其在学术思想史上的位置——从解读章学诚〈浙东学术〉入手》,《中国典籍与文化》2012 年第 1 期;李立民:《从刘宗周到黄宗羲——明末清初浙东学术的传衍及其对学术思想史的影响》,《云南师范大学学报(哲学社会科学版)》2016 年第 1 期;方同义、陈正良:《试论浙东学术的精神特质和民间影响——兼述浙东、湖湘、岭南地域文化的异同》,《浙江社会科学》2015 年第 8 期;杜海军:《谈吕祖谦浙东学术的领袖地位》,《中国哲学史》2012 年第 2 期。

③ 顾志兴、吴昊:《试论浙东学术与浙东藏书关系》,《浙江学刊》2012 年第 3 期。

④ 董平:《宋明儒学与浙东学术——董平学术论集》,《孔学堂》2016 年第 2 期。

源，田赋、徭役、捐助、学田在地方儒学经费筹措中的地位以及经费的各项支出。[①] 徐永文《明代地方儒学的经费——以明代方志为中心的考察》，也以明代方志为基本史料，从教官俸廪、生员的廪膳、儒学日常经费及其他辅助经费等方面，考察地方儒学经费的来源与使用情况。[②] 吴超《亦集乃路的儒学管理初探》，根据"黑城出土文书"相关记载，对元代亦集乃路(即今内蒙古额济纳，汉译为黑水城)的儒学规模、人员组成等进行了详细考论，其中也涉及儒学经费的来源和使用等材料。[③]

那么宋元时期庆元(宁波)儒学经费从何而来？具体规模大约有多少？其运行过程中有什么样的经验教训？其中的"砂岸海租"对于庆元儒学的发展具有什么样的意义？现根据宋宝庆《四明志》、宋开庆《四明续志》、元延祐《四明志》和元至正《四明续志》的相关记载，并结合有关研究成果，考析如下。

一、宋元时期庆元府(路)的学田经济规模

浙东的儒学教育始于唐，兴于南宋。根据宋开庆《四明续志》记载，那时候官学的儒生大约维持在180人左右。"学供日繁，庖膳不足"，每天的维持经费只有"本府"(即庆元府)拨给的100贯和"大府"(朝廷)拨给的120贯。对于学术重地的庆元来说，这点经费是远远不够的。虽然还有一些地方官宦和乡绅的个人捐献，但仍然不能从根本上解决问题。

宋元时期庆元府(路)的儒学经费主要依靠学田租金和砂岸海租来解决。

学田制是中国古代为学校教育提供办学经费的一种特殊方式。为地方官学正式配置学田始于北宋。宋仁宗大力发展地方官学，下旨规定凡新建州学，通常赐田5顷，凡原设州学无学田者，也均按此例补赐。仅景祐(1034—1037)的4年间，共有34所州学获赐学田，说明学田制此时业已定

① 赵子富：《明代府州县儒学的教育经费(上)》，《首都师范大学学报(社会科学版)》1995年第2期；《明代府州县儒学的教育经费(下)》，《首都师范大学学报(社会科学版)》1995年第3期。

② 徐永文：《明代地方儒学的经费——以明代方志为中心的考察》，《江西师范大学学报(哲学社会科学版)》2009年第6期。

③ 吴超：《亦集乃路的儒学管理初探》，《阴山学刊》2009年第3期。

型。进入南宋后，书院开始兴起，朝廷也为这些书院配置学田。其中江西庐山脚下的白鹿洞书院，有学田300亩。湖南衡阳石鼓书院，获赐学田2240多亩。江苏明道书院，地方政府累拨学田4900多亩。[①]

宋元时期庆元儒学有大量学田，其数量惊人。仅宋宝庆《四明志》记载就有：鄞县良田2900多亩、湖田7万多亩、河涂地200多亩、山地1万多亩；奉化良田400多亩，山地近200亩；慈溪有良田600多亩、山地80多亩；定海（镇海）有各类田地共300多亩。[②]

到了宋开庆年间，朝廷的学田政策并未因战争支出巨大，国库渐空而有所改变。宋开庆《四明续志》单列"增拨养士田产"一项，说"（朝廷）既日增缗钱以丰庖膳矣，且复拨没官田产归之学"。这些增拨的学田数量非常可观，仅昌国（舟山）一地就有：蓬莱乡水田15亩、山地15亩，宜山（鱼山岛）良田55亩、山田9731亩、山熟地2192亩、石山7534亩、涂田610亩，几乎整个宜山岛都被划拨为学田。[③]

元朝政府继承了南宋的学田政策。根据元延祐《四明志》的记载，元时庆元"赡学田土"共有良田13066亩、上岸田4125亩、官湖田8941亩、地601亩、山12200亩。[④]

这样的学田规模该怎样理解呢？根据元延祐《四明志》的记载，当时鄞县所有官田为5260亩，而学田竟然有4900多亩；奉化有官田6300亩，而学田就多达400多亩，而且指的都是良田，尚不包括山地和河涂田！

可见当时庆元的学田规模有多大，朝廷对庆元儒学有多么重视。

宋元时期庆元的学田规模巨大，它们的租金规模更是惊人。

虽然学田的租金收入，四部宋元《四明志》都没有明确的记载，但可以从相关的"田租"记载中予以推理。

宋开庆《四明续志》"田租总数"记载，当时田租情形是这样的：庆元本府水田（良田）1739亩收租米2166硕（石）五斗；湖田178亩收租米97硕（石）一斗；涂田69亩收租米72硕（石）9斗。[⑤] 从中可知，每亩良田收租米1.25石，每亩湖田收租米0.55石，每亩涂田收租米1.06石。该志记载的鄞县、

① 喻本伐：《学田制：中国古代办学经费的恒定渠道》，《教育与经济》2006年第4期。

② （宋）罗濬：宝庆《四明志》，宋刻本，第27页。

③ （宋）梅应发、刘锡：开庆《四明续志》，清刻宋元四明六志本，第8—9页。

④ （元）袁桷：延祐《四明志》，清文渊阁四库全书本，第164页。

⑤ （宋）梅应发、刘锡：开庆《四明续志》，清刻宋元四明六志本，第44页。

定海(镇海)的收租标准也差不多。湖田和涂田的收租要比良田高许多,说明湖田和涂田不是产粮的,而是用于其他经济作物的种植或鱼类等养殖,经济效益高,所以收租也高。

如果以此为标准,仅以宋宝庆《四明志》记载的鄞县学田为例,可以推知鄞县一年的学田收入有:良田收租米3625石,湖田收租米38500石,涂田收租米212石,合计42337石。如果再加上奉化、定海(镇海)和昌国(舟山)等地,总收入将会是何等的巨大。虽然宋宝庆和宋开庆相差多年,土地兼并情况有所不同,湖田、涂田可能主要指的是水域和滩涂面积,其计租方法有所不同,而且学田的所有收入并非全部都用于儒学,但是当时庆元儒学的学田经费非常客观,则是可以肯定的。

二、宋元时期庆元的砂岸海租数量和经济规模

"砂岸"是南宋朝廷通过收取海洋渔场、海岛田地和海涂的租金来筹措儒学经费的一种开源性海租制度,南宋以前政府还没有实施过,具有独创性意义。[①] 根据宋宝庆《四明志》等记载,南宋庆元府所管辖的砂岸,主要有石弄山(花鸟岛)砂岸、秀山砂岸、石坛砂岸、虾辣砂岸、鲎涂砂岸、大嵩砂岸。

到了宋开庆年间,根据开庆《四明续志》的记载,成为"赡学砂岸"的有:石衕山(石弄山)砂岸、秀山砂岸、虾康砂岸、大嵩砂岸、双忝砂岸、淫口砂岸、石坛砂岸、沙角头砂岸、鲎涂砂岸和穿山团局砂岸等。

通过砂岸海租筹集的儒学经费规模,也非常巨大。

宋宝庆《四明志》记载:"石弄山砂岸租钱五千二百贯文……秀山砂岸租钱二百贯文。"在这两条记载后面,宝庆《四明志》附录了一篇"淳祐六年二月二十三日准尚书省札子备朝议大夫右文殿修撰知庆元军府事兼沿海制置副使颜颐仲状",里面说:"本府有岁收砂岸钱二万三贯二百文;制置司有岁收砂岸钱二千四百贯文;府学有岁收砂岸钱三万七百七十九贯四百文,通计五万三千一百八十二贯六百文。"[②]这是一笔巨大的税租收入。

---

① 倪浓水、程继红:《宋元"砂岸海租"制度考论》,《浙江学刊》2018年第1期,中国人民大学报刊复印资料《宋辽金元史》2018年第3期全文复印。

② (宋)罗濬:宝庆《四明志》,宋刻本,第28页。

到了宋开庆年间，砂岸的海租助学收入，更是大幅度提高。宋开庆《四明续志》《赡学砂岸》记载："石衕（弄）山年纳二万六千七百八十六贯文；秀山年纳二千五百贯文；……大嵩年纳一千七百八十五贯七百文；……石坛年纳一千五百贯文；……鲎涂年纳三百单三贯五百五十文。"①

宋开庆年为1259年，宋宝庆年间为1225—1227年，说明就在这30多年中，仅石弄山（花鸟岛）砂岸一处，海租就从每年5000多贯猛增到26000多贯，增加了四倍有余。

按照一些学者的研究，南宋时期一个普通书院的开支，"书院的山长、堂长属高层负责人，堂录、讲书属于中层管理者，直学至斋长则为基层管理员；钱粮官和医谕二职，可能不住书院，没有日供，所领为兼职费项目，数额不多。生徒人数不详，但月俸钱标准为5贯，若以30人计算，则此项每月150贯，正好相当于堂长、讲书二人的月俸之和"②。

整个书院加起来每月的开支也就400贯左右，那么仅仅石弄山砂岸一处，每年的26000多贯海租收入，就可以支持65家书院的日常开支。

当然，并非所有的砂岸海租收入都用来支持儒学，南宋朝廷的一些日常性海洋管理所需和海军巡海、海防等经费，也有一部分从砂岸收入中划拨，但相当主要一部分用于儒学开支，则是肯定的。所以仅仅从砂岸收入的数量来看，宋元时期浙东宁波一带的儒学规模是非常大的，也就是说，那个时候的浙东学术是非常繁荣的。

三、元朝政府对宋代庆元儒学经费保障制度的继承

元朝政府延续了南宋的许多儒学政策。"元有天下，收南宋之遗才，故儒学一脉，未尝绝响，其儒学大抵承宋代儒学而来。黄宗羲要将宋元儒学放在一起来讲，最终并为《宋元学案》一书，就是因为宋元儒学无论从思想逻辑还是时间逻辑上都无法人为裁开，其学脉关系没有因为朝代更替而中断。"③具体到庆元府的儒学，元朝政府支持的态度也是非常明朗的。元延

① （宋）梅应发、刘锡：开庆《四明续志》，清刻宋元四明六志本，第8页。

② 刘河燕：《宋代书院的经费收支考》，《求索》2012年第4期。

③ 程继红：《元代浙江儒学形势与义乌朱子后学发展》，《朱子学刊》2014年。

祐《四明志》说朝廷看到了"郡学教养，昔论以四明为先"的历史地位，因此继续大力兴办儒学。元代庆元路的书院有12所，即本府有东湖书院、鄮山书院、甬东书院、本心书院、鲁斋书院、鄞江书院，慈溪县有慈湖书院、杜洲书院，昌国州有翁洲书院、岱山书院，奉化州有龙津书院、广平书院。元代庆元路书院的数量占了江浙行省书院总数的14.1%，在江浙行省的30个路中，可谓书院较为发达的地区。[①]

元朝政府对庆元儒学的支持，体现在以下四个方面。

一是大量拨款兴建和修复许多书院。书院是儒学研讨的重要平台，南宋时期庆元的书院就已经非常发达，元朝政府不但没有因文化差异等因素予以限制和破坏，反而从国库中划拨巨资进行进一步的扩建。根据元延祐《四明志》的记载，鄞县的许多书院就是在元初修建的，另外岱山书院、慈湖书院、甬东书院等，也都是在元代兴建或修复。这就为元朝庆元路儒学的继续兴旺发达提供了有力保障。

二是继续推行"学田赡学"制度。浙东地区除了庆元本府的鄞县一带，其他如奉化、象山和昌国(舟山)等，都是多山少田地区，土地资源尤其是良田资源非常珍贵，元朝政府维持了南宋时期形成的学田规模，这使庆元儒学的运行经费有了强有力的支持。而且学田收入还分为更为灵活的钱款和粮食两种形式予以征收。元延祐《四明志》《赡学田土》条目下有比较详细的记载：鄞县地租中统钞一锭十四两，山租、河涂钱合计中统钞三锭七两；奉化学田租金收入中统钞三锭四十五两，地租三十五两，山租一锭二十九两；等等。元延祐《四明志》还有一笔很清晰的学田租金收入的记载："续置赡学田土租粮。教授薛基任内买到田上岸田六十一亩二角二十一步，鄞县田五十亩二角四步，定海县田六亩一十七步，租粮米十四石六斗四升，谷八十石六斗九升；鄞县米二十四石六斗四升，谷六十七石二斗三升；定海县谷一十三石四斗六升。"从这条记载来看，元代学田的租金也是非常高的，或者说庆元儒学学田的收入也是非常可观的。

三是坚决站在庆元儒学一边，帮助学人打赢了"洋山砂岸之讼"，并为他们夺回了洋山砂岸。这场诉讼自元皇庆二年(1313)开始，至元延祐三年(1316)结束，延续了三年。这是一场跨朝代之讼。有关这场诉讼的情况，宁

---

① 申万里：《元代庆元路书院考》，《南京晓庄学院学报》2007年第5期。

波天一阁博物馆所藏《庆元儒学洋山砂岸复业公据》碑有详细的记载。[①] 这场诉讼的最终结果是洋山砂岸回归庆元儒学管理。

四是继承了并扩大了砂岸海租助学制度。根据元延祐《四明志》的记载，元朝时候的奉化一带砂岸，有田四百五十四亩，地三百九十亩，山五百五十一亩；昌国（舟山）一带砂岸有田三十亩，地八十三亩，山九十七亩；慈溪一带砂岸有田五百五十三亩，山八十三亩；定海（镇海）各砂岸有田二百三十三亩，地十九亩。这都比原来的规模有所扩大。不但如此，元朝政府还新开辟了许多助学的砂岸，砂岸规模继续扩大。元延祐《四明志》卷十三之《赡学田土》记载：庆元府所属砂岸有石衕山（石弄山，即花鸟岛）、宜山（鱼山）、秀山、洋山、虾康（虾辣）、鲎涂、乌沙、洋务、大嵩、大小涂、淫口、双岙、杉木橇、新妇岙、石坛山、穿山团局、卓家岸、徐公山、沙角，共计19处，其中的乌沙、洋务、穿山团局、卓家岸、徐公山、沙角以及元至正《四明续志》所记嵊泗神前（嵊山）砂岸等，都是南宋时期所没有、进入元朝后新建的。

四、庆元儒学经济问题的经验和教训

不可否认，个人捐献、设置学田等，是古代筹集儒学经费的传统方法，宋元以后的明清时代有非常完整的学田制度。但是需要指出的是，宋元时期庆元地区的儒学经费筹集措施多样，学田规模巨大，砂岸海租制度更是一个创新，因此具有多方面的经验和教训，值得总结。

从总结经验而论，笔者认为以下三个方面值得肯定。

其一，官方拨款与学田、砂岸等租金收入有机结合的筹资途径。

儒学是官方倡导的主流文化，朝廷对于儒学机构的拨款显示的不仅是经费的支持，而且也是主流意识形态引导的体现。但是由于南宋经费紧张，无力支持庆元等地区儒学的发展，所以朝廷采用拨款、划拨学田、创建砂岸等多种手段筹集儒学经费，而学田和砂岸，基本上都是民间管理，许多砂岸更是委托儒学机构自己直接管理，这种政府与民间有机结合的筹资方式，是值得肯定的。因为一方面不因朝廷经费紧张而导致儒学事业受损，另一方面又不因朝廷过多干涉而使民间助学的积极性受到影响。元朝政府也继承

---

① 章国庆：《元〈庆元儒学洋山砂岸复业公据〉碑考辨》，《东方博物》2008年第3期。

了这一传统。“起初学田由地方官吏掌管，后来为了避免地方官从中渔利，元世祖曾下诏将学田‘复给本学，以便教养’。在书院本身的财政管理上，元朝政府也规定：‘路府州书院，设直学以掌钱谷，从郡守及宪府官试补。’”[①]这说明元朝政府也看到了南宋时期官民结合方法的价值。

其二，分层次多渠道有效落实学田制度措施。

学田养士制度，是中国古代传统的制度，并非宋元时期庆元一地的独创，但是庆元的学田制度很有特色。宋宝庆《四明志》记载说，这些学田，“除本学旧业外，系累任(府)守……相继拨到、没官物产或辍钱买置”。说明学田的来源有“旧业”继承、历任庆元主官相继划拨、没收赃官田产和出钱购买等多种形式。其中“没官物产”一项，到了南宋中后期得到了尤其严格的执行。宋开庆《四明续志》记载，仅开庆元年(1259)八月短短一个月，没收的就有汪登道的田产，郑新的田产，邵宗、武诡寄、董垕、陈八一等四人的田产，卫源和卫溥的田产。虽然宋开庆《四明续志》没有明确记载这些被没收的田产的数量，但估计也相当可观。

其三，利用正当途径解决砂岸海租民间纠纷的法治意识。

南宋时期的砂岸海租制度收益巨大，但管理并不规范，这就为一些地方势力和豪强插手提供了机会。尤其到了南宋晚期，朝廷政权岌岌可危，已经无力继续为砂岸提供有力的管理，于是许多砂岸被私人占有。庆元的儒学人士为收回这些砂岸进行了不屈不挠的斗争。他们采取的最有力的方法便是法律诉讼。宁波天一阁所藏《庆元儒学洋山砂岸复业公据》碑就记录了一场砂岸维权之讼的全部经过。洋山砂岸建于南宋晚期，宋元交替之际被地方有势力者所私占侵吞。元朝政府刚刚成立，庆元的儒学负责人就立即递交了诉状，要求朝廷帮助夺回洋山海租。庆元路政府接收了他们的诉讼，经过长达近三年的调查，终于查明真相，做出了有利于儒学的判决，而且还以勒石的方式，表达了朝廷支持儒学的鲜明态度。

当然，宋元时期庆元儒学的经费问题上，也存在一些教训，主要有两点。

其一，学田租金的过多征集。

庆元地区土地有限，良田不多，可是宋宝庆《四明志》等地方志的记载表明，许多良田、湖田、山地都被划拨为学田，其比例之高，几乎占了官方土地的一半左右。像昌国(舟山)等海岛，本身土地资源就非常有限，但是学田划

---

① 贾俊侠：《陕西书院的经费来源与用途述论》，《长安大学学报(社会科学版)》2012年第3期。

拨数量仍然很大，其中宜山（鱼山岛），根据宋开庆《四明续志》的记载，几乎所有土地都被划作了学田。而且前面已经分析，学田的租金非常高。这种过多的划拨和过度的收租，虽然保障了庆元儒学的发展所需，但是也无疑大大增加了农民的负担。

其二，砂岸海租过重差点成为"酷政"。

宋宝庆《四明志》所附"淳祐六年二月二十三日准尚书省札子备朝议大夫右文殿修撰知庆元军府事兼沿海制置副使颜颐仲状"说："濒海细民，素无资产，以渔为生。所谓砂岸者，即其众共渔业之地也。"大量砂岸的建立，大大加重了渔民的负担，越到后来，税费越重，以致到了宋开庆《四明续志》里，砂岸海租几乎成了"酷政"："砂岸者，濒海细民业渔之地也。浦屿穷民，无常产，操网罟资以卒岁。巨室输租于官，则即其地龙断（垄断）而征之。"所以有许多有识之士建议停征或降低征税比例。如时任南宋参知政事兼右丞相兼枢密使的吴潜建议干脆放弃"砂岸"，而颜颐仲则建议减少从"砂岸"收入中拨入儒学等的费用，从而达到减轻砂岸海租税负之目的。

五、结语

充裕的儒学经费有力地促进了庆元儒学的发达。宋开庆《四明续志》《学校》条下记载：南宋初年只有180人的庆元官学，到了宋开庆年间，已经扩大到3000多人。另外书院等研学平台也蓬勃发展。据学者研究，整个南宋，有书院310所，超过北宋3倍多。其中浙江拥有164所，仅比江西170所少6所，而比第三名的福建多出74所。[①] 这里尽管没有庆元府的统计数字，但是作为浙学的重心，庆元的书院数量肯定占有相当的比重。进入元朝后，元朝政府不但很好地保留了原建于宋时的甬东书院、东湖书院、岱山书院、湖山书院等，而且还新创办了鄮山书院、杜洲书院、东湖书院和湖山书院等新书院。[②] 这都与庆元儒学雄厚的经费支持分不开的。

但是还需要指出的是，充足的儒学经费似乎并不能帮助浙东儒学改变其在"庆元党禁"后的遭遇。"庆元党禁带给晚宋儒学派系整合的最直接的

---

① 何忠礼、徐吉军：《南宋史稿》，杭州大学出版社，1999年，第578页。

② 周达章：《宁波书院的历史变迁》，《宁波教育学院学报》2013年第5期。

结果，是党禁以后的政治变化促使浙学从晚宋的思想现场中出局。”[1]“庆元党禁”是发生在南宋庆元年间的一场政治斗争，但是里面的主要人物有很多都是朱熹这样的儒学领袖，所以“庆元党禁”严重影响了浙学的发展。当然这是另外一个论题的内容了。

① 何俊：《庆元党禁的性质与晚宋儒学的派系整合》，《中国史研究》2004 年第 1 期。

后 记

从我办公室的后窗东望，大海就在眼前。这是从定海到沈家门渔港的海道，长年有挖泥船在疏浚。在它的上面，有两座跨海大桥正在建造。

学校位于长峙岛上，传说唐朝的鉴真在东渡日本时，由于风暴的原因，他的船曾经停靠过这里。现在古码头一带，已经改建成坚固的防波堤。经常有当地的渔民在堤旁用罾网捕鱼。这是一种古老的捕鱼方式，我从他们身上可以看到宋朝时候渔民捕鱼的影子。他们也是这样捕鱼的，渔民称之为扳罾。

我经常与扳罾的一位渔民交谈。听他说起曾经一罾捕获几十斤鲻鱼的辉煌，也听他感叹现在十几网都捞不到一条鱼的辛苦。他在这岛上生活了60多年，他的父亲、他的爷爷都是渔民。他们还曾经去钓鱼岛附近海域捕过鱼呢。

他的口气里充满了自豪，也有些许失落。这是一种海洋社会人的生存方式，他们一辈子与海洋打交道，他们的喜怒哀乐都与海洋密切相关。

这样的海洋人，分布在从渤海湾到北部湾的沿海地区和海岛上，有数千万人，他们与海洋一起，营造了丰富灿烂而又独特的海洋人文景观。

有一天我忽然产生了一个想法：古人是怎么看待海洋的呢？古代的海洋活动有哪些内容和形态呢？也就是说古代中国的海洋人文景观生态，该是一幅什么样的图案呢？

于是我开始了这方面的研究。在广泛搜集资料的同时，申报教育部人文社科基金项目，于2016年得以成功立项。经过近三年的文献阅读和思考，终于形成了这本《中国古代涉海叙事与海洋人文思想研究》的成果。这是我继《中国古代海洋小说选》《中国古代海洋小说与文化》后，对于海洋文化研究的又一个浅薄的收获。

古代涉海叙事是一个丰富的文学和文化宝藏，古代海洋思想更是深邃而博大，我的这本《中国古代涉海叙事与海洋人文思想研究》仅仅是做了一个初步的梳理。很多命题还没有很好展开，譬如古代海防思想，在本书中就没有得到体现。还有海岛个案的综合性分析也基本阙如。这虽然是由于文献资料的缺乏，但这方面我的深入研究不够，也是主要原因。另外各种各样的问题和不足，肯定也多有存在，敬请识者批评指正。

倪浓水

2019 年 2 月于浙江海洋大学揽月湖畔

图书在版编目(CIP)数据

中国古代涉海叙事与海洋人文思想研究 / 倪浓水著
.—杭州:浙江大学出版社,2020.7
ISBN 978-7-308-20326-5

Ⅰ.①中… Ⅱ.①倪… Ⅲ.①海洋—文化史—研究—中国—古代 Ⅳ.①P7-092

中国版本图书馆 CIP 数据核字(2020)第 107876 号

中国古代涉海叙事与海洋人文思想研究
倪浓水 著

责任编辑	宋旭华 吴 庆
责任校对	赵 珏 沈 倩
封面设计	项梦怡
出版发行	浙江大学出版社 (杭州市天目山路 148 号 邮政编码 310007) (网址:http://www.zjupress.com)
排 版	浙江时代出版服务有限公司
印 刷	虎彩印艺股份有限公司
开 本	710mm×1000mm 1/16
印 张	15
字 数	250 千
版 印 次	2020 年 7 月第 1 版 2020 年 7 月第 1 次印刷
书 号	ISBN 978-7-308-20326-5
定 价	68.00 元

浙江大学出版社市场运营中心联系方式:(0571)88925591;http://zjdxcbs@tmall.com